中国水安全出版工程

丛书主编◎夏 军　副主编◎左其亭

中国防洪安全

程晓陶　刘志雨　周玉文　等◎著

长江出版传媒
湖北科学技术出版社

内 容 提 要

本书旨在系统、全面地向读者介绍洪水、洪水灾害、洪水风险与洪水管理的基本理念,认清经济社会发展新形势下洪水风险与防洪形势的演变特征,了解现代化防洪安全保障体系的构建需求与综合治水的发展方向,进而从江河防洪、城市内涝防治、水库与防洪安全、中小河流治理、山洪防治,以及洪水风险图编制与应用等方面进行介绍,探讨基于风险辨识与风险评估修编洪涝防治规划与应急预案,形成更具韧性的发展模式等。本书可为防洪减灾相关领域管理和科研人员以及高等院校师生提供参考。

图书在版编目(CIP)数据

中国防洪安全/程晓陶等著. —武汉:湖北科学技术出版社,2021.11
(中国水安全出版工程)
ISBN 978-7-5706-0862-1

Ⅰ.①中… Ⅱ.①程… Ⅲ.①防洪-研究-中国 Ⅳ.①TV87

中国版本图书馆 CIP 数据核字(2021)第 170133 号

中国防洪安全
ZHONGGUO FANGHONG ANQUAN

策划编辑:杨瑰玉 严 冰
责任编辑:刘 芳 张波军
封面设计:胡 博
出版发行:湖北科学技术出版社
排版设计:武汉三月禾文化传播有限公司
印　　刷:湖北金港彩印有限公司
开　　本:710×1000　1/16
印　　张:22
字　　数:338 千字
版　　次:2021 年 11 月第 1 版
印　　次:2021 年 11 月第 1 次印刷
定　　价:290.00 元

中国水安全出版工程
编委会

主　　编：夏　军

副主编：左其亭

编　　委：（按照姓氏笔画排序）

丁相毅	王义民	王中根	王红瑞	王宗志
王富强	牛存稳	左其亭	占车生	卢宏玮
付　强	吕爱锋	朱永华	刘志雨	刘家宏
刘　攀	汤秋鸿	严家宝	李怀恩	李宗礼
肖　宜	佘敦先	邹　磊	宋进喜	宋松柏
张利平	张金萍	张修宇	张保祥	张　翔
张　强	陈晓宏	陈敏建	陈　曦	金菊良
周建中	胡德胜	姜文来	贾绍凤	夏　军
倪福全	陶　洁	黄国如	程晓陶	窦　明

丛 书 序

水是人类生存和发展不可或缺的一种宝贵资源,关乎人类社会发展的各个方面。从农业到工业,从能源生产到人类健康,水的作用毋庸置疑。水安全状况对财富和福利的产生和分配有着重要影响。同时,人类对水的诸多使用也对自然生态系统造成了压力。水资源是国家的基础性自然资源,也是战略性经济资源,维持着生态环境的良性循环,同时又是一个国家综合国力的组成部分。然而,地球上的淡水资源是有限的。20世纪70年代以来,随着人口增长和经济社会快速发展,人类对水资源的需求急剧增加,越来越多的地区陷入了水资源紧张的局势。

受全球气候变化影响,极端生态事件频发,全球水资源供需矛盾面临的风险愈来愈严峻。与水污染、水灾害、水短缺、水生态联系的流域、跨界、区域和国家水安全及其水安全保障问题,已经成为制约区域可持续发展的重大战略问题,水安全也事关粮食安全、经济安全、生态环境安全和国家安全。水安全问题已成为制约经济社会可持续发展和人民安居乐业的主要瓶颈,也因此越来越受到国际国内组织和专家学者的高度重视。2015年1月在瑞士召开的全球第45届达沃斯世界经济论坛发布的《2015年全球风险报告》中,将水危机定为全球第一大风险因素。

目前,我国水资源供需矛盾突出,发展态势十分严峻,面临着洪涝灾害频发,水资源短缺制约经济社会发展,水土流失严重带来生态环境恶化,水污染未能得到有效控制等多重问题。因此,亟须系统阐述我国水安全问题及其成因,并对中国近30~50年和未来水安全保障问题进行系统分析与判断,提出科学对策与建议;切实加强水资源保护,提高水资源利用效率,加大水污染治理和非常规水资源开发利用,建设水安全保障的科技支撑体系,关系到我国经济社会可持续发展和生态文明建设的大局。

在相关部门和机构的支持下，武汉大学于 2012 年组建了国内第一家水安全研究院。多年来我们以水资源、水生态环境系统与社会经济发展和资源开发利用为纽带，在水资源、水生态环境学科发展前沿以及重大水利水电和生态环境保护治理工程建设应用研究领域，提出水资源开发与流域综合调度管理战略、流域水生态环境保护战略和水旱灾害防治战略，取得了一批具有创新性、实用性和自主知识产权的标志性成果，为加速我国水污染与水旱灾害的综合治理和重大水利水电与节能减排工程建设，满足经济建设与社会发展对水资源、水环境与水生态的需求，保障水安全、能源安全和生态环境安全，实现社会经济可持续发展，提供了理论与技术支持。

为了展示和交流我国学者在水安全方面的研究成果，在有关部门资助和支持下，由武汉大学水安全研究院牵头组织"中国水安全出版工程"丛书的编写工作，其中包括邀请国内知名院士和专家指导，邀请工作在一线的中青年专家担任"中国水安全出版工程"丛书中相关专著的主编或副主编，组织相关专家参与该工作。在大家的共同努力下，本丛书即将陆续面世。我相信，这套丛书的出版对于推动水安全问题的研究及我国的水安全保障与决策支持，有着重要的价值与意义。

是为序。

2018 年 10 月

前　　言

　　本书从成因、类型、区域分布等不同角度介绍了我国洪水的基本特征,分析了洪水与洪涝灾害的基本属性,以及洪水风险随经济社会发展的演变趋向。全书共九章。第一章为绪论,说明本书编写秉承的基本理念与内容介绍,由程晓陶编写;第二章为洪涝灾害与防洪管理,介绍我国防洪减灾的现状与面临的挑战,由程晓陶、韩松和李超超编写;第三章为江河防洪,介绍我国的江河洪水特性与防洪工程与非工程的体系、防汛指挥决策系统、洪水预报与防洪调度的典型案例等,由刘志雨负责编写;第四章为城市内涝防治,介绍我国城市排水及其管理的体制与法规、标准,内涝成因,风险分析,防治措施与国内外城市治涝的经验对比等,由周玉文编写;第五章为水库与防洪安全,介绍了我国水库建设与管理的基本情况、水库防洪调度与应急预案编制、水库汛限水位动态控制与病险水库除险加固的进展等,由任明磊、王海军编写;第六章为中小河流治理,介绍了我国中小河流的基本情况及其洪涝灾害特征、中小河流综合治理的基本理念与技术,并给出了相应的典型案例,由白音包立皋、穆祥鹏编写;第七章为山洪防治,介绍了山洪灾害的基础知识与我国山洪灾害的基本情况、风险区划与防治规划、山洪灾害的防治措施,以及我国山洪灾害调查评价的进展情况等,由李昌志编写;第八章为洪水风险图编制与应用,介绍了洪水风险图的基础知识,以及国内外洪水风险图编制的概况,论述了洪水风险图编制的技术体系,并给出了洪水风险图的应用案例,由曹大岭编写;第九章为后记,对全书的核心观点进行归纳和总结,由程晓陶、韩松与李超超编写。

　　需要说明的是,本书各章在涉及基础理念的介绍时,内容有一定的重复性,比如不同作者给出的洪水分类略有差异;再如关于洪水风险定义,概念的描述上也不尽相同。这是因为,自然灾害的风险管理是一个新的理念,至今仍处于积极的探索阶段。不同类型的自然灾害,风险特征有所不同;同一类型的自然灾害,从不同角度、不同环节所认识的风险特征也有差异。人们对洪水风险的认识,亦不例外。我们保留了各章一些看似重复的内容,有助于读者比较全面地了解目前业界对洪水及其风险的认知,也便于系统地理解各章的内容。

由于时间所限,难免有疏漏之处,敬请读者不吝指正。

编著者

2021 年春

目　　录

第一章　绪论　　　　　　　　　　　　　　　　　　　　　　　　　/1

　第一节　基本认识与理念　　　　　　　　　　　　　　　　　　/1

　第二节　我国治水实践与升华　　　　　　　　　　　　　　　　/4

　参考文献　　　　　　　　　　　　　　　　　　　　　　　　　/8

第二章　洪涝灾害与防洪管理　　　　　　　　　　　　　　　　　/11

　第一节　洪涝灾害的分布特征与基本属性　　　　　　　　　　　/11

　第二节　我国防洪体系发展历程与保障作用　　　　　　　　　　/21

　第三节　当代治水方略的调整方向:应对新的压力与挑战　　　　/37

　参考文献　　　　　　　　　　　　　　　　　　　　　　　　　/52

第三章　江河防洪　　　　　　　　　　　　　　　　　　　　　　/55

　第一节　我国七大江河洪水特性　　　　　　　　　　　　　　　/55

　第二节　历史洪涝灾害　　　　　　　　　　　　　　　　　　　/63

　第三节　江河流域防洪工程体系与重大措施　　　　　　　　　　/88

　第四节　防洪非工程体系与重大措施　　　　　　　　　　　　　/91

　第五节　防汛指挥决策系统　　　　　　　　　　　　　　　　　/95

　第六节　洪水预报与防洪调度典型案例　　　　　　　　　　　　/100

　参考文献　　　　　　　　　　　　　　　　　　　　　　　　　/107

第四章　城市内涝防治　　　　　　　　　　　　　　　　　　　　/109

　第一节　中国城市排水及其管理　　　　　　　　　　　　　　　/109

　第二节　中国城市内涝产生的原因　　　　　　　　　　　　　　/113

　第三节　中国城市排水防涝系统的风险分析　　　　　　　　　　/124

　第四节　中国城市内涝的防治　　　　　　　　　　　　　　　　/140

　第五节　国内外内涝防治经验　　　　　　　　　　　　　　　　/158

参考文献 /166

第五章 水库与防洪安全 /170

第一节 中国水库及其管理 /170

第二节 水库防洪调度 /177

第三节 水库防洪应急预案编制 /184

第四节 水库汛期水位动态控制 /190

第五节 病险水库除险加固 /194

参考文献 /201

第六章 中小河流治理 /203

第一节 我国中小河流洪涝灾害及其特点 /203

第二节 我国中小河流治理情况 /207

第三节 中小河流综合治理 /214

第四节 中小河流综合治理典型案例及经验 /221

参考文献 /235

第七章 山洪防治 /237

第一节 山洪灾害基础知识 /237

第二节 我国山洪灾害基本情况 /252

第三节 我国山洪风险区划与防治规划 /261

第四节 山洪灾害防治典型非工程措施 /271

第五节 山洪灾害防治典型工程措施 /284

第六节 我国山洪灾害防治进展 /289

参考文献 /291

第八章 洪水风险图编制与应用 /293

第一节 洪水风险图基础知识 /293

第二节 我国洪水风险图编制概况 /296

第三节 洪水风险图编制技术体系 /300

第四节 洪水风险图应用案例 /310

参考文献 /313

第九章 后记 /315

第一章 绪 论

第一节 基本认识与理念

洪水在自然界中通常表现为与强降水和气温速变密切关联的水位涨落现象,是大气-陆地-江河-海洋/内陆湖水循环过程中的一个重要环节,并可能呈现出多种激烈的形态,如山洪暴发、江河泛滥、暴雨内涝、融雪性洪水、凌汛与风暴潮等。对于许多地区而言,洪水既是水资源补给的重要形式,也是对生态系统构成重大影响的环境要素。大自然中千姿百态的河湖水系,往往是基于洪水作用,并适应行蓄洪需求,在不同类型地质构造的下垫面上塑造而成;而人类基于自身发展或安全保障的需求,对于河湖水系及其演变,或控导整治,或再造改良,增福避祸,百折不挠。任一河湖水系,皆有其一定的集雨范围,由此而形成的流域成为构建"生命共同体"的基本单元。由洪水及其携带的泥沙所铺造出的洪泛平原,为人类生存与发展提供了相对适宜的场所。显然,洪水是具有利害两重性的。赞美自然滋养万物、风光无限的人们,请不要忘记,其还有脾气暴虐发作之时。

洪水灾害是自然和社会相互作用的结果,具有自然与社会的双重属性。洪水水位上涨过快过高、洪峰流量泛滥出槽、暴雨径流汇入相对低洼区而积涝成灾或风暴潮侵入陆地等现象,会扰乱人类正常的生产和生活,对人类生命财产和基础设施构成严重威胁,并殃及受淹区的动植物群落。对于适应江河洪水涨落基本规律而形成的自然生态系统,洪水发生的过早过晚或过大过小,也会带来不同程度的灾难性影响。随着人口的增长,天然调蓄洪水的场所逐步被开发利用,一旦发生洪水,危害更大。统计资料表明,在全球各类自然灾害受灾人口中(1975—2005),洪水灾害所占比例高达 50.8%。洪水是世界上发生最为频繁、危及范围广泛、损失日趋严重的自然灾害,而亚洲受特有地理气候与社会经济因素的影响,洪水问题更为突出。据统计,全球因自然灾害造成的死亡人口(1986—2006)的 71.1% 在亚洲;而在与洪水相关的自然灾害中,亚洲所占比例更高达 83.7%。在当今世界上,人为加重洪水灾害与洪灾损失的情况也愈演愈烈、层出不穷,防洪减灾面临更大的压力和挑战。

防洪工程是人类防治洪水、减少洪灾损失的基本手段。洪水与地震、火山、台风等自然灾害的一个重要区别在于其具有一定的可预见性和可调控性。自古以来,从修筑圩垸到形成堤防,从疏导排水到开河分洪,从筑水库拦洪错峰到建闸泵挡水排涝,从修控导工程稳定河势到设分蓄洪区滞洪削峰,人类逐步在江河流域中建成了抵御和调控洪水的防洪工程体系。当代社会中,人们为了科学运用好防洪工程体系,依赖科技进步逐步发展起水文气象监测预报预警系统和防洪工程的优化调度决策支持系统,在充分发挥防洪工程体系防洪减灾作用的同时,为水资源优化配置、增强河湖水系自净化能力及水生态系统的自我修复能力做出更大的贡献。因此,防洪体系建设、管理与调度运用的任务更为复杂、更为艰巨。实践表明,防洪减灾的本质属性是在人类与洪水相互竞争生存与发展空间的矛盾对立中寻求平衡点,并以此为中心建立防洪减灾对策和有效措施。

洪水风险是当代治水活动中的新兴概念,其既不单指洪水现象本身,也不等同于洪涝灾害或洪灾损失。以往所言"洪水风险",通常是指洪水造成损失与伤害的可能性,或称期望损失。按一般灾害风险的定义,灾害事件发生的概率越大、可能造成的损失越重,则风险越大。洪水风险则不同,常遇洪水发生概率大,但损失一般有限,甚至可能利大于弊;稀遇洪水损失重,但概率低。对洪水期望损失贡献最大的反而是 20~50 年一遇的洪水。按照风险三角形的定义,洪水风险不仅涉及致灾洪水的危险性,而且要考虑承灾体受灾的暴露性及其脆弱性。据此,为了抑制洪水风险的增长态势,减轻洪灾损失,我们既要依靠防洪工程体系去降低洪水的危险性,也要针对承灾体的暴露性和脆弱性,增强社会适应、规避、承受洪灾与快速恢复重建的韧性,纠正人为加重洪水风险的行为。因此,洪水风险概念的引入,有利于构建更为完善的防洪减灾体系,达到趋利避害的目的。

洪水管理是自 21 世纪以来在全球快速推行的理念。防洪减灾若是以最大限度地降低风险、减少损失为目标,则要么不断扩大防洪保护范围,提高防洪工程标准,使洪水不再泛滥成灾;要么将洪水高风险区中的人口、资产都迁出去,还洪水以空间,即使淹了,也没有损失。然而,洪水风险往往涉及客观存在于人与自然之间以及人与人之间基于洪水的利害关系。当今世界在人口爆炸、快速城镇化、供水安全与粮食安全保障压力倍增的背景下,"无风险"的管理模式不仅面临难以为继的困境,而且按此要求,防洪工程体系的调度运用也使管理者面临多方利害关系难以平衡的境地。事实上,洪水事件不仅会造成损失与伤害,同时也可能带来获利的机遇。某些局部地区一味依赖工程手段消除洪水风险,确保安全,又难免有以邻为壑之嫌。而洪水管理则不然,它是指政府以公平的方式,采取综合的措施,管理、利用洪水和土地,规范人的开发和防洪行为,减轻洪涝灾害影响,使社会福利最大化的过程。实践表明,洪水风险是永存的。洪水管理实质上是对洪水的风险进行管理,即按可持续发展的原则,以协调人与洪水的关系为目的,理性规范洪水调控行为,增强自适应能力,适度承受一定风险以合理利用洪水资源,并有助于改善水环境等一系列活动的总称。

洪水风险管理与应急管理是推行洪水管理的两条主线。洪水的风险管理是对流域或区域的洪水风险特性进行深入的分析研究,在把握洪水风险特性及其演变规律的基础上,综合运用法律、行政、经济、技术、教育和工程手段,将洪水风险降低到可承受的限度之内,协调好区域之间、人与自然之间基于洪水的利害关系,以保障和支撑可持续的发展。洪水的应急管理则是针对具有突发性、不确定性或稀遇的洪灾事件,基于洪水风险分析与评价,合理进行应急响应的等级划分,因地制宜制定各级应急响应的对策措施,并不断修改完善,提高预案的可操作性。某些特点是以立法的形式明确应急预案的启动程序,以及各相关单位在各级洪水应急响应中的责任义务与协同运作机制等,同时加强全社会应急响应的自主能力建设。

在现代社会中,防洪安全保障体系的构建已成为必然的需求。洪水的危害性既可能因流域中人类活动加剧而放大,并产生上下游、左右岸、干支流与城乡间基于洪水风险的关联性影响,也可能因防洪减灾体系的有效构建和应急响应能力的逐步提高而得以减轻其危害。随着洪水影响区内的人口增长和经济发展,洪水风险往往呈上升的趋势,防洪安全保障的需求也必然随之不断提高,使防洪减灾体系的构建面临双重压力。在长期的治水实践中,人类已经意识到,标准适度、布局合理、维护良好与调度运用科学的防洪工程体系,是实现人与自然和谐共处的基本依托。同时,为了满足既支撑发展又保障安全的双重要求,必须在建设现代化水利工程体系的基础上,逐步建立和完善相互配套的防洪法规政策体系、水灾行政管理体系、防汛应急管理体系、水灾社会保障体系、防洪资金保障体系、防灾科研教育体系,形成与发展需求相适应的、更为强有力的防洪安全保障体系。

治水方略是防治水灾害的全盘计划与方针策略,具有很强的区域性差异和与时俱进的时代特征。洪水在世界各大洲虽然都有发生,但在不同的地理和降水条件下,不同区域可能遭受的洪水类型与量级往往差别很大。一年中汛期到来的早晚、水位涨落的快慢、洪峰流量的高低、水流速度的急缓、泛滥淹没的深浅、持续时间的长短、影响范围的大小、发生频次的疏繁,在统计特征上会显出很大的差异。即使在同类区域,由于社会经济发展水平不一或处于不同的发展阶段,人口的数量、资产的密度、土地利用的方式、城市化的进程,以及防洪减灾体系的建设状况等,都在演变之中,使得洪水威胁的对象、致灾的机理、损失的构成、风险的特性、灾害的影响,以及防灾的能力与安保的需求等,亦显现出相应的变化,从而对治水方略的抉择产生深刻的影响。

第二节　我国治水实践与升华

我国自然地理特征决定了中华民族的生存与发展对大规模的治水活动有着与生俱来和与时俱进的依赖性。6500万年前,印度板块对欧亚板块的挤压碰撞,诞生了平均海拔超过4000m的青藏高原,造就了我国地理三级阶梯的基本格局,呈现出气候、地貌迥异的三大自然区:东部季风区、西北干旱区和青藏高原区。由此决定了我国江河水系东流入海的基本走向,也决定了我国降水区域性分布的显著差异。在夏季来自印度洋的南亚季风和源于太平洋的东亚季风以及冬季盛行的东北季风的交互支配下,加之夏秋季西太平洋与南海一带生成的热带气旋频繁袭扰,我国降水具有雨热同期、年内分布不均、年际变幅很大的基本特征。如此地理、气候特点,不仅使我国易于形成山洪暴发、江河泛滥、暴雨内涝、融雪性洪水、凌汛与风暴潮等诸多的洪涝灾害类型,而且随着二、三级阶梯的山谷、盆地、平原、沿海三角洲等受洪涝威胁严重的区域中人口、资产密度的不断提高,洪涝的危害更为险峻。由于大江大河中下游宜农宜居的冲积平原汛期常在洪水威胁之下,中华民族的发展自古就与大规模有组织的治水活动密切相关。大禹"疏九河",促成华夏社会的形成,并世代流传下"善为国者必先除五害""五害之属水为大"的古训。在当代社会中,为满足日益提高的防洪安全保障需求,依赖科技进步已兴建起日趋庞大的防洪工程体系,并正在积极探索如何运用综合治水手段,使传统水利向可持续发展的现代水利转变。

治水之复杂,一方面在于其既要改造和调控自然,又要遵循自然规律,一旦因违背自然规律而发生失误,不仅劳民伤财,而且会造成更大的隐患;另一方面在于其利害两重性,上下游、左右岸、干支流、城乡间,围绕水多、水少、水脏、水浑的利害诉求常常是相互冲突的,有利于整体与长远的综合治水方案未必是利益相关各方自愿接受的方案。因此,往往需要更高层的决策者来权衡利弊,统筹协调,以免对经济建设和社会安定造成重大的不利影响。我国处于快速发展阶段而经济发展又很不均衡,在治水方略的选择上,必然要求更加重视因地制宜、因势利导,道法自然、天人合一,除害兴利、化害为利,并能更好地包容流域中区域性的差异,并努力谋求对变化环境有更强的适应性。

我国人民长久以来在与洪水的抗争与共存中积累了丰富的经验,尤其是近70年来,从人定胜天的豪迈实践,到运用现代化手段初步建成了七大江河流域的防洪工程体系。但在现代社会中,古老的治水问题正演变得更为复杂与艰巨。我国是现阶段全球城镇化进程最为迅猛的区域,也是对全球气候温暖化相对敏感的区域。1978—2018 年,我国城镇常住人口占总人口的比例已经从17.9%上升到59.6%,传统的农业社会形态已经发生了重大的变化。在工业化与城镇化大潮的冲击下,加之气候变化的影响,水资源短缺、水环境污染、水生态退化与水旱灾害风险增大等问题交织在一起,使得治水问题面临更大的压力与挑战,并成为国民经济快速、平稳、可持续发展的重大制约因素。现代水利的任务更为复杂艰巨,不再仅仅是农业的命脉。为此,1991 年我国就提出"要把水利作为国民经济的基础产业,放在重要战略地位",1995 年党的十四届五中全会建议"把水利列在国民经济基础设施建设的首位"。

1998年夏季,我国闽江、珠江流域的西江,长江和嫩江-松花江流域相继发生了特大洪水。这次洪水,在我国当代治水史上是一个重要的转折点,成为加快我国水利现代化进程的重大契机。大灾之后,国务院及时出台"32字方针":"封山植树,退耕还林,平垸行洪,退田还湖,以工代赈,移民建镇,加固干堤,疏浚河道。"各级政府全面加大治水力度,成倍增加了治水的投入。1998—2002年中央5年水利基础建设投资是1949—1997年的2.36倍。同时,全社会开始从社会、经济、生态、环境、人口、资源和国土安全等更为广阔的视野探讨防洪减灾问题,并深刻认识到"要从无序、无节制地与洪水争地转变为有序、可持续地与洪水协调共处的战略。为此,要从以建设防洪工程体系为主的战略转变为在防洪工程体系的基础上,建成全面的防洪减灾工作体系"。

21世纪伊始,水利部提出要从传统水利向现代水利、可持续发展水利转变的治水新思路,强调指出"我国洪涝灾害、水资源不足和水污染问题的长期性和艰巨性,决定了我国治水的难度极大,对于洪涝灾害和干旱缺水,没有一劳永逸的办法,大旱和大的洪水还会发生。"同时强调"治水,就必须充分认识我国面临的严峻水资源形势,必须抓住机遇,加快水利发展;必须提高用水效率,要统筹兼顾、以供定需、节约用水;必须改革水的管理体制,加强水资源的统一管理;必须建立和完善适应市场经济的水利发展机制,建立合理的水价形成机制,调动全社会节水和防治水污染的积极性;必须加快水利信息化建设,促进水利现代化。"

2003年,国家防汛抗旱总指挥部(简称国家防总)与水利部开始大力推进防汛抗旱工作的"两个转变",明确提出"坚持防汛抗旱并举;实现由控制洪水向洪水管理转变,由以农业抗旱为主向城乡生活、生产和生态全面主动抗旱转变;促进人与自然和谐",要求"在防汛工作中,注重实施洪水风险管理、依法科学防控、规范人类活动、推行洪水资源化;在抗旱工作中,从农业扩展到各行各业,从农村扩展到城市,从生产、生活扩展到生态"。实践证明,"两个转变"符合科学发展观的要求,适应我国经济社会发展的新形势,是对我国防汛抗旱方略的总结和提升,必须在实践中进一步坚持并不断丰富和发展。

2004年,针对应对"非典"事件暴露的问题,我国发布了《国务院有关部门和单位制定和修订突发公共事件应急预案框架指南》。2006年1月,国务院发布了《国家突发公共事件总体应急预案》,水旱灾害被列为自然灾害类突发公共事件的首位。国务院首批发布的 5 个自然灾害类突发公共事件专项应急预案中包括了《国家防汛抗旱应急预案》。2007 年,我国颁布实施了《中华人民共和国突发事件应对法》,使得应急管理走上了法治化的轨道。

自 2003 年起,我国每年山洪灾害死亡人数占洪灾死亡人数的比例持续增长至 70% 以上。虽然山洪灾害死亡人数本身并无明显上升趋势,所占比例居高主要是大江大河平原洪水死亡人数下降,使分母减小的缘故。但这也说明,要进一步减少洪灾人员伤亡人数,就必须在中小河流整治与山洪灾害防治上下更大的功夫。2009 年起,我国相继启动了重点中小河流重要河段治理项目和全国山洪灾害防治县级非工程措施项目。

2011 年,中央一号文件对新形势下水的重要地位和作用做出科学定位,强调水是"生命之源、生产之要、生态之基,水利在现代农业建设、经济社会发展和生态环境改善中具有不可替代的重要地位","不仅关系到防洪安全、供水安全、粮食安全,而且关系到经济安全、生态安全、国家安全",鲜明指出水利具有很强的公益性、基础性和战略性。同年 7 月,中央召开水利工作会议,进一步深刻论述了水利的战略地位,强调指出"加快水利改革发展是保障国家粮食安全的迫切需要,是转变经济发展方式和建设资源节约型、环境友好型社会的迫切需要,是保障和改善民生、促进社会和谐稳定的迫切需要,是应对全球气候变化、增强抵御自然灾害综合能力的迫切需要"。在新的历史起点上,"要准确把握国情水情以及水利发展的阶段性特征,正确处理经济社会发展和水资源的关系,全面考虑水的资源功能、环境功能、生态功能,统筹解决水多、水少、水脏、水浑等问题,加快实现从控制洪水向洪水管理转变,从供水管理向需水管理转变,从水资源开发利用为主向开发保护并重转变,从局部水生态治理向全面建设水生态文明转变,在更深层次、更大范围、更高水平上推动民生水利新发展,努力走出一条中国特色水利现代化道路,为经济建设打下更为坚实的水利基础"。

然而,面对牵涉面更广、更为复杂的综合治水问题和全社会日益提高的水安全保障需求,治水的理念与水管理的体制,都需要有新的突破。水的问题,表象在水里,根子在岸上,要转变非理性的发展模式,必然涉及相关涉水部门的协同联动。为此,从 2016 年起,在总结前期实践经验的基础上,我国相继开始全面推进河长制与湖长制,以求更好地发挥各级行政首长在治水兴水活动中的统筹与协调作用。同时,特别强调"要通过山水林田湖草系统治理,增强水源涵养能力,增加河湖和地下含水层对雨水径流的'吐纳'和'储存'能力,以利于减轻洪涝灾害,实现化害为利"。

我国在 2018 年的国务院机构改革中,为构建起职能明确、依法行政的政府治理体系,将水利部的水资源调查和确权登记管理职责划归了新组建的自然资源部;将编制水功能区划、排污口设置管理、流域水环境保护职责划归了生态环境部;将农田水利建设项目等管理职责整合到了农业农村部;将水旱灾害防治中应急救援和组织协调的职责整合到了新组建的应急管理部;等等。在"节水优先、空间均衡、系统治理、两手发力",实施"山水林田湖草"生命共同体统筹治理方针的指引下,水利部门明确提出"水利建设补短板,水利行业强监管"的水利改革总基调。在全面建成小康社会的新时代,如何为支撑发展与改善民生提供更高水平的水安全保障,如何在坚持人与自然共生中推进综合治水方略,如何在流域治理中更好地发挥水利工程体系的综合效益,成为水利人及全社会普遍关注的问题。

为此,我们必须高度重视洪水风险管理的基础研究,加快水利现代化的进程。不同区域,自然与社会经济条件不同,洪水风险的表现与治水的侧重点不同;同一区域,随着自然环境的演变与经济社会的发展,治水的需求与水安全保障体系的构成也在发生变化。我们迫切需要在生态文明建设的理念下,因地制宜、因势利导,持续推进从控制洪水向洪水管理的转变,通过人与自然的良性互动,全面构建与经济发展阶段相适宜的防洪安全保障体系,在抑制水旱灾害损失增长态势的同时,尽力发挥洪水的资源效益与环境效益,为支撑经济社会的快速、协调发展创造必不可少的条件。国内外的治水实践表明,人类不可能也没必要完全消除洪水。洪水风险是永存的,我们必须努力增强自身的"韧性",抑制洪灾风险随经济社会发展而增长的趋势;同时,洪水风险处置得当,也可能将其转化为发展的机遇。

参 考 文 献

[1] 陈雷.在全国水利建设与管理工作会议上的讲话[J].水利建设与管理,2004,24(1):1-6.

［2］陈雷.坚持以人为本,依法科学防控,全力做好新时期的防汛抗旱工作[J].中国防汛与抗旱,2007(6):3-12.

［3］陈雷.新阶段的治水兴水之策[J].求是,2013(2):56-58.

［4］程晓陶.新时期大规模的治水活动迫切需要科学理论的指导:一论有中国特色的洪水风险管理[J].水利发展研究,2001(4):1-6.

［5］程晓陶.加强水旱灾害管理的战略需求与治水方略的探讨[J].水利学报,2008,39(10):1197-1203.

［6］程晓陶,吴玉成,王艳艳,等.洪水管理新理念与防洪安全保障体系的研究[M].北京:中国水利水电出版社,2004.

［7］鄂竟平.认真贯彻十六大精神全力做好新时期的防汛抗旱工作:在全国防办主任会议上的讲话[J].防汛与抗旱,2003(1):18-33.

［8］鄂竟平.形成人与自然和谐发展的河湖生态新格局[J].新疆水利,2018,224(4):32-35.

［9］鄂竟平.水利工程补短板,水利行业强监管[J].中国防汛抗旱,2019,29(1):1.

［10］李建生.中国江河防洪丛书:总论卷[M].北京:中国水利水电出版社,1999.

［11］刘树坤.大水过后的思考[J].科学,1992(1):40-44.

［12］钱正英.中国水利的决策问题(一九九一年)[M]//钱正英水利文选.北京:中国水利水电出版社,2000:42-83.

［13］王家祁.中国暴雨[M].北京:中国水利水电出版社,2002.

［14］汪恕诚.谈治水新思路[N].光明日报,2001-1-23(4).

［15］吴以燮.水利是发展国民经济的基础产业[J].水利学报,1991(4):11-17.

［16］向立云.洪水管理的基本原理[J].水利发展研究,2007,7(7):19-23.

［17］徐乾清.中国防洪减灾对策研究[M].北京:中国水利水电出版社,2002.

［18］徐乾清.防洪减灾本质属性及相关问题的思考与探索[J].中国防汛抗旱,2007(1):7-11.

［19］徐乾清.对中国防洪问题的初步探讨[M]//徐乾清.徐乾清文集.北京:中国水利水电出版社,2011,1:113-121.

［20］中华人民共和国水利部.中国'98大洪水[M].北京:中国水利水电出版

社,1999.

[21] 周魁一,谭徐明.洪水灾害的双重属性及其实践意义[J].中国水利水电科学研究院学报,1998(1):34-39.

[22] CRICHTON D. The risk triangle[C] //Ingleton J. Natural Disaster Management. London:Tudor Rose,1999:102-103.

第二章 洪涝灾害与防洪管理

第一节 洪涝灾害的分布特征与基本属性

一、洪涝灾害的分布特征

洪水灾害历来是威胁我国人民生存发展的心腹之患。在漫长的农业社会进程中,人们将以"水多"为诱因、威胁生命财产安全的灾害统称为水灾害,并细分为洪、涝、渍三种形式,分别指江河泛滥、暴雨积水和土壤含水量过多而成灾的现象。本章着重讨论前两种,即洪涝灾害,并按山丘区、平原区、海岸区和城市区讨论其分布特征及成因和特点。

(一)山丘区洪水

我国国土面积的70%为山地丘陵和高原。主要江河流域中,山丘区面积占60%～80%。在山丘坡面和溪流沟谷中由场次暴雨引发的山洪,源短流急、暴涨暴落,常常携裹大量流木与滚石,并可能伴生滑坡、岩崩和泥石流等山地灾害。随着山区采矿、筑路、旅游开发等人类活动日趋频繁,对突发性强、来势凶猛、破坏力大的山洪、泥石流灾害的防范,更需引起高度的重视。我国山洪分布面广,目前以群防群治、监测预警、避险转移为主要应对措施。而在沿较大河流的山区平川阶地和大小盆地,河道比降与两岸坡度较大,暴雨径流归槽快,洪水涨幅高,但漫溢范围有限。在山丘区,此类地形所占比重虽小,但往往会形成村庄和城镇,随着人口密度增大,也沿河逐步修筑起堤防,以增加建设用地。这种措施,在一般年份可防洪水漫溢,但当超标准洪水发生时,一旦堤防溃决,便会形成更为严重的灾害。受堤防拦挡及河道高水位顶托,当地降水与周边岗坡来流不易排入河道,又导致或加重了涝灾。作为当地政治、经济、文化的中心,这些区域成为山丘区防洪治涝的重点。此外,在我国东北和西北高海拔山区,还有由冰融水和积雪融水为主要补给来源的融雪洪水。融雪洪水一般发生在春夏两季,其大小取决于积雪面积、雪深、气温和融雪率。若遇急剧升温,大面积积雪迅速融化会形成较大洪水,并夹杂大量的冰凌。高寒山区的积雪,若遇强降水,易形成雨雪混合型洪水,在融雪径流之上叠加陡涨陡落的暴雨洪水,会产生更大的洪峰流量。与一般短历时局地暴雨山洪不同,融雪洪水历时较长,出山口后在平原河道中仍会长距离演进,涨落较缓慢,受日气温变化影响,洪水过程呈锯齿形。

(二)平原区洪涝

平原区占我国大陆总面积的 19%,主要包括东北平原,华北平原,长江、淮河中下游平原,东南沿海主要河口三角洲等。来源于山丘区的洪水,进入平原后,由于河道比降变缓,流速降低,水位抬高,因此不得不修筑堤防,以防洪水泛滥。我国黄河、长江、淮河、海滦河、辽河、松花江和珠江七大江河中下游平原及一些直流入海的中小河流,汛期两岸平原地面高程常在江河洪水位之下,历来是防洪的重点。我国按照"蓄泄兼筹""除害与兴利相结合"的方针,对大江大河进行了大规模的治理,并逐步建成以江河控制性枢纽工程、河道堤防与蓄滞洪区为主体的防洪工程体系。流域中持续大范围强降水可能形成峰高量大的江河洪水过程,也可能由若干场暴雨形成接踵而来的数个洪峰。江河洪水在向下游演进过程中,如果干支流洪峰遭遇,则易于形成超出下游平原区河道行洪能力的大洪水,甚至是特大洪水。大江大河堤防战线长,防汛抗洪压力大,需充分利用水库和蓄滞洪区来调峰、错峰、削峰,及开挖分洪道(又称减河)分泄江河超额洪水。我国还有许多设防标准相对较低、河道行洪能力因自然淤积或人为挤占而萎缩的中小河流,在遭受局部暴雨袭击后易漫溢决堤、泛滥成灾,已成为防汛关注的重点。我国北方河流冬春季因冰凌阻塞及冰凌瓦解导致河槽蓄水集中下泄而引起水位显著上涨,称为冰凌洪水,又称凌汛。冰凌洪水按其成因可分为融冰洪水、冰塞洪水和冰坝洪水三类。在广大平原上暴雨直接汇集到低洼处,因排除不及而积涝成灾的现象称为内涝。"涝"原本是指因雨水过多而积在田里的水,涝灾则指农作物因涝被淹而大量减产的现象。涝水的排除分自排与强排两种方式。自排是挖沟开渠,将积水就近排向江河湖海;强排则是在堤外高水位顶托之下,通过修闸建泵的方式,将积水强制性排出。我国大江大河中下游汛期高水位往往持续时间长,沿江地势低洼处形成的一些湖泊或湖泊群,可以较好发挥调蓄当地雨水的作用。但如果遭遇过强的暴雨,湖水水位高涨,也会对湖周圩区造成严重的洪涝灾害。

(三)海岸带水灾

我国大陆东南部海岸线长达 18400km,岛屿岸线长 14247km,如果按向陆延伸 10km 和向海伸展至 10m 等深线计算,海岸带面积约占全国总面积的 13%,却集中了全国约 40%的人口和 60%的国内生产总值(GDP)。海岸洪水一般有天文大潮、风暴潮和海啸等类型。其中,风暴潮分为台风风暴潮和温带风暴潮两大类,后者主要发生在我国北方海区沿岸。一次风暴潮过程可影响数十至上千米的海岸区域,影响时长 1~100h,风暴潮引起的海水水位升高一般为 1~3m,最大 7m 左右。一旦与江河洪水遭遇,危害更为严重。特别是热带风暴和台风登陆时会携带大暴雨,可能形成潮、洪、涝、风"两碰头、三碰头"甚至"四碰头"的恶劣局面。我国东部沿海的潮汐为半日潮,一般通过沿海岸与感潮河段筑堤、结合河口建闸的方式来应对,高潮位时落闸挡潮、低潮位时开闸排涝。但在潮、洪、涝"碰头"的情况下,由于上游排涝能力增强,有些沿海河流出现了低潮段被"填平"的现象,使得下游两岸丧失了自流排涝的时机。随着全球气候温暖化,超强台风增多与海平面上升,可供自流外排的时间缩短,加之人类活动导致地面沉降的影响,防洪与排涝的矛盾会更为突出。以上海为例,1921—2007 年上海市地面平均沉降 1.98m,黄浦江黄浦公园站 20 世纪 50 年代的平均高潮位为 4.38m;2000 年以后的平均高潮位为 4.95m,潮位抬升了半米多。上海地区地面沉降与高潮位叠加,使得黄浦江的现状防御标准已低于 1984 年的 1000 年一遇设计防洪标准。

(四)城市洪涝

我国 642 座有防洪任务的建制城市中,山丘型城市达 297 座(46.3%)、平原型城市 288 座(44.8%)和滨海型城市 57 座(8.9%),其基本洪涝特性已分述于上述三类区域中。之所以要单独提出描述,是因为在快速城镇化进程中,城市洪涝特性、致灾机理与成灾模式均发生着显著变化,为应对此类"城市型水灾害",防治理念与体系也有相应的调整。随着城镇的快速发展,一些城市扩大到防洪保护设施之外,一些建成区向低洼区扩张;一些新兴城市或新设开发区缺乏防洪治涝规划,随意挤占河湖、扰乱水系,采用"先地上、后地下"的发展模式,排水设施简陋,标准低,建设滞后或老化失修,基础设施欠账太多的问题显露无遗,以致"城市看海"几成常态,"水体黑臭"沦为顽疾。由于越来越多的城市地下空间被开发利用,加之不透水面积率增大使得更多的降水转变为地表径流,城区暴雨积水导致交通瘫痪,地铁与地下车库等地下空间进水,大批车辆浸泡水中,损失远超过以往农田受淹的情况;由于城市功能的正常运转极大依赖于供水、供电、供气、供油、交通、通信等生命线网络系统,即使暴雨内涝只在系统某些点上造成损害,都有可能在系统内部及系统之间产生连锁反应;超标准洪涝一旦发生,任何系统的瘫痪对居民生活和城市功能正常运转的不利影响,都会远远超出受淹的范围,使得间接损失甚至超过直接损失,体现出水灾损失激增的突变性。在城区暴雨和外江洪水遭遇的情况下,受外江高水位顶托,积涝难排,也会大大加重内涝的危害。而简单加大外排能力,过于集中排水,又可能产生"因涝成洪"与"因洪致涝"的恶性互动与风险转移。尤其随着超大城市的出现,在城市热岛效应、凝结核效应与高层建筑障碍效应的影响下,出现了市区降水强度和频次高于郊区的现象,即城市的雨岛效应,使得城市暴雨呈现增多、增强的态势。为此,应对城市暴雨洪涝灾害,不仅要重视防洪排涝系统的建设,辅以源头减排、过程调控,实现综合治理的目标;而且要重视"韧性城市"的发展,使城市各项基础设施有更好的耐淹性,在局部短时受淹难以避免的情况下,能够保证基础设施的正常运营或快速恢复,使得城市对暴雨洪涝极端事件有更好的承受能力,对未来气候变化有更强的适应能力。

二、洪涝灾害的突发性

洪涝通常被归类于突发性自然灾害,但其突发性与地震、火山、滑坡等灾害相比,从孕育到暴发,有更多的前兆信息可以监测、辨识,预报、预警也有其内在的机理可以遵循,有利于采取相应的防御和调控措施。不同类型的洪涝灾害,其突发性在时间上和空间上的表现,有着较大差异。一般而言,强对流等天气产生的局地暴雨洪涝、山洪暴发,以及江河决堤、水库应急泄洪甚至垮坝等,突发性特征更为显著,而持续阴雨形成的沥涝则被视为累积渐发型灾害。

洪涝的突发性会因人类活动而改变。在一些处于快速城镇化进程中的中小江河流域,随着建成区所占比例的显著增大,降水通过排水管网系统直接快速汇入河道,导致洪水峰值流量倍增,峰现时间大为提早,使得洪水的突发性更为突出,加大了应急响应的压力和难度,并导致洪涝风险向下游地区转移。例如日本的鹤见川,流域面积为 235km²,河流长度为 42.5km。1958 年,流域中人口为 45 万,建成区面积仅占流域面积的 10%;而到了 2000 年,流域中人口增加到 188 万,建城区面积率达到流域面积的 85%。受其影响,同等降水条件下进入下游老城区断面的洪峰流量从约 600m³/s 提升到约 1400m³/s;从降水到洪峰出现的时间,在 20 世纪 60 年代约 10h,其后逐步减少到 90 年代约 2h,使防汛变得更为紧张(图 2-1)。为此,流域中陆续兴建了 4300 余处雨水调节池等源头控制设施,容积约达 300 万 m³;沿河设置了 1 处多目标的分洪区和两个大型地下滞洪削峰池,容积约 400 万 m³,以期扭转这一被动状态。美国在 20 世纪 70 年代后期开始推行的雨洪最佳管理措施(stormwater best management practices,BMPs),与使雨水尽快排进河道的传统做法不同,倡导在每一块新开发的场地内修建蓄滞设施,用来削减开发后增加的雨水径流峰值,以保持在蓄滞设计降水条件下,开发后的雨水径流峰值不超过开发前。

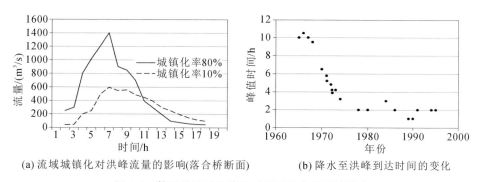

(a) 流域城镇化对洪峰流量的影响(落合桥断面)　　(b) 降水至洪峰到达时间的变化

图 2-1　鹤见川流域城镇化对暴雨洪水特性的影响

三、洪水的利害两重性及其相互转换特性

老子在《道德经》中所言"祸兮福之所倚,福兮祸之所伏",代表了中华民族自古流传的祸福观,两者对立统一,相伏相倚。自然界中的洪水现象亦是如此。洪水既有其灾害属性,亦有其资源属性与环境属性,三者之间存在着复杂的交互影响与转化关系(图 2-2)。我们既要考虑除害兴利、化害为利,也必须清醒地估计到水利向水害转变的可能性。

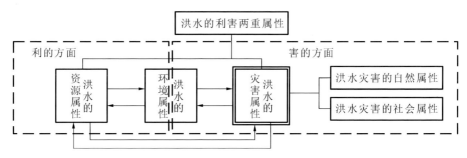

图 2-2　洪水的基本属性

（一）灾害属性

就洪水的灾害属性而言，洪水灾害虽然一直被划分为自然灾害，但是具有自然与社会的双重属性。一方面，超常洪水往往与超常的降水或风暴条件有关，宏观的孕灾环境与致灾外力决定了洪水灾害的自然属性。洪水致灾过程中水流泥沙运动的水文特性、水动力学特性与水沙运动特性等表征洪水灾害的自然属性，是自然科学研究的对象。另一方面，大规模的人类活动足以对洪水的时空分布特征与致灾后果产生显著的影响。人类既可能通过防洪工程体系的兴建，增加对洪水的调控能力，减轻洪水的危害；也可能在粮食需求与土地需求的巨大压力下，使人与自然争地、与生态系统争水的活动愈演愈烈，加之现代社会经济发展规模与运作机制的变化，洪灾损失的成因、后果及影响与天然洪水条件下的情况大不相同。诸如此类由人类活动与社会经济发展引起的洪水孕灾环境、致灾力量、承灾对象与灾害影响等的变化特征，可以归结为洪水灾害的社会属性。

洪水灾害的社会属性与自然属性往往交互影响。例如，近年来时有报道的"毒汛袭淮"事件，暴雨后随洪峰向下游演进的是个巨大的污水团，给水产业和水生物系统造成毁灭性的灾难。污染事件是人为因素造成的，而污水团随洪峰下泄过程中的输移扩散特性，又由自然力所控制。因此，洪水的社会属性，是社会科学与自然科学跨学科联合研究的对象。只有既考虑洪水灾害的自然属性，又重视洪水灾害的社会属性，才能全面、科学地做好防洪减灾工作（图 2-3）。

（二）资源属性

就洪水的资源属性而言，洪水是大自然水循环中径流运动的基本表现形式。我国每年汛期的几场暴雨洪水，往往是许多区域淡水资源的主要补给形式。过去面对"水多为患"的洪水，人们严防死守，力求"入海为安"，并未将洪水

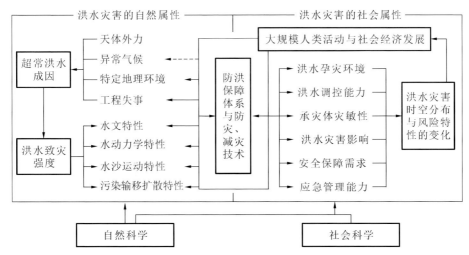

图 2-3　防洪减灾领域学科建设的相互关系

本身看作是资源。当代社会中，随着用水量与供水保证率的提升，加之水污染使得可用水量减少，以往不缺水的区域、不缺水的年份，也变得严重缺水。为此，人们开始改变观念，意识到"洪水也是资源"，考虑如何充分利用已有的防洪工程体系，通过调整汛限水位和水库优化调度等方式，加大拦蓄洪能力，以丰补枯，增加可利用的水资源。

（三）环境属性

就洪水的环境属性而言，洪水有利害两面性。一方面，洪水泛滥对人类生存环境会造成各种破坏，如冲毁家园、沙压良田、疫病流行、污水横流、垃圾遍野等；另一方面，洪水又是维持自然界生态系统平衡的环境要素。洪水塑造出来的洪积扇与冲积平原，为人类创造了更为有利的生存环境；北方乡村洪水泛滥在造成农业损失的同时，也可能带来增肥、补墒、淋盐、洗碱和回补地下水的利益，使靠地下水涵养的生态系统得以维持；一些依靠汛期洪水补给而存留的湿地，为保持生物多样性创造了条件。

表 2-1 从不同的视点分析了洪水的利害两重性及其相互转换关系。从表中可以看出，洪水是在一个过程中同时蕴含着利害两重性，并在一定条件下，利害可以相互转换。长期的获"利"可能以短期的受"害"为代价；而局部地区短期的急功近利，也可能加重长远的风险，或造成对全局不利的影响。洪水利害关系转化的复杂性，不仅在于不同区域之间存在着基于洪水的利害冲突，如局部地区过于谋求确保安全，则可能造成"以邻为壑"的不良后果；而且在于同一区域

发生不同量级洪水时,其利害特性的表现及转化关系会有很大不同。人类若以"根治洪水"为目标,在消除其害的同时,会失去其利;而在希望"与洪水共存"时,千万不要忘记洪水还有肆虐凶残的一面。因此,标准适度的水利工程体系,是实现人类与洪水共处的必要基础。人类治水活动的成败,关键是如何顺应自然、遵循规律,因势利导、因地制宜,趋利避害、化害为利,既满足发展需求,又保障可持续发展。

表 2-1　洪水的利害两重性及其相互转换关系

考察的视点	利的特性	害的特性
长期的视点	将水土资源从条件恶劣的山区输送到平原与河口地区,创造出有利于人类生存与发展的环境	山区过度开发加剧水土流失,使生态环境恶化难以逆转;中下游过分人水争地,导致河湖淤积萎缩、雨洪调蓄空间减少、风险日益加重
短期的视点	缓解水资源短缺矛盾,补充地下水源,改善土壤条件,改善河湖水质,恢复河道的行洪能力	造成人畜伤亡、资产损失,破坏基础设施,冲毁良田,诱发疫病,扰乱正常的生产、生活秩序,加重财政负担
区域的视点	某些地区可能因此在资源、环境、经济等方面受益,并能维持局部湿地与保持生物多样性	灾区遭受洪水破坏后,生态环境恶化、灾后重建负担重;某些地区虽未受淹,但因交通、通信、供电中断等遭受间接损失
可持续发展的视点	是大自然对人类不当行为的惩罚,是制约人类非理性活动的一种力量,是推进人水和谐的发展理念与模式	在政治、经济落后地区,可能成为长期难以脱贫的原因之一;若发展模式或治水对策不当,会形成恶性循环

注:表中箭头表示利害的转换关系。

四、洪涝的可调控性与洪涝灾害的不可避免性

洪水具有一定的可调控性,这是水灾区别于地震、飓风等其他自然灾害的一个重要特点。以工程体系与决策支持技术手段对洪水进行调控,以法律、行政、经济、教育等综合性手段对人类在洪泛区中的行为进行规范与管理,可以减少洪水的淹没范围和危害程度,是减轻洪水灾害损失、变害为利的有效方式。但是,由于人类对洪水的调控能力是有限度的,工程防御标准并非越高越好,超标准洪水灾害的发生具有"不可避免性"。

对人类社会而言,自然灾害的威胁是永存的,这一观点已经为严峻的现实

所证明。通常认为,自然灾害不可避免的原因在于超强的自然外力。但洪水灾害的社会属性又决定了人为影响也同样具有不可避免性。人类具有趋利避害的本性、生理功能的极限性和对自然认识的局限性。随着人口的增长和城镇化的推进,在人与水争地的过程中,各种急功近利的短视行为,甚至妨碍行洪、危害他人防洪安全等违法行为时有发生。所以,洪水管理的成败在一定程度上取决于对人的管理和体制的逐步完善。此外,在洪涝发生的应急响应过程中,由于基本信息的不完备、不可靠,决策者在紧急情况下只能做出"两害相权取其轻"的决断,且不能保证完全消除工作中的失误。因此,应急管理的法制、体制、机制也必须不断健全与完善,依赖科技与管理的进步,逐步提高决策科学化的水平。

总之,洪水风险是永存的。我们可以基于洪水的可调控性,不断完善防洪工程体系,努力增强对洪水的调控能力,减轻洪水的危害性;同时基于对洪涝灾害不可避免性的认识,摈弃"人定胜天""根治洪水"的幻想。因为,根治洪水既不经济、也不可能、且不合理。为应对稀遇洪水而建设过高标准的防洪工程,建设与维护的投入很大,利用率很低,经济上未必合算;特大洪水泛滥的过程也是洪峰坦化的过程,将调蓄洪水的场所都确保起来,堤高水涨,人与自然恶性互动,不可能达到消除洪水风险的目的;局部地区要高标准地确保安全,客观上则存在着风险向其他地区转移的问题。实际上,即使人类有能力驯服洪水,要消除洪水也是不必要的。因为洪水还具有资源、环境、生态等方面的功能,在我们付出巨大代价去消除洪水时,这些方面也难免遭受相当大的损失。例如,对适应洪水季节性涨落规律而形成的生态系统,就有可能因此遭受灭绝性的打击。

五、城市型洪涝灾害的连锁性与突变性

现代社会的正常运转,高度依赖交通、通信、供水、供电、供气等生命线网络工程,其中任何一个系统的局部因洪灾受损,都很容易在系统内部以及系统之间产生连锁反应。洪涝灾害的连锁性与自然灾害的灾害链现象有所不同。灾害链通常指不同种类灾害之间的链状反应,如地震引起滑坡,滑坡形成堰塞湖,堰塞湖溃决又造成洪水灾害,等等。而洪涝灾害的连锁性,指在一场暴雨洪水过程中,生命线系统之间因相互关联而产生的连锁反应,使灾情及不利影响迅速蔓延,远远超出受淹的范围。例如,2012年北京"7·21"暴雨中,地铁机场线

在三元桥站因雨水没过了地铁的感应板而发生故障,导致当晚城区与机场间路段停运,大批旅客滞留机场,即为系统内部一点受损而全线瘫痪的实例;再如在"7·21"暴雨中,某立交桥因变电站受淹停电而使排水泵站停运,结果桥下积水过深而阻断交通,此为电力系统受损导致排水系统停运,进而造成交通系统瘫痪的实例。尤其在现代社会中,区域之间的合作与联系更为广泛,物质流、资金流、信息流密切相连,一座城市一旦受灾,其影响会向其他城市、地区甚至国家蔓延,形成风险传递的连锁反应。例如深圳遭受台风暴雨袭击,一家生产电子元件的企业因灾停产,导致大量相关企业因零配件链条中断而无法按期交货,其影响范围远远超出受灾的范围。认清现代社会中洪涝灾害的连锁性,避免洪灾发生后社会运转陷入瘫痪状态,就要认真辨识基础设施中生命线系统的薄弱环节与脆弱点,以及风险的传递性,有针对性地采取防护措施,并做好受灾后快速修复的各项准备,全力防备灾情的蔓延,减轻洪涝灾害的间接损失与不利影响。

洪涝灾害突变性是指现代社会中洪涝规模一旦超出某一量级,便会造成损失激增的现象。农业社会中,洪涝灾害损失随洪涝规模而增大,但有一定限度,洪涝灾害损失与洪水规模呈缓变的倒S形(固有特性)关系(图2-4)。

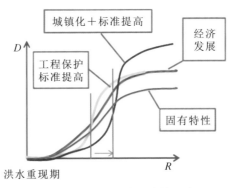

图 2-4 城市洪涝灾害突变性示意图

随着经济的发展,单位面积人口资产密度提高,同等规模洪水情况下,洪涝灾害损失增大。建设防洪工程后,标准内损失降低,但当洪水规模超出设防标准,就会出现洪涝灾害损失快速增长的现象。在城镇化的背景下,防洪排涝标准提高,但总有一定限度,标准内的洪涝可以得到有效抑制,一旦超出防御能力,洪涝灾害损失与不利影响就会出现激增的现象,即所谓"突变性"。北京市一般年份洪涝灾害损失仅数百万至数千万量级;2011年"6·23"大暴雨时,最大雨量为 192.6mm,平均面降水量为 63mm,降水强度为 128.9mm/h,经济损失达 13.83 亿元,死亡 2 人;2012 年"7·21"暴雨时,吸取前一年的教训,在前一天气象局发布橙色预警后,各相关部门已经严阵以待,但是,由于最大雨量达到 460mm,平均面降水量达 170mm,城区面降水量高达 215mm,经济损失跃升至 116.4 亿元,官方公布因灾死亡 79 人。2005 年,美国飓风"卡特里娜"袭击新奥尔良市,多处防洪堤溃决,致使该市八成地区淹在水中,1300 多人死亡,经济损失高达 800 多亿美元,几十万民众流离失所,几年后还有数万人仍以拖车为家。此前美国场次洪灾损失最高的是 1993 年的密西西比河流域性大洪水,洪涝灾害损失也不过 180 亿美元,说明一座现代化城市遭受灭顶之灾,损失会比流域性大洪水损失大得多。

现代城市型洪涝灾害的突变性不仅与城市人口资产密度高有关,而且取决于承灾体的脆弱性。脆弱性主要表现在 3 个方面:①城市防洪标准较高,特别是我国中西部城市,重大洪涝灾害发生的概率相对较低,城市居民普遍缺少防范应对的经验,并且风险意识淡薄,准备不足,在大灾面前容易表现得不知所措,误失逃生自救机遇,尤其是老人、孩子、病人等的逃生自救能力更弱;②生命线网络系统面对重大洪涝灾害,往往会暴露出脆弱的一面。一旦因遭遇超标准暴雨洪水受损,影响范围远超出受淹范围,间接损失会大于直接经济损失;③防洪排涝工程系统本身,既是防灾力的体现,亦是承灾体,在遭遇超标准洪水灾害时,因处于抗洪一线,也易于成为损毁的对象。

认清城市型洪涝灾害的连锁性与突变性,对于揭示城市洪涝成灾机制,不断强化与完善城市洪涝应急管理体系具有重要意义,有利于城市防汛指挥部门更为准确地把握应急响应启动的等级与时机,更为有针对性地组织好相关部门间的协调联动。

第二节　我国防洪体系发展历程与保障作用

一、中华人民共和国成立前治水理念的形成与进化

治水,在中国是一个古老的课题。中华民族的发展,自古就与大规模、有组

织的治水活动密切相连。远古时代,人类逐水而居,择丘陵而处之,水进人退,水退人回,人与洪水的关系以规避为上。随着生产、生活方式向农耕过渡,人类开始在洪积扇上定居,为防止洪水的侵害,修筑起一圈圈的圩堤,将居住区和田地保护起来,并尽力将低地垫高,即共工氏"欲壅防百川堕高堙庳"与鲧"障洪水"的办法。其后大禹采取"疏九河"的策略,顺应河性,导流入海,平定水患,树立起崇高的威望,成为夏朝的开国君王。自先秦时期,我国就流传下"善为国者必先除五害""五害之属水为大"的古训。大禹治水的传说,也使公而忘私、艰苦奋斗、民为邦本成为中华民族精神的源头和象征。

我国西高东低的总体地势,形成了东流入海的七大江河。江河流域中,上下游、左右岸、干支流、城乡间基于水的利害关系历来十分密切。随着人口增多,人与水争地的矛盾逐步显现,沿河筑堤成为防洪的基本手段。至汉代,在以往诸侯国分段筑堤的基础上,开始形成连续的堤防。那时,人们已经深刻认识到"左堤强则右堤伤,左右俱强则下方伤"的道理。历史上我国黄河"善淤、善决、善徙",水患频仍,各大江河中下游农业发达的广袤平原,每年汛期常处于洪水位之下,必须采取多样性的防御措施。这种人与自然紧密互动、区域之间休戚相关的背景与大规模治水的客观需求,不仅促使我国在河流治理上较早形成了"统筹兼顾、上下协调、因地制宜、综合治理"的思想,而且对几千年中央集权制度的维系与社会经济的发展,都有着深刻的影响,既孕育了"未雨绸缪,防患未然"的忧患意识,又造就出"一方有难,八方支援"的优良传统。

在治水问题上,中国古代早就提出过人应与河流洪水相适应的自然观。最著名的例子就是传自汉代的贾让三策。西汉年间,黄河频繁泛滥,治河成为朝野关注的大事,贾让在分析黄河演变历史的基础上,提出了治河上、中、下三策。上策是黄河改道。决黄河于黎阳遮害亭,在当时黄河和西面的太行山麓之间,经冀州辖区,北流入海。为此,需"徙冀州之民当水冲者",使人河各处其位。据说,从此"河定民安,千载无患"。中策是"多穿漕渠于冀州地,使民得以溉田,分杀水怒"。这是上策的修正,可兴分洪、改土、灌溉和航运之利。贾让认为,中策"虽非圣人法,然亦救败术也",是"富国安民,兴利除害,支数百岁"的治河良策。下策是继续维修旧堤。贾让说:"若仍缮完故堤,增卑倍薄,劳费无已,数逢其害,此最下策也"。

耐人寻味的是,在治河实践中实际被采用的,恰恰是贾让认为最不合理的下策。王化云等指出,冀州当时的人口密度远不如今日密集,当冲的魏郡,面积大约 24000km²,人口近 91 万,平均每平方千米不到 40 人。但那时,人不与洪水争地、移民给洪水让路的"上策",就已经不是仅靠提倡就能得以实施的了。从始于战国的"宽河固堤",到兴于明代的"束水攻沙",所改变的无非是堤防的布局形式以更好地满足治河的需求。清代河道总督靳辅曾讥讽贾让说:"有言之甚可听而行之必不能者,贾让之论治河是也。"但同时又指出:"(贾让)所云疆理土田,必遗川泽之分,使秋水多得有所休息,左右游波,宽缓而不迫,数语,皆善矣。"从治河思想的角度肯定了贾让的人与自然和谐相处、社会发展与河流洪水规律相适应的自然观。贾让三策中的"上策"与"中策",虽然未能得以实施,但是正如周魁一等所指出:"实际上包含了人类发展要主动积极地适应洪水客观规律的合理内核。随着人们调蓄洪水的工程能力的不断提高,适应洪水的规模和形式也会有所不同。"事实上,在人类开发利用洪泛区土地的进程中,人与洪水共存,给洪水以适当的宣泄流路和必要的蓄滞场所,无论主动或被动,自大禹治水以来,一直是中华民族应对洪水的主要措施之一。如始于战国的"宽河固堤",就体现了既筑堤防洪又为洪水留足空间的理念。至明代潘季驯提出"筑缕堤束水攻沙,以遥堤拦洪防溃,建格堤淤滩固堤",形成了一套较完整的"以河治河"的堤防工程体系,既提高水流挟沙能力,利用水力刷深河槽,又防止泥沙淤积,维持河道的行洪能力,此即人为工程与自然力量相结合的探索与实践范例。

在治水理念的形成过程中,人口增长是一个重要的因素。清代以前,我国人口一直在 1 亿上下波动。清代之后人口迅速增长,人与水争地愈演愈烈。然而,人与水争地为利,水与人争地为殃。每遇饥荒年,"围湖造田"便形成热潮;而一发大水,"废田还湖"又三令五申。直到人口超过 4.5 亿的 20 世纪初期,有学者权衡利害,提出了"蓄洪垦殖"的主张:大水年退田还湖,中小水年与水争地,"估计可有四五年之收,而可能有一年之失(淹),仍有利可图"。现在,我国的人口比历史时期高出了一个数量级,比提出"蓄洪垦殖"时的人口又增加了 2 倍。这种情况下,轻言"人不与水争地",则可能导致人与人争地、人与林争地,由此引起的社会问题、环境问题会更为尖锐。为此,文伏波等强调"在我国土地资源相对较少的情况下,平均几年受淹一次的土地也应该是可以利用的,但要合理利用,承担风险"。

中国近代 1840—1949 年的 110 年间,主要江河发生了多场影响深远的特大洪水。例如 1860 年、1870 年长江上游相继发生的两次特大洪水,在湖北省枝城镇洪峰流量都高达 11 万 m³/s,前者到荆江河段在湖北省藕池镇决口,后者在湖北省松滋市决口,加上太平口(湖北省太平镇)和调弦口(湖北省调关镇),形成长江向洞庭湖四口分流的局面。再如 1855 年黄河在铜瓦厢(位于河南省兰考县)决口改道,结束了 12 世纪末以来夺淮的历史。在此前的 600 余年中,黄河泥沙淤堵了淮河的入海口,迫使其掉头南下,成了长江的"支流",并在中游憋出洪泽湖,湖底不断淤积抬升,使淮河中游河道形成倒比降,行洪不畅,沿河两岸不得不设置了大量的行蓄洪区。1931 年汛期江淮并涨,洪灾涉及 8 省区,武汉三镇受淹月余,因洪灾及随之而来的瘟疫和饥荒,死亡人口超过 40 万。1938 年,为阻挡日军进攻,黄河堤防在花园口(位于河南省郑州市)被人为扒开,河南、安徽、江苏三省共 44 个市(县)形成黄泛区,千万人受灾,390 万人流离失所,损毁耕地 1200 余万亩(1 亩≈666.7m²),给百姓带来深重灾难。这百余年间,中国社会动荡、战乱不断,水利建设长期处于停滞状态,河道堤防残破不堪,根本无人顾及,使得这段时期成为中国水灾最严重的时期。解放初期,全国堤防反复查对,也只有 4.2 万 km²;仅日本人在我国东北地区建的两三座水库有防洪功能,其他各流域中,还没有水库可供防洪之用。

二、我国当代防洪工程体系建设历程

1949 年后长期的战乱结束,面对堤防残破、江河失修、水患频仍的局面,国家将水利建设作为稳定社会、恢复生产的重要措施,着手防洪工程的修建与规划。经过约 70 年的努力,我国已逐步建成了较为完善的防洪工程体系。20 世纪 50 年代以来,我国防洪工程建设经历了 3 个发展阶段。

(一)第一个阶段

20 世纪 50—70 年代,我国江河流域综合规划工作全面开展,并以群众运动方式开展了大规模的以堤防、水库、分蓄洪等工程为主要内容的防洪工程建设高潮。

(1)1949—1957 年时期。面对严重的洪涝灾害,国家动员各级政府和人民群众恢复、整修、加固原有的防洪设施,同时重点兴建一些有研究基础、目标明确、投资少、见效快的骨干工程。民国时期,我国一些主要江河,如淮河、黄河、海河,虽设有专门的水利委员会,但那时无力修建水利工程,只能设一些水文站、气象站，积累了一些河道地形测量和水文气象观测资料，也提出了一些河流治理的方案。中华人民共和国成立初期吸收这批专业人员和研究成果，对迅速开展重点骨干工程建设发挥了不小的作用，如治淮初期工程（包括淮河上中游支流水库、中游河道整治、下游三河闸等工程）、长江荆江分洪工程、汉江杜家台分洪工程、永定河官厅水库、浑河大伙房水库等；海河流域里一些已有的分洪工程也得以修复和扩建，如独流减河、四女寺减河等。在此期间，各大江河的流域防洪规划编制工作已着手展开，确定了"蓄泄兼筹、以泄为主"的江河治理方针，为开展大规模的防洪工程建设，初步控制常遇洪水灾害，进一步提高防洪标准奠定了基础。

（2）1958—1965 年时期。1957 年我国第一个五年计划完成得很好。其后为应对当时的国际形势，当时希望以农业为突破口加速发展经济，为此要大上水利，三年实现水利化。当时，河南提了个水利"三主方针"，即"以小型为主，以蓄为主，以社办为主"，还提了一个口号叫"一块地对一块天"，那就是到处做长坝、节节拦蓄，以致河系大乱、排水不畅。而且病险库质量问题也越来越重，有些水库蓄水就垮，导致洪涝灾害肆虐。1962 年后国民经济进入调整阶段，基本就是恢复处理 1958—1962 年的遗留问题。其中，1960 年建成蓄水的三门峡水利枢纽，因水库淤积严重，在渭河口形成拦门沙，使渭河两岸农田受淹和浸没，并严重威胁到关中平原和西安市的安全；1962 年 3 月起水库运行方式由"蓄水拦沙"改为"滞洪排沙"，随后又陆续进行了增加泄流排沙隧洞和外开施工导流底孔等一系列改造工程。

（3）1966—1979 年时期。1963 年海河大水之后，毛主席发出了"一定要根治海河"的号召。1975 年，超强台风"莲娜"导致的特大暴雨引发淮河上游大洪水，河南省板桥、石漫滩两座大型水库和数十座中小型水库相继溃坝，伤亡惨重。其后，国家对水库除险加固与溢洪道改扩建做了安排。1978 年 12 月党的十一届三中全会召开，确定将工作重点转移到经济建设中来。到 1979 年，全国建成大、中、小型水库 8.6 万座，总库容达 4200 亿 m³；堤防长 17.5 万 km，平原防洪排涝骨干河道得到初步整治，各主要江河初步形成了比较完整的防洪工程体系。

（二）第二个阶段

20 世纪 80—90 年代，水利工作进入了重新认识、研究的新时期，防洪工作逐步走上了建设与管理并重的法治化发展轨道。

（1）改革开放初期，百废待举，农村包产到户，水利建设难以像过去一样靠国家大量无偿投资和广大群众义务投工投劳。1980年中央与地方财政"分灶吃饭"，能源交通成为国家建设的重点，中央掌握的水利投资锐减，而地方更急于上马发展经济的项目，水利工作一度陷入停滞。

（2）1983年汉江大水，安康县城（今陕西省安康市）遭受灭顶之灾，造成重大伤亡，城市防洪问题引起重视。1987年7月，水利电力部、城乡建设环境保护部、国家计委联合发出《关于城市防洪分工的通知》，确定了25座重点城市的防洪骨干工程由水利电力部门负责。其后，在地方政府的要求下，经国务院领导同意，由水利部门管理的全国重点防洪城市又增加到31座。1998年国务院"三定"方案明确规定城市防洪由水利部门负责，并增设了54座重要防洪城市。

（3）20世纪90年代，我国进入一个类似于50年代的洪灾高发期。1991年、1994年、1995年、1996年、1998年和1999年连发大水，直接经济损失呈攀升态势，至1998年损失超过2500亿元，年均相对损失（直接损失/GDP）高达2.26%，水利的重要性被重新认识，地位不断提升。1991年华东水灾之后，中央提出"要把水利作为国民经济的基础产业，放在重要战略地位"，在1995年又建议"把水利列在国民经济基础设施建设的首位"。三峡、小浪底等具有重大控制性防洪功能的水利枢纽工程相继开工建设。然而，1991—1997年水利累计完成投资占全社会投资比例仅为1%，远低于能源（12.4%）、交通（7.9%）和邮电（4.2%）。

（4）1998年举国上下的抗洪斗争，在我国当代治水史上是一个重要的转折点，成为加快我国水利现代化进程的重大契机。这一年颁布实施的《中华人民共和国防洪法》（简称《防洪法》）不仅强化了1991年发布实施的《中华人民共和国防汛条例》（简称《防汛条例》），有利于依法动员、整合全国各方力量投入大规模的抗洪抢险活动，而且为防洪工程体系的建设与提升提供了法律保障。在1998年大洪水中，仅严防死守、抗洪、抢险、救灾，就花了400亿元。大灾之后，国家全面加大治水力度，成倍增加了治水的投入。1998—2002年中央水利基建投资达到1786亿元，为1949—1997年投资的2.36倍。其中发行784亿元的国债用于防洪工程建设，重点进行长江干堤和病险水库加固工程，进一步提高了大江大河的防洪标准和整体防洪能力。

（三）第三个阶段

21世纪以来，全面探索、推进人与自然和谐的治水新思路。1990年代末，我国城镇化率突破30%之后，城镇化进入加速发展阶段，至2018年已达到59.6%。随着城镇化的迅猛推进，区域之间、人与自然之间基于水的脆弱平衡不断被冲击、打破，水资源短缺、水环境污染、水生态退化与古老的治水问题交织在一起，使得水旱灾害防治面临更大的压力与挑战。

（1）21世纪头10年，随着长江三峡、黄河小浪底、淮河临淮岗、嫩江尼尔基、西江百色等一批大型防洪控制性枢纽工程的投入运行，加之干堤加固工程的实施，大江大河调控洪水的能力显著增强，为防御特大洪水增添了底气。2003年和2007年虽然淮河两次发生流域性大洪水，但没有造成重大险情。2000年，依据《防洪法》编制施行的《蓄滞洪区运用补偿暂行办法》为抗洪期间蓄滞洪区的有序运用减少了阻力。在2003年淮河大洪水中，启用了2个蓄洪区和7个行洪区，国家按补偿办法规定对40余万灾民予以4.3亿元的补偿；在2007年淮河大洪水中，启用了10个行蓄洪区，国家对区内受灾群众给予3.32亿元的补偿，用以恢复灾民的生产、生活。10年间，我国年均洪涝灾害相对损失值大幅下降到0.64%，年均洪涝灾害人员伤亡从1980—1999年的4129人下降1454人，防洪工程体系建设的成效显著。

（2）2003年以来，我国山洪灾害死亡人数占洪涝灾害死亡人数的比例上升到超过70%，且居高不下。2005年发生了黑龙江省沙兰镇因山洪造成105位小学生丧生的悲剧。加强中小河流治理与山洪灾害的防治成为防洪减灾关注的重点。2005年底，国家防汛抗旱总指挥部办公室（简称国家防办）在12个县开展山洪灾害防御试点工作。2006年国务院正式批复《全国山洪灾害防治规划》。2009年水利部、财政部启动了全国中小河流治理3年试点工作。2010年9月国务院又出台了《关于切实加强中小河流治理和山洪地质灾害防治的若干意见》；同年11月水利部会同财政部等启动了全国山洪灾害防治县级非工程措施项目，中央财政累计安排补足资金79.38亿元，要求经过3年建设，初步建成覆盖全国2058个县的山洪灾害监测预警系统和群测群防体系。2012年中小河流重点河段治理转入全面实施阶段，要求全国平均每年完成近2000个中小河流治理项目，年均治理河长近1.4万km。

（3）受迅猛城镇化的影响，2006年后我国每年受淹的城市都在百座以上，受淹城市最多的 2010 年、2012 年、2013 年和 2016 年分别达到了 258、184、243 和 192 座,其中绝大多数为暴雨内涝。2011 年 1 月《中共中央国务院关于加快水利改革发展的决定》指出:"水利不仅关系到防洪安全、供水安全、粮食安全,而且关系到经济安全、生态安全、国家安全"。2011 年 7 月中央水利工作会议进一步指出"加快水利改革发展是保障国家粮食安全的迫切需要,是转变经济发展方式和建设资源节约型、环境友好型社会的迫切需要,是保障和改善民生、促进社会和谐稳定的迫切需要,是应对全球气候变化、增强抵御自然灾害综合能力的迫切需要",并提出"要全面提高城市防洪排涝能力,从整体上提高抗御洪涝灾害能力与水平"。为落实 2017 年中央 1 号文件和中央水利工作会议关于加快城市防洪排涝基础设施建设的有关部署,水利部研究提出了《加强城市防洪规划工作的指导意见》,指出"目前城市防洪排涝设施建设相对滞后,一些城市存在防洪排涝标准低、工程布局不合理、体系不完善、设施老化失修、应急手段和措施薄弱等突出问题,一旦遭受洪水或暴雨袭击,人民群众生命财产和城市正常运行面临严重威胁。加强城市防洪排涝设施建设十分重要而紧迫",要求"以科学发展观为指导,把保障人民群众生命财产安全放在首位,坚持以人为本、人水和谐的理念,综合考虑洪水防御、城市排涝、市政建设、环境整治、水生态保护与修复、城市水文化等需要,合理确定城市防洪排涝标准,科学安排防洪排涝工程与非工程措施,全面提高城市防洪排涝能力"。2012 年北京发生"7·21"水灾,举国震惊。2013 年 3 月国务院办公厅发出《关于做好城市排水防涝设施建设工作的通知》。值得注意的是,2013 年我国有防洪任务的城市中,359 座完成防洪规划,占 56%;228 座在修编中,占 36%;6 座重点防洪城市、20 座重要防洪城市、258 座其他防洪城市尚未完成防洪规划的修编任务。与 2006 年统计资料相比,未完成防洪规划编制任务的城市总数为 170 座;7 年后不降反增,达到 284 座。其原因在于我国城市防洪标准与城市规模相关,至 2012 年底,我国百万人口城市从 2000 年的 40 座增加到了 127 座,许多城市需要按更高的标准来编制防洪规划。然而,由于一些城市扩张到了原有防洪保护圈之外,有些城市在发展中挤占了河湖水系与低洼湿地,雨洪调蓄能力大为降低,加之建成区不透水面积率提高,增大了降水的地表径流,既加重了内涝的危害,也激化了防洪与排涝的矛盾。如何满足随城市发展而日益提高的防洪安全保障需求,已经不是简单沿袭传统模式、一味扩大防洪保护范围、提高防洪排涝能力所能应对的了。

(4)2013 年 12 月习近平总书记在中央城镇化工作会议上要求"建设自然积存、自然渗透、自然净化的海绵城市"。2014 年 12 月住房和城乡建设部、财政部、水利部三部委联合启动了全国首批海绵城市建设试点城市申报工作。2015 年 8 月水利部下发《推进海绵城市建设水利工作的指导意见》,指出"海绵城市是以低影响开发建设模式为基础,以防洪排涝体系为支撑,充分发挥绿地、土壤、河湖水系等对雨水径流的自然积存、渗透、净化和缓释作用,实现城市雨水径流源头减排、分散蓄滞、缓释慢排和合理利用,使城市像海绵一样,能够减缓和降低自然灾害和环境变化的影响,保护和改善水生态环境"。2015 年 10 月国务院办公厅发布《关于推进海绵城市建设的指导意见》,明确"海绵城市是指通过加强城市规划建设管理,充分发挥建筑、道路和绿地、水系等生态系统对雨水的吸纳、蓄渗和缓释作用,有效控制雨水径流,实现自然积存、自然渗透、自然净化的城市发展方式";目的在于加快推进海绵城市建设,修复城市水生态,涵养水资源,增强城市防涝能力,扩大公共产品有效投资,提高新型城镇化质量,促进人与自然和谐发展。2015 年和 2016 年,相继启动了 30 座海绵城市建设试点,希望能够因地制宜地创造与我国国情、区情相适宜的治理模式,总结经验,不断提高,以利推广。几年来,海绵城市的基本理念为更多人所接受,认识在去伪存真、逐步深化,有了更多的系统思考;海绵城市建设拥有了一批有实践经验的规划、设计、施工与管理人员,形成了一些可交流的样板;海绵城市建设技术得以甄别,学会了因地制宜地选择切实有效的手段,淘汰了一些不适用的做法;海绵城市建设的推进模式有了多种类型的探索,多了理性,少了盲从;同时,有一批企业通过海绵城市的建设得以发展,发展了自己的专业团队和专利产品,具备了一定的技术优势。实践证明,我国幅员辽阔,各地自然地理气候迥异,经济发展水平不一,海绵城市建设过程中,必须要强调以水循环为纽带,将城市暴雨—径流、水污染治理和城市生态绿地、湿地建设与市政建设(排水、排污)规划管理联系为一体的"城市水系统"的概念与方法,积极推行"一城一策",以流域为单元,统筹协调好防洪与排涝的需求和矛盾。同时,针对我国城市基础数据不完备、水文气象监测较为薄弱、海绵城市建设的基础水文学理论不成熟、城市水文模型与洪涝仿真模型实用性欠缺等不足,亟待加强基础理论、模型与监测系统的研发,加快借鉴与改进国外技术方法,力求构建适合中国国情的雨洪管理利用体系。

三、我国防洪减灾体系的现状与评述

防洪减灾不仅需要建设标准适度、布局合理的防洪工程体系,以提高人类调控洪水、化害为利的能力,而且需要建立规范高效的组织管理体系,风险共担的社会保障体系,不断健全的政策法规体系和先进实用的技术支撑体系。2011年7月召开的中央水利工作会议,明确提出"到2020年,基本建成防洪抗旱减灾体系"的目标。21世纪以来,随着经济社会的快速发展和城镇化的迅猛推进,我国防洪减灾体系建设取得了同步的进展,对于抑制洪涝风险的增长,满足日益提高的水安全保障需求做出了积极的贡献,同时也面临着更大的压力与调整。

(一)防洪工程体系建设

经过70年的防洪建设,各流域已形成了由水库、堤防、分蓄洪区、水闸、泵站和分洪道等组成的防洪工程体系,"上拦、下排、两岸分滞"的功能较为完备,主要江河的防洪标准有了较大提高,基本上能防御大江大河干流的常遇洪水。根据2012年全国第一次水利普查的报告,全国共有水库98002座,含已建水库97246座,总库容8104.10亿 m^3;在建水库756座,总库容1219.02亿 m^3。其中大(1)型水库127座、大(2)型水库629座、中型水库3938座、小型水库93308座,它们的库容比为60.76∶19.68∶12.01∶7.55。可见,大型水库数量虽少,库容却占总库容的80%以上,是各大流域防洪中调峰错峰的主要依托手段。堤防总长为413679km,其中5级以上堤防长为275495km,包括已建堤防(长)267532km,在建堤防(长)7963km,合计占堤防总长的66.6%。1998年大洪水之后,国家在大江大河干堤除险加固上投入很大,汛期险情显著减少。但也需看到,5级以下的圩区民埝占堤防总长的1/3,堤防维护、抢险任务十分艰巨。我国有水电站46758座,装机容量3.33亿kW。一些大型水电站也肩负着一定的防洪任务,设有汛限水位和防洪库容。我国已建水闸268476座,泵站424451座,在防洪治涝中也发挥着重要的使命。我国有防洪任务的河段长达373933km,其中已治理的河段仅占33%,有待治理的河段主要为中小河流。为此,2009年国家专门启动了全国中小河流重点河段治理工作,经过3年试点,2012年中小河流治理转入全面实施阶段。

总体来看,我国各大流域防洪工程体系已基本形成,应对常遇洪水的能力大大增强。然而,①随着全球气候变暖、局部极端强降水发生概率增大,对城市防洪排涝、中小河流整治、山洪灾害防治等基础设施建设,提出了更高的要求。②一些河道自然淤积萎缩或被人为挤占,行洪能力降低,抗洪抢险压力倍增,需要加大河道整治的力度。③大量病险水库除险加固的工作,从大中型到小(1)型、小(2)型,"十三五"期间已基本完成一轮,但这不是一劳永逸的事,溃坝事件仍时有发生,水库除险加固需长期持续推进;有些水库库容已显著淤积萎缩,或除险加固费用远超其实际效益,需要有序进行降等报废的处置;有些水库功能已从以往防洪为主转为城镇供水为主,为提高供水保证率,调整提升了汛限水位,或采用了汛限水位分期控制、动态控制等方式,从而增大了应急泄洪的概率;特别是在流域中形成梯级水库群的情况下,一旦梯级水库被迫相继进入应急泄洪状态,就可能出现零存整取、峰峰叠加的恶果。这些都对水库大坝提高安全管理水平、加强监测预报预警与优化调度系统建设,构成了更大的压力。④我国汛期防洪安全对堤防系统的依赖性极大,不同等级的堤防有不同的建设标准。一些地区,随着城市的扩张与规模的提升,面临扩大防洪保护圈、提高堤防建设标准的要求。由于绝大多数堤防均为土堤,且在历史形成基础上逐步加高加固,堤防维护、查险排险任务十分繁重。随着农村青壮劳力大量进城务工和农民累计工、义务工的取消,堤防维护、查险排险力量削弱,特别是在土地流转、集约化经营的模式下,一旦堤防溃决,靠借贷建设的农业种植、养殖基础设施严重损毁,经营者损失惨重,并可能因资金链断裂而负债累累、陷入绝境。为此,如何建设生态环境友好的可溢流堤防,大大降低溃堤洪水的破坏力、缩短淹没时间、减轻灾害损失、加速恢复重建,是今后堤防体系建设的必然方向。

(二)政策法规体系建设

依法防洪是防汛工作得以顺利实施的有力保障。改革开放以来,我国水利建设逐步走上了法制化的轨道,国家先后颁布实施了一系列水利方面的法规。1988年1月全国人大通过了《中华人民共和国水法》,并于2002年8月经全国人大常委会修订通过。其中第二十条明确规定"开发、利用水资源,应当坚持兴利与除害相结合,兼顾上下游、左右岸和有关地区之间的利益,充分发挥水资源的综合效益,并服从防洪的总体安排",并要求"国民经济和社会发展规划以及城市总体规划的编制、重大建设项目的布局,应当与当地水资源条件和防洪要求相适应,并进行科学论证"。1988年国务院发布了《中华人民共和国河道管理条例》(简称《河道管理条例》),其中第三条规定"开发利用江河湖泊水资源和防治水害,应当全面规划、统筹兼顾、综合利用、讲求效益,服从防洪的总体安排,促进各项事业的发展"。1991年国务院发布了《防汛条例》,并于2005年修改施行;其明确规定,防汛工作实行"安全第一,常备不懈,以防为主,全力抢险"的方针,遵循团结协作和局部利益服从全局利益的原则。1997年8月全国人大通过了《防洪法》,自1998年1月1日起施行。这是我国第一部规范防洪工作的法律,也是我国第一部规范防治自然灾害的法律。《防洪法》第三条明确规定"防洪工程设施建设,应当纳入国民经济和社会发展计划。防洪费用按照政府投入同受益者合理承担相结合的原则筹集",为1998年大洪水之后防洪体系建设持续的高投入提供了法律的保障。根据《防洪法》第七条关于"各级人民政府应当对蓄滞洪区予以扶持;蓄滞洪后,应当依照国家规定予以补偿或者救助"的规定,1998年大洪水之后,国家防总启动了《蓄滞洪区运用补偿暂行办法》的编制工作,并于2000年5月由国务院发布实施,为蓄滞洪区运用后的损失补偿提供了法律依据,对于江河防洪调度中及时有效地启用蓄滞洪区有积极作用。《防洪法》在制定过程中,也考虑到了兼顾支撑发展与保障安全的需求。例如第四十四条最初起草的条文是"水库不得在汛期限制水位以上蓄水"。考虑到随着经济发展与城市的扩张,水库供水压力大增,各地抬高汛限水位的要求十分迫切。为此将条文修改为"在汛期,水库不得擅自在汛期限制水位以上蓄水,其汛期限制水位以上的防洪库容的运用,必须服从防汛指挥机构的调度指挥和监督",即在水库完成除险加固,通过安全鉴定,具备上游暴雨与入库流量预报系统等条件下,经过一定的论证与审批程序,可以适当提高汛限水位。但在实际操作中,由于对论证和审批的程序缺乏具体的法律规定,仍存在亟待完善的需求。

总体来看,我国洪水风险管理体系建设才刚刚起步,尚在建立与完善的过程中,还有大量的基础性工作需要完成。①在《防洪法》中需要增加有关洪水风险管理的条款,为推进和建立有中国特色的洪水风险管理体系提供基本的法律依据。目前我国关于防灾减灾工作已经提出要"从减少灾害损失向减轻灾害风险转变",为此需要利用先进的技术手段,基于洪水风险的辨识与评估,进行洪水风险区划,针对土地利用、城市规划、洪水影响评价、洪水保险、避难迁安系统布设、居民防灾教育等不同需求,绘制具备相应信息的各类洪水风险图,作为洪水风险管理与应急预案编制的基本依据。2003 年国家防总提出了实现由控制洪水向洪水管理转变的要求,强调要适度承担风险,规范人类社会活动,促进洪水资源化。国家防办组织编制了《洪水风险图绘制导则》,以指导各地开展洪水风险图绘制工作。2013—2015 年财政部安排中央财政专项经费 13.02 亿元,以推进《全国重点地区的洪水风险图编制项目实施方案》,合计编制完成了我国重要防洪区 49.6 万 km² 的洪水风险图,涵盖全国所有重点防洪保护区(40.8 万 km²)、国家重要和一般蓄滞洪区 78 处(2.9 万 km²)、主要江河中下游洪泛区 26 处(0.88 万 km²)、重点和重要防洪城市 45 座(1.3 万 km²)、中小河流重点河段 198 处(3.7 万 km²)。但是《防洪法》中,尚未体现有关洪水风险的理念与洪水管理的需求,洪水风险图的应用缺少基本的法律依据,即使已经编制了 49.6 万 km² 的洪水风险图的重点防洪区,该图对土地利用方式和城市发展规划中如何规避洪水风险,也缺乏法律上的约束力。因此,迫切需要基于洪水风险管理的理念修订《防洪法》。②要建立各种有效的补偿机制,使全社会全面、公正、公平地分担洪水风险。过去修建蓄滞洪区来保护重点区域,实际是一种风险转移的措施。2000 年根据《防洪法》出台了《蓄滞洪区运用补偿办法》,这是一种进步,但补偿的范围十分有限,实施中存在核资定损难的问题,有待进一步完善。③随着水库承担的供水任务越来越重,越来越多的水库要求进行汛限水位的调整。《防洪法》规定,水库不得擅自提高汛限水位。但通过什么审批程序可能调整汛限水位,尚缺少法律依据。④要加强执法队伍的建设。目前执法不严、把不住关的现象大量存在。例如《防洪法》第三十四条规定"城市建设不得擅自填堵原有河道沟汊、贮水湖塘洼淀和废除原有防洪围堤;确需填堵或者废除的,应当经水行政主管部门审查同意,并报城市人民政府批准。"但是现实中,仍存在有法不依、执法不严的现象,如一些城市在快速发展中,肆意挤占河湖、扰乱水系,加重了洪涝的危害。

(三)防汛组织管理体系建设

早在 1950 年 6 月政务院就成立了中央防汛总指挥部,1988 年成立国家防汛总指挥部,1992 年更名为国家防汛抗旱总指挥部(简称国家防总),由国务院副总理任总指挥,国务院有关部门和解放军原总参谋部、武警部队领导为成员,统一组织指挥、领导全国的防汛抗旱工作。1995 年国家防总印发了《各级地方人民政府行政首长防汛工作职责》,为保障防汛工作的顺利开展、夺取抗洪抢险斗争的胜利发挥了重要作用。2003年,根据《防洪法》第三十八条"防汛抗洪工作实行各级人民政府行政首长负责制,统一指挥、分级分部门负责"的明确规定和新时期防汛抗旱工作的要求,国家防总补充修订并印发了《各级地方人民政府行政首长防汛抗旱工作职责》。据此,有防汛抗洪任务的县级以上人民政府均设立了防汛指挥机构,与防洪相关的各个部门都为其成员单位。另外,电力、通信、石油、铁路、公路、航运、工矿等有防汛任务的部门和单位各自设立防汛机构,负责本行业和本单位的防汛工作。截至2010年底,长江、黄河、淮河、海河、珠江、松花江、太湖七大流域全部设立了防汛抗旱总指挥部,辽河成立了辽河防汛抗旱协调领导小组。2006年1月国务院发布了《国家突发公共事件总体应急预案》,水旱灾害被列为自然灾害类突发公共事件的首位。国务院首批发布的5个自然灾害类突发公共事件专项应急预案中包括了《国家防汛抗旱应急预案》,明确要求按照灾害规模等级与危害程度,建立防汛抗旱四级应急响应体制。各级政府由此建立了分类管理、分级负责、条块结合、属地为主、覆盖全国的防汛抗旱应急管理体系,逐步形成了"政府主导,统一指挥,协调联动,社会参与"的防汛抗旱应急管理机制。面对大洪水,动员全社会力量投入防汛抗洪、抢险救灾,是适合中国国情又行之有效的减灾措施。中央补助建设的重点防汛机动抢险队已达100支,各地还建设了44支省级防汛机动抢险队,250多支市、县级防汛机动抢险队。1999年起,解放军建设了19支抗洪抢险专业应急部队。这些队伍主要完成突发性的、急难险重的抗洪抢险任务。为保证抗洪抢险有充足的防汛物资供应,在全国21个中央防汛物资定点仓库储备了价值1亿多元的防汛抢险救生物资,省级防汛部门储备了价值20亿元的防汛物资。2004年颁布了《防汛储备物资验收标准》和《防汛物资储备定额编制规程》,防汛物资储备工作向规范化进一步迈进。

2018年,国家机构进行了重大改革和职能调整,各类自然灾害与重大安全事故、事件的应急指挥统一并入新成立的应急管理部,水利部门依然承担洪水预报预警、防洪工程体系规划建设与调度运行管理,以及重大险情应急处置技术支撑等重任。在新的格局下,需要进一步健全和完善以行政首长负责制为核心的各项责任制,依法明确和细化各级政府与相关部门的职责,完善协调联动机制,形成"政府主导,部门联动,属地管理,社会参与"的灾害管理模式,实现从减轻灾害损失向减轻灾害风险的转变。为此,推行基于风险辨识与风险评估的应急预案编制,建立切实有效的洪水影响评价制度,建立高风险区的土地利用管控方式等,将对组织管理体系建设提出更高的要求。

(四)防汛技术支撑体系

(1)洪水测报、预报和警报系统。中央报汛站是承担向国家防汛抗旱部门报送水情信息任务的站点,按报汛项目可分为雨量站、水文站、水位站、水库站、闸坝站、排灌站、墒情站等。1949年全国仅有水文站148个、水位站203个、雨量站2个,且技术装备十分落后。其中在1950年承担中央报汛任务的仅有78处,报汛项目也仅有雨量、水位和流量。至2008年,发展为3301处,相比1950年增加了40倍,报汛项目也增加了水库蓄水量、沙情、冰情等内容,初步形成了站网布局和报送项目基本合理的中央报汛站网。近10年来,中国的水利通信网发展迅速,全国大江大河已建有报汛站7584个,其中中央报汛站3171个。建成话音通信站和水文数据卫星站200多座。在一些大江大河的重点蓄滞洪区初步建立了无线洪水警报通信网和信息反馈系统。用于防汛信息传递的微波通信干线长1.5万多km,微波站500多个;建立了以国家防办为中心,连接七大流域机构和31个省、市、区的防汛抗旱指挥部,甚至到县的宽带计算机广域网,具备了语音、数据、图像传输等功能,初步实现了水利信息的网络传输与共享,20min内可完成省级各类防汛信息的收集,并传送至省中心;30min内将收集的信息汇集到国家防总,基本能满足防汛工作的要求。

(2)洪水调度系统。防洪调度是运用防洪工程体系,对汛期发生的洪水,有计划地进行控制、调节和预防的工作。1956年,国家提出水库兴利要服从防洪,并提出以汛期防洪限制水位为控制准则,编制防洪调度规则和调度计划。在此之后,中国水库在防洪调度规则、调度方式以及实施调度等方面,总结经验教训,兼顾调峰错峰与排沙减淤的需求,形成了"蓄清排浑"等调度模式。1985年,在总结多年防洪调度实践经验的基础上,制订了黄河、长江、淮河、永定河防御洪水方案,对不同类型洪水和超标准洪水做出了河道堤防、水库、蓄滞洪区的全面调度。其后,其他各河也按照国家防总的要求逐渐开展了调度方案的编制。1991年、2003年和2007年,淮河发生了流域性的大洪水,其中2007年大洪水为中华人民共和国成立以来仅次于1954年的第二位流域性大洪水。通过整个淮河防洪体系的调度,使洪水始终处于可控状态,做到了"拦、分、蓄、滞、排"的合理安排,实现了对洪水的科学有效管理。2002年起,黄河开始调水调沙试验,2005年转入生产运行。通过小浪底等干支流水库群构成的黄河水沙调控体系,利用每年汛前水库水位下调至汛限水位的机遇,精心配置水流的含沙量,以人造洪水过程的方式,将泥沙输送入海,并将主槽的过流能力逐步恢复至4000m³/s,缓解了下游滩区的防洪压力。为了充分发挥水利工程防洪抗旱等综合效益,提高供水保障率,近年来广泛开展了水库汛限水位动态控制及水库群联合调控运用的研究,收到了化害为利的良好效益。

(3)防汛指挥系统建设。国家防办早在1995年就启动了国家防汛抗旱指挥系统规划设计,总系统包括信息采集、通信、计算机网络与决策支持四个子系统,大大改善了防洪指挥能力。

(4)防汛抢险新技术、新材料。防洪抢险技术是一门非常古老的技术,"兵来将挡,水来土掩"筑堤防洪已成定论。因此在长达数千年的中国防洪史中,筑堤技术、堤防抢险技术已成为中国防洪技术的主流。随着经济的发展,防汛抗洪的任务越来越艰巨,抗洪抢险的现代化要求也越来越高,现代科学技术中的新成果不断融入中国古老的防洪技术,创造出适合中国国情的现代防洪技术。从传统的手提肩扛、草袋堵口发展到现在科技含量越来越高,大型机械化设备和堵口复堤新技术、新材料在抗洪抢险中得到了有效应用。目前,在中国防洪体系中已逐渐广泛应用的新兴技术包括现代通信技术、水情预报技术、信息管理技术、遥感监测技术、筑坝技术、堤坝防渗技术等。

总体来看,我国防汛技术支撑体系与发达国家相比,尚有一定的差距。①现代化防汛指挥系统尚待更新升级。一些省市防汛指挥系统建设滞后,加上投入不足,在总体上防汛信息的采集、传输、共享以及数据库、管理系统的开发建设等还不能满足防汛实时调度、科学决策等的需要。②防汛抢险手段落后。随着农村大量青壮劳力进城务工,农民义务投工投劳的堤防常年维护、汛期查险排险模式难以为继,而专业抢险队伍力量不足,缺少有效的技术装备,人员专业技术水平较低,不能满足防汛抢险量多面广的需求;在抢险施工中仍然以手工作业为主,机械化程度较低;抢险材料技术含量低,物料浪费现象较为普遍;查险手段落后,险情实时信息传输不及时。③预警预报和超标准洪水应急预案不够完善。工程措施不可能也没有必要都达到很高的标准,加强非工程措施是非常必要和有效的。而我国水文测站布点不足、设施简陋,不能完全保证报汛;

水文、气象预报的精度和预见期有待提高和延长；防洪通信建设虽有很大进展，但覆盖面小、通话质量差的问题仍然比较突出；相当一些地区的防御洪水方案不够细致和周密，可操作性较差，等等。因此，一些地区在洪水发生之前，准备不足，以致洪水到来后手足无措，难以采取切实有效的抗洪减灾措施。

第三节　当代治水方略的调整方向：应对新的压力与挑战

在全球气候变化与城镇化背景下，极端气象水文事件的发生频次、影响范围和影响程度都有所增加。随着超大城市与城市群的形成，城市"热岛"效应会改变局域气候，从而导致"雨岛"效应。国内外学者通过对长系列降水资料进行分析，发现城镇化发展对年雨量、汛期雨量、大雨和暴雨日数都有影响，进而加重了城市洪涝的危害。尽管通过防洪治涝体系的建设，防洪排涝能力在增强，但是受洪涝威胁区域中人口资产密度的提高与生存方式的改变，现代社会的水灾脆弱性日益凸显，洪涝灾害损失依然严重，成为影响国家中长期发展的重大风险之一。同时，随着经济社会的发展，防洪安全保障的要求不断提高，而古老的防洪问题与现代社会中水资源短缺、水环境污染、水生态恶化等问题交织在一起，变得更为复杂和严峻，防洪减灾体系的构建面临更大的压力与挑战。

一、1990 年以来我国洪灾损失的变化特征

1990 年以来，我国的洪涝灾害直接经济损失呈明显双峰型，如图 2-5 所示。此图由 Du 等基于中国水利统计年鉴数据绘制，图中经济损失数据已按 2015 年可比价格转换为美元。20 世纪 90 年代，我国降水与 50 年代相似，处于一个相对的丰水期，加之 1980 年起实施"划分收支、分级包干"的财政体制之后，中央与地方财政"分灶吃饭"，中央水利投资锐减，而地方财政更多集中于短平快的创收项目，防洪体系多年吃老本，以致 90 年代不仅年洪涝灾害直接经济损失快速上升，而且相对经济损失（年洪涝灾害直接经济损失与 GDP 之比）居高不下，波动范围为 1%～4%，10 年平均值为 2.3%，比美日等发达国家高出一两个数量级。

1998 年大洪水之后，痛定思痛，国家成倍加大了水利基础设施建设的投入。

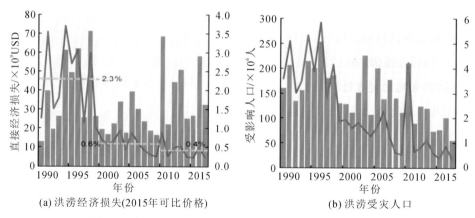

（a）洪涝经济损失(2015年可比价格)　　　　（b）洪涝受灾人口

图 2-5　中国 1900—2017 年洪涝灾害经济损失与受灾人口

1998—2002 年中央水利基建投资为 1949—1997 年的 2.36 倍，其后又保持了持续增长的态势。"十一五"和"十二五"期间水利总投资分别为前五年水利投资的 1.93 倍[①]和 2.9 倍[②]，其中约 1/3 用于防洪工程的建设。21 世纪以来，我国大江大河干堤加高加固工程已全面完成，重要支流与中小河流重点河段防洪工程建设加速推进，使得全国堤防总长超过 20 万 km。三峡、小浪底、尼尔基、临淮岗等一批大江大河控制性枢纽工程相继投入运行，大、中、小型水库除险加固工程陆续实施，全国水库库容从 1998 年的 4930 亿 m³ 增加到 2016 年的 8970 亿 m³；全国山洪灾害防治项目 2009 年启动以来，投资已超过 300 亿元，范围覆盖全国受山洪影响的 2058 个县；国家防汛抗旱 4 级应急响应体制逐步健全，江河洪水与山洪的监测预报预警能力与应急抢险的机械化快速反应能力均有显著增强。这些新增的能力在防汛抗洪中发挥了应有的作用，洪涝灾害损失一度有所减轻，特别是相对经济损失平均值在 21 世纪头 10 年下降到 0.62%。同时，因洪涝灾害死亡人数也大幅减少。20 世纪 50 年代，我国年均洪灾死亡人数超过 8500 人，60—90 年代的 40 年中因洪灾死亡人数年均超过 4000 人，而 21 世纪以来，下降到千人左右[③]。然而，图 2-5(a)显示，2010 年以来 8 年中有 4 年洪涝灾害损失超过了 2000 亿元，再次形成一个高峰。好在相对经济损失进一

---

① 中华人民共和国水利部."十一五"时期我国水利投入约 7000 亿元[EB/OL].(2010-12-24)[2020-7-8]. http://www.gov.cn/jrzg/2010-12/24/content_1772622.htm.

② 农村经济司."十二五"水利改革发展成效显著[EB/OL].(2016-2-29)[2020-7-8]. https://www.ndrc.gov.cn/fggz/nyncjj/zdjs/201602/t20160229_1093848.html? code=&state=123.

③ 历年因洪灾死亡人口数据来自《中国水旱灾害公报》。

步下降到 0.47%,原因在于作为分母的 GDP 增速更快。说明 1998 年大水之后加大投入建设的水利基础设施,在支撑经济社会快速发展方面发挥了不可替代的作用,但是在保障防洪安全、减轻灾害损失方面,依然任重而道远。图 2-5(b)也表明,因洪灾死亡人数总体上呈显著减少的趋势,但遇到极端不利年份,仍有突现重大伤亡的可能性。历史上重大水灾的人员伤亡主要发生在平原区,且往往达到数以万计的量级,系由大江大河洪水泛滥造成。随着大江大河防洪标准的提高与灾害救援体系的完善,水灾伤亡人数已显著下降。近年来水灾伤亡人数中 60%~80%发生在山区与中小河流,多为突发性山洪及伴生灾害所致,说明要进一步减轻水灾伤亡需要在中小河流整治与山洪防治方面下更多功夫。

我国近年洪涝灾害损失激增,虽然与全球气候变暖背景下局部强降水增多、不确定性增大不无关系,但更主要的是与 21 世纪以来空前迅猛的城镇化进程密切相关。城市聚集了人口与资产,也聚集了风险。2006 年以来,我国每年受淹城市都在百座以上,其中绝大多数为暴雨内涝造成。直到改革开放初期,我国仍保持着农业社会的基本特征,洪涝灾害损失中农林牧渔损失一直占大头,然而 2010 年以来,水灾损失最重的几年,也恰是受淹城市最多的年份(图 2-6)。

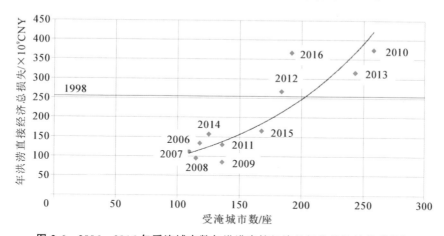

图 2-6　2006—2016 年受淹城市数与洪涝直接经济总损失的统计关联特征

国际经验表明,一个国家(地区)的人口城镇化率突破 30%之后,有机会进入加速发展期。我国人口城镇化率于 1998 年突破 30%,也正是在这一年,为了摆脱 1997 年亚洲金融危机的困境,中央政府逐步放开了民营企业的外贸限制权;取消了福利分房政策,实施商品房新政,使房地产业成为近 20 年来中国经济增长的主要动力源;发行国债,加大了政府基础设施投资力度。一系列政策与保障措施加速了我国的工业化、城镇化进程。1978—1998年,20年间我国人口城镇化率增长了约12个百分点,而1998—2018年,20年间增长了29个百分点。21世纪以来,我国城市常住人口净增3.5亿,超过美国全国人口。2000年我国超百万人口城市仅有40座,而至2015年超过了140座。

值得注意的是,我国快速的城镇化进程,尚处在十分粗犷的发展阶段,地方政府在土地财政的支撑下,急于出售土地,城市建设用地急速扩张。2014年与1981年数据相比,我国城市人口增加了3.7倍,而城市建设用地面积却增加了7.4倍。由此对生态环境与水安全保障产生的巨大压力,远非他国可比。与此同时,2014年以来,全球气温连创新高,成为有气象记录以来全球气温最高的时段,极端天气事件发生的概率增大且不确定性增加,预报难度加大,一旦极端降水引发的洪涝超出工程防御能力,必然造成水灾损失的突变性增长,对快速平稳发展的威胁更为严峻。

在此无法逆转的进程中,现代社会洪涝灾害的成因、类型、发生概率、时间、地点,损失构成及其影响等特征与传统农业社会相比已经发生了显著的变化,防灾手段与减灾对策也必然需要及时做出相应的调整(表2-2)。尤其需要指出的是,2018年我国人口城镇化率虽已接近60%,人均GDP达到了8000美元,在从经济社会发展的低水平向高水平挺进的爬坡过程中,才上升到一半的高度。预期到21世纪中叶,我国人口将达到15亿~16亿,人口城镇化率将超过70%,城市人口还可能再增加3亿左右。由于城市扩张与大规模基础建设将导致易农耕地持续减少,人与水争地的矛盾会更加突出。城市中小河流的整治与现代社会中"城市型水患"的防治将愈发重要,治理难度与所需的投入将大为增加,现有管理体制不完善的弊病会更加显现。流域中洪水自然调蓄功能与河道行洪能力下降,导致小流量高水位的现象会更加频繁,建立人与自然的和谐以及可持续发展的新型关系成为迫切的需要。

表 2-2　农业社会与城镇型洪涝灾害对比

类别	农业社会型	城镇型
水灾成因	自然因素为主	人为因素影响加大,甚至占主导
水灾类型	暴雨内涝、江河泛滥、风暴潮、堤坝溃决	增加了人为引起的水灾害,如水库溃坝、给排水管道破裂等事故

续表

类别	农业社会型	城镇型
发生概率	防洪标准低,中小洪水也可能成灾	防洪标准高,大洪水发生的可能依然存在,城镇周边地区受灾概率可能增加。城镇涝灾更为频繁
发生时间	汛期	城镇供排水系统事故引起的水灾害随时可能发生
受灾地区	洪泛区、农田、鱼塘、村庄、城镇	水库上游地区、新增建成区域、城市周边地区、老市区易涝地区、地下建筑
持续时间	与降水、地理特征等有关	可人为缩短或延长,可能因增强排涝能力而缩短,或因形成次生、衍生灾害而延长
损失构成	主要为农作物、农舍和人员伤亡,低标准的水利基础设施往往损毁严重	工商经贸等企业资产、公共事业设施、居民家庭资产、城市生命线系统,含信息、电子资料等无形资产,间接损失甚至大于直接损失
灾害影响	铁路公路中断、饥荒、疫病、伤亡较大、农村贫困化、重灾地区需要若干年才能恢复	放大和缩小的双重效应,损失总值增大,影响的范围超出受灾范围,但总体恢复能力增强,恢复时间可缩短
防灾手段	防洪工程体系标准较低,更多依赖防汛抗洪抢险救灾措施	高标准防洪排涝工程体系,建筑物耐水化,加强了非工程体系建设
减灾对策	避难系统、灾民承担较大风险	发展灾害预测、预报、预警系统,社会保障体系逐步完善

二、治水方略的调整方向:强化综合减灾,抑制风险增长

(一)深刻把握不同经济社会发展阶段的治水特征

我国幅员辽阔,不同区域自然地理条件不同,洪水特性各异,治水对策必然要求因地制宜。而同一个地区,处于不同的经济社会发展阶段,面对的治水问题与需求,也在不断变化之中,治水理念、管理模式与技术手段,均需与时俱进。

21世纪,加强水旱灾害管理已成为国际社会治水方略调整的必然趋向。处于高水平、低增速发展阶段的发达国家,更为担心的是气候温暖化、经济全球化和人口老龄化等带来的新的压力与挑战。为积极应对全球变化带来的潜在风

险,解决好可持续发展所面临的日益复杂的水问题,各国正在积极推进流域综合管理与风险管理,调整与完善治水理念,采取综合治水手段,大力促进信息共享与公众参与,从而建立起能维持其已有平衡态的、更强有力的水安全保障体系。早在2003年初,国家防总就提出:我国防汛抗旱工作将全面推进"两个转变",即坚持防汛抗旱并举,实现由控制洪水向洪水管理转变,由单一抗旱向全面抗旱转变,为我国经济社会全面、协调、可持续发展提供保障。全面推进"两个转变",必须建立五大体系:标准适度、功能合理的工程体系;科学规范的管理体系;有效的社会保障体系;健全的政策法规体系;先进的技术支撑体系。

我国尚处于快速发展阶段,面对的是日趋严峻的水资源短缺、水环境恶化与水灾损失加剧等现实问题,而非未来的潜在风险。我们既要抑制水旱灾害损失的增长态势,又要有效发挥洪水的资源效益与环境效益,为支撑经济社会的快速、协调发展创造必不可少的条件。因此,必须积极探讨并实施向洪水与干旱管理的战略性转变,通过加强体制、机制与能力的建设,为经济社会发展再上新台阶构建起新的平衡。

事实上,我国常住人口城镇化率2018年虽已达到59.6%,但发展很不平衡,沿海地区已超过60%,而中西部地区刚达到或还不足50%,离平衡态还差10%~20%。我国防洪治涝基础设施前期欠账太多的状态尚未扭转,后期压力还将持续增大。为此,我们必须深刻认识"维持已有平衡"与"构建新的平衡"对治水的需求差异,在向发达国家学习的同时,谨防盲目引进超越发展阶段的"最新理念与模式",避免付出事倍功半,甚至事与愿违的代价。

基于宋庆辉等的成果,分"开发利用初期、工业化时期""污染控制与水质恢复期""综合管理、可持续利用期"三个阶段,对"河流的概念、内涵""河流空间的外延""侧重的河流功能""河流管理的观念""治河技术体系的特征"与"防洪对策与措施"进行了比较,如表2-3所示。可见,前两个阶段的治水措施是以集中、大型的工程措施为主的,而到第三个阶段才突出了分散、小型绿色基础设施的作用。我国目前大部分地区尚处于"污染控制与水质恢复期",部分西部地区甚至还处于"开发利用初期、工业化时期",只有部分东部地区进入"综合管理、可持续利用期"。因此,现阶段既不必要否定小型绿色基础设施,也不用绿色基础设施取代大型基础设施,而是强调两者的结合,在大型基础设施的建设中引入绿色生态的理念。

表 2-3　河流治理的阶段性特征与策略选择

认识与理解	河流开发利用阶段		
	开发利用初期、工业化时期	污染控制与水质恢复期	综合管理、可持续利用期
河流的概念、内涵	水文系统、物理系统	水文系统、物理系统	水文、生态环境、经济、社会文化综合功能系统
河流空间的外延	河道＋水域	河道＋水域＋河滨空间	水域＋河滨＋生物＋近河城市社区
侧重的河流功能	防洪、供排水、渔业、运输业、水电开发（A）	A＋水质调节（B）	B＋生物多样性、景观多样性、历史文化载体
河流管理的观念	工程观、经济观：控制河流	工程观、经济观、消极治污观：重视"人工调控"	生态、经济、环境、社会、文化综合可持续发展观："人河共存共荣"
治河技术体系的特征	使河流系统人工化、渠系化、工程结构复杂化，提高供水保障率与水能利用率（A）	A＋全面增强水系水量、水质调控与综合治理能力，侧重以人工措施防治工业及生活污染、进行河湖清淤与处置	生态修复、环境治理、河流近自然化、人文、功能多样化
防洪对策与措施	筑堤防、设分洪区、挖分洪道、疏浚河道、建水闸泵站、修防洪水库、抗洪抢险（A）	A＋建设雨污分流系统、防洪治涝工程体系的监控与调度系统、应急响应（B）	B＋雨水蓄滞、渗透、建筑耐淹化、超级堤防、地下雨洪调节水库、多功能滞洪区、风险管理等

（二）积极推进人水和谐的综合治水模式

在我国人多地少，降水年内分布不均、年际变幅很大，人口资产分布与受洪水威胁区域高度重合的基本国情下，部分土地"小水归人，大水归水"的情形很难改变。新时期水利建设应更加重视人水和谐，防洪工程体系的规划建设要遵循"标准适度、布局合理、生态环境友好与调度运用科学"的方针，在平原区提高防洪排涝能力的同时，注重提高雨洪调蓄能力，避免陷入"水涨堤高、堤高水涨"的恶性循环；而在山丘区，则需要采取自然与人工结合的方式，增强减势消能、滞洪削峰的功能；避免将山区河流渠道化，反而加重山洪危害的做法。为此，迫切需要在生态文明理念的指引下，从价值观念、行为准则、治理模式与制度安排等方面积极探讨综合治水的适宜模式，即随经济社会发展不断提高水安全保障水平，以避免区域之间、人与自然之间因治水而陷入恶性互动的局面。生态文明理念下综合治水的适宜模式在理念上的概括,如表 2-4 所示。

表 2-4 生态文明理念下综合治水的适宜模式

价值观念	绿水青山就是金山银山; 以流域为单元的山水林田湖草是生命共同体	
行为准则	是保护、利用自然,不是征服自然; 风险分担,利益共享,循序渐进,把握适度	
治理模式	统筹兼顾,综合治理; 良性互动,突出重点	道法自然,天人合一; 因势利导,因地制宜
制度安排	从人治走向法治; 分级管理＋部门协同联动; 社会参与＋舆论监督; 奖惩分明,加强监管	综合运用法律、行政、经济、科技、教育 与工程、技术等手段; 信息共享＋科技支撑; "自上而下"与"自下而上"相结合

例如对于沿江沿湖的圩区,1998 年大洪水之后,曾实施过"退田还湖"的政策。其中,退田又分为"单退"与"双退"两种模式。"单退"是退人不退田,圩内田地还允许继续耕种,但在圩堤上增设了水闸,一旦特大洪水发生,在防汛关键时刻,可以开闸进洪。"双退"是既退人又退田,圩堤挖开缺口,允许洪水自由进出。然而 20 年后的实际情况是单退圩的水闸难以实施开闸进洪,因为圩区民众不忍心看到自己的家园受淹,哪怕撑到圩堤垮了,也坚决护着不许开闸。而双退圩大多又改成了单退圩,曾经挖开的缺口也被重新堵上。因为圩区的土地,在大多数年份还是可以正常耕种的。显然,在我国人多地少的国情下,一味地与洪水对抗,人与自然之间难免会陷入"水涨堤高、堤高水涨"的恶性互动;而简单选择"还空间于洪水"的模式,虽然有利于减轻特大洪水发生时抗洪的压力,但有可能将人与自然的矛盾转变成人与人的矛盾,甚至是民众与政府的矛盾。如果说"抗"与"让"是两个极端模式的话,则不妨考虑采用一种各取所长的折中模式,即以"沿堤设溢流堰,自动溢流进洪"作为促进人水和谐的治理方式。对于圩堤不是全线加高,而是在适当堤段局部降低,改造成可过水的宽顶堰。水位超过堰顶即自然入流,避免人为开闸分洪决策难、风险大的矛盾;堰顶溢流不仅更有效于滞洪削峰,而且进水过程缓增,进圩水量有限,破坏力小,便于组织群众安全转移;圩区进洪后,堤内外水位差减小,有利于降低堤防溃决的概率,而河道仍保持其行洪能力,无须等待堵口复堤,在河道水位退至保证水位以下后即可酌情排水,缩短受淹时间,更有利于及

早恢复生产、重建家园。如果考虑在圩区内部采取分区滞洪等减灾措施,还可以进一步减轻洪水的危害范围与不利影响。

然而,这样一个有利于全局与长远的措施,并非因简单即可推行。因为圩区内民众即使理解这一模式的合理性,也没有人自愿将溢流堰段设在自家附近的堤上,以免其损失比他人更严重。因此,为了推行真正有利于人与自然和谐的治水模式,必须通过体制机制创新,将工程、法律、行政、经济、科技与教育等手段综合运用起来,形成更为完备的保障措施。①以科技手段合理确定堰口位置、堰顶高程与宽度;②以工程手段加以护面消能并配置退水设施与面上措施,确保堤防漫而不溃,并尽力减少受淹范围与时间;③以法律手段强制实施,明确风险分担是全民的义务;④以经济手段补偿引导,只有愿意采取这种主动进洪方式、分担洪水风险的圩区与家庭,国家才给予重建资金的优先扶持;⑤以行政手段推动落实,并制定配套的政策措施,促进部门间的协调联动,变“单向推动”为“双向调控”,即“多得”要与承担更多义务相挂钩,以有利于实现良性互动与把握适度。

(三)中小河流需加强系统治理,避免走人为加重风险的弯路

在大江大河防洪能力显著提高的情况下,近年来的水灾事件大多发生在中小河流。据统计,一般年份中小河流洪涝灾害损失已占到全国洪涝灾害损失的70%～80%,死亡人数占2/3左右。相比于大江大河的治理成效,中小河流的治理处于滞后状态。根据中共中央、国务院的部署,水利部、财政部于2009年启动了全国中小河流治理工作,并对中小河流重点防洪河段治理提供了经费支持。经过3年试点,2012年中小河流治理转入全面实施阶段,全国平均每年要完成近2000个中小河流治理项目,年均治理河长近1.4万km,建设强度是试点阶段的近3倍,取得了一定的成效。

我国中小河流量多面广,不同河流所处区域的自然条件与社会经济发展水平差异较大,治理的基础状况不一。如果治理模式选择不当,有可能事倍功半,甚至导致风险的转移。例如,简单地将山丘区河流渠道化,虽然扩大了局部河段的行洪能力,但可能导致山丘区洪水更快、更集中地汇入平原河道。再如,为增加房地产开发可用土地,在山丘区沿河筑堤,束窄河道,将河流滩地与主槽隔离开来,降低了天然河流滞洪削峰的功能,使得洪水涨幅更高、更快,水势更为汹涌,也增大了洪水的风险。因此,中小河流的治理必须要加入新时代的理念要求,强调因地制宜、因势利导、统筹兼顾的原则,将治水的新理念、新技术与现

实条件相结合,通过减势消能、滞洪削峰等措施,更好地促进区域之间、人与自然之间的和谐,既可提高水安全保障水平,又可支撑可持续的发展。

中小河流治理方案能否达到预期的效果不仅与当地自然环境、经济状况和公众参与等有密不可分的关系,而且取决于地方在中小河流治理过程中的自主能动性。近年来中央财政加大对中小河流治理的投资力度之后,有些地方却将当地河流的治理完全看成了中央的责任,总在强调投入的不足,责问一条河流怎能只修一段,一段河流怎能仅考虑防洪一方面的问题。而现实中,凡中小河流治理进度快、效果好的案例,皆是地方上充分发挥了自主能动性,自我就有治理的愿望与规划。针对当地经济社会发展的需求,前期已经投入力量编制了河流治理规划与分期实施方案,与相关部门形成了治水的合力,将中央投资纳入多方筹集资金的渠道,从而加速了规划的实现。

自主能动性的基础是从认识上深刻理解中小河流治理对于保障当地社会经济发展和营造宜居环境的重要作用,认识到水利发展应适度超前于经济社会发展,水利规划应引导地区发展规划,而不仅是被动地适应。自主能动性的作用主要体现在 3 个方面:①结合河流特性和经济发展规划,统筹制定流域的综合治理规划,通过中小河流治理项目实施促进地区河流治理的稳步推进。②可以有效促进部门联动协作和形成良性的资金投入机制。加强当地政府的自主能动性,能促进水利、国土、市政、环保、交通、园林、农业等各行政部门的有效联动,形成中小河流治理的合力,确保中小河流建设顺利开展,并能充分保障资金投入的连贯性和延续性,保证工程建设资金和后期维护资金的最终落实。③可以提高公众参与的能力。中小河流是"家乡的河流",与当地民众安全保障、生产生活息息相关。当地居民对中小河流建设不仅有热情,也有长期积累的治河经验,建立公众参与机制,可以有效提高中小河流治理规划水平和治理效果。显然,只有积极增强地方自主活力,让地方政府在中小河流治理上的自主能动性充分发挥出来,使中小河流治理走上良性循环的轨道,中央政府在中小河流治理上的投入才可能发挥出最大效益。

为了提升河流整体防洪减灾能力与综合治理水平,地方上迫切希望变中小河流"重点河段治理"为"统筹规划、分期治理",要求突破总投资 3000 万元的限制,这是可以理解的。然而,按照河流分级管理的原则,中小河流治理本应是各级地方政府的职责。我国不同河流洪水特性各异,治水对策不同;同一河流在经济社会发展的不同阶段,治水的需求、目标与投入的能力亦发生变化。中小河流必须坚持实施分级管理,以利于因地制宜、适应多样性的需求,循序渐进、恒久坚持地逐步实现综合治理的目标。因此,中小河流的治理,只有所辖地方政府发挥自主作用,是"我要治"而不是"要我治",才可能做到统筹规划、分步实施、突出重点、因地制宜、多方集资、形成合力。国家的重视与投资,只能起到扶持、鼓励与引导的作用。目前国内大力推广的"河长制",重点解决的是河流污染与环境破坏的问题,从防洪排涝、综合治水的需求出发,需进一步推动以流域为单元的中小河流治理体制机制创新,将"山水林田湖草"生命共同体的保护与治理落到实处。

(四)在生态文明理念下要大力加强综合治水的基础研究

2007年10月,党的十七大报告中第一次明确提出将"建设生态文明,基本形成节约能源资源和保护生态环境的产业结构、增长方式、消费模式"作为我国在2020年实现全面建成小康社会目标的新要求之一。2012年11月,党的十八大首次将生态文明建设与经济、政治、文化、社会建设共同列为"五位一体"的总体布局,做出"大力推进生态文明建设"的战略决策。2015年9月,中共中央、国务院印发《生态文明体制改革总体方案》,方案分为十个部分,共56条,阐明了我国生态文明体制改革的指导思想、理念、原则、目标、实施保障等重要内容,为我国生态文明领域改革做出了顶层设计。2017年10月,党的十九大将生态文明建设纳入"两个一百年"奋斗目标。指出"建设生态文明是中华民族永续发展的千年大计"。习近平总书记要求:"把生态文明建设融入经济建设、政治建设、文化建设、社会建设各方面和全过程,形成节约资源、保护环境的空间格局、产业结构、生产方式、生活方式,为子孙后代留下天蓝、地绿、水清的生产生活环境。"并指出:"推动形成绿色发展方式和生活方式,是发展观的一场深刻革命。"可见,生态文明在"五位一体"总体布局中,占有统领全局的重要地位。

生态文明旨在构建人与自然、人与社会的和谐共生,实现良性互动、均衡发展与持续繁荣,这是中华农耕文明融通工业文明的进程,是中华文明伟大复兴的战略抉择,是全面、协调、可持续科学发展观的根本体现。在生态文明理念的指引下,为贯彻"节水优先、空间均衡、系统治理、两手发力"的十六字治水方针,2019年水利部提出了"水利工程补短板,水利行业强监管"的水利改革发展总基调,强调"从老问题看,我国自然地理和气候特征决定了水旱灾害将长期存在,并伴有突发性、反常性、不确定性等特点。与之相比,水利工程体系仍存在一些突出问题和薄弱环节,必须通过'水利工程补短板',进一步提升我国水旱灾害防御能力。从新问题看,由于人们长期以来对经济规律、自然规律、生态规律认识不够,发展中没有充分考虑水资源水生态水环境承载能力,造成水资源短缺、水生态损害、水环境污染的问题不断累积、日益突出,已经成为常态问题。解决这些问题,必须依靠'水利行业强监管'来调整人的行为、纠正人的错误行为,促进人与自然和谐发展。"事实上,在经济社会发展的新形势下,古老的水旱灾害防御问题与水资源短缺、水环境污染与水生态损害问题交织在一起,已变得更加复杂、艰巨。要满足日益提高的水安全保障需求,既不能一味地沿袭传统经验,也不能简单地照搬发达国家的成功模式。为此,亟待在生态文明理念下,从自身国情、区情出发,积极探讨综合治水的适宜模式。现阶段在以工程手段为主进行江河治理,逐步增强对洪涝调控能力、有效降低水灾风险的同时,统筹兼顾社会、经济、环境、景观与生态效益,构建生态环境友好的防洪安全保障体系,创造人与自然相协调的生存条件。显然,在生态文明理念下推行与基本国情、区情相适宜的洪水风险管理,其核心是把握适度。因而,新时期防洪安全保障体系的构建必将更加依赖科技与管理的进步,迫切需要全方位大力加强基础研究,列举如下文。

(1)在《防洪法》的修订中,要研究引入风险管理与生态文明的理念,为推进"从减少灾害损失向减轻灾害风险转变"提供基本的法律依据。过去防洪工程体系构建的基本理念,是根据防洪保护对象的重要性,依法设定其防洪保护标准,作为工程设计的依据。随着经济的发展、人口的增长、城市的扩张,需要不断扩大防洪保护范围、提高防洪排涝标准。然而,随着流域中暴雨径流天然滞蓄、峰值坦化能力的减弱,当雨洪更快、更集中地排入河道,或从支流汇入干流,就可能出现洪峰流量倍增,峰现时间提早的现象;或许将洪水风险从流域中上游向经济更发达但防洪标准难以提高的下游建成区转移,或许将洪涝风险从城区向防洪标准较低的城乡接合部转移。为此,需要在风险管理与生态文明理念下修订《防洪法》,重点研究:①针对变化环境的影响与更高水平的水安全保障需求,在流域与区域防洪规划的修编中,如何通过洪水风险评价而构建"标准适度、布局合理、生态环境友好与调度运用科学"的防洪减灾体系,通过减势消能、滞洪削峰的措施,既在总体上降低洪水的危害性,又避免因洪水风险转移而加重区域之间的利害冲突;②在推行多规合一的统筹运作中,如何进一步明确防洪规划在发展规划中的基础地位,并明确要求在受洪涝威胁的区域中,无论总规、控规还是与水相关的各项专规,在规划编制或修编中都应进行相应的洪水影响评价,既不在发展中以降低防洪标准为代价,也不随意因土地利用方式改变而加大外排的径流系数,增大洪峰流量;③明确新形势下防洪减灾活动中"政府主导、部门联动、分级管理、社会参与"的管理体制,基于不同尺度的洪水风险分析与评估,完善各级政府与相关部门的防汛减灾应急预案,使防洪治涝工程体系的调控作用与洪涝灾害应急管理行动能更为有机地结合起来。

(2)在防洪安全保障体系的构建中,研究能更好地融入风险管理与生态文明理念的运行机制与管理模式。洪水具有利害两重性,既有灾害属性,又有资源属性与环境属性,而且相互间存在着利害转换关系。过去为了防洪减灾,我们已经建立了洪水监测、预报、预警系统,防洪排涝工程体系,防洪调度决策支持系统,以及防汛、抗洪、抢险、救灾的应急组织系统,等等。但是在生态文明理念下,如何更好地除害兴利、化害为利,在抑制水灾损失增长态势的同时,更为有效地发挥洪水的资源效益与环境效益,为经济社会的快速、协调发展创造必不可少的支撑条件,相关体系的管理模式与运行机制,仍有待加强与完善。①依法建立风险分担与风险补偿机制。面对超出河道行洪能力的特大洪水,有些地方只能做到"小水归人、大水归水"。一些经济欠发达的区域,防洪能力相对薄弱,受灾概率更大,恢复重建能力更弱。这样的地区,如果能够采取"局部适度降低堤防的主动进洪"模式,既能减轻自身防汛压力与降低溃堤洪灾的毁灭性损失,又能很好地发挥洪水削峰作用,有利于整体上降低洪水风险。如果能形成与洪水共存的发展模式,则更有利于趋利避害,化害为利。但毕竟局部受淹后的损失与影响是客观存在的,没有人会自愿选择"主动进洪"模式,这就需要建立起合理的补偿机制和办法。对于防洪中确保安全的重要地区,享受到高标准的防洪保护,意味着免除了其土地调蓄天然洪水的功能,因此应该有义务对采取主动进洪措施的区域给予必要的经济补偿。目前,我国仅对国家认定的大江大河分蓄洪区制定了补偿政策,中小河流与湖泊周边愿意采取主动进洪方式的圩区如果也能建立相应的分级补偿机制和办法,则将有利于推进人水和谐的治水模式。②探讨建立与我国国情及发展需求相适宜的洪水保险管理机制。保险是现代社会中分担难以承受灾害风险的一种商业运作方式。洪水灾害一般不服从"大数法则",因此纯商业性的洪水保险较难推行。美国的《国家洪水保险计划》实际上是将洪水保险用作加强洪泛区管理的一种手段,如洪水图上风险高的区域保险费率高,以抑制洪泛区土地的盲目开发;而采取有效防洪减灾措施的区域经过评估,保险费率可以降低,以鼓励地方政府加大洪泛区管理的力度。我国《防洪法》中有"国家鼓励扶持洪水保险"的条款,但至今未得以实质性地推进。目前,在地方政府应对稀遇巨灾、水毁工程修复、城市洪涝灾后重建、农村土地集约化经营的风险防范等,都对开展洪水保险提出了更多的要求。如何利用洪水保险有效构建政府、防汛应急产业与保户间的良性互动关系,形成"自上而下"与"自下而上"相结合的洪水风险防范模式,也是值得深入探讨的模式。③进一步完善流域洪水管理体制与运作机制。我国大江大河防洪工作按流域或区域实行统一规划、分级实施和流域管理与行政区域管理相结合的措施;而中小河流往往也跨多个行政区,并且是"山水林田湖草生命共同体"最直接的体现,但在流域综合治水统筹规划与管理方面,尚缺少跨行政区域的协调运作机制,以致因治水活动而引发区域间的纠纷,为社会安定留下隐患。在流域综合治水的推进中,如何统筹流域上下游、左右岸、干支流、城乡间基于洪水风险的利害冲突,将综合治水需要统筹规划的计划体制与需要量力而行的市场机制结合起来,迫切需要在管理体制与运作机制上有新的突破。④依法尽快健全水库汛限水位调整的管理制度。在快速城镇化、工业化的进程中,随着供水量增大与供水保证率的提高,我国许多水库都面临提升汛限水位的极大压力。《防洪法》明确规定"在汛期,水库不得擅自在汛限水位以上蓄水",为"汛限水位经过批准可以调整"留有余地。多年来,关于水库分期设置汛限水位、动态调整汛限水位已开展了大量研究,关于《水库汛期水位动态控制方案编制技术导则》也形成了征求意见稿。但是,关于水库汛限水位调整的论证规程与审批程序,并未形成相应的管理办法,客观上增大了汛期水库应急调度的决策风险。为了有效管控水库汛限水位调整的风险,扩大洪水资源化利用的效益,既支撑发展又保障安全,迫切需要使得水库汛限水位调整工作有法可依、有章可循。⑤分类推行蓄滞洪区管理的调整模式。我国蓄滞洪区既是防洪体系的重要组成部分,也是数千万民众生存的家园。但是,随着流域防洪体系的建设与发展,一些蓄滞洪区的运用概率与实际作用已发生显著变化。目前迫切需要研究与推行的模式:一是生态修复型蓄滞洪区,对于运用概率在 10 年一遇以内的行洪区与蓄洪区,基本目标是实现区内无常住居民,以便更好发挥蓄洪滞涝、生态环境保护、湿地恢复、维持生物多样性与发展旅游经济等功能;二是规模化经营型蓄滞洪区,对于面积较大、运用概率在 20 年一遇以内的分蓄洪区,事实上许多已经自发地在推行这种模式,洪水风险管理重在指导生产经营模式的选择与采取合理的分区防护措施,在保证实施分洪任务的前提下,尽力避免难以承受的风险;三是维持现状或必要时调整为一般防洪区,对运用概率低的蓄滞洪区一般应维持现状,运用概率在50年一遇甚至百年一遇以上的蓄滞洪区,其防洪标准已与较重要的防洪保护区和中等城市相当,根据发展需求,在论证好替代方案后,可以相机进行调整。

(3)在现代化防洪安全保障体系的构建中,细化研究如何加强各级政府、相关部门与社会公众有关洪水风险辨识、管控、分担与补偿的能力建设。一般而言,常遇洪水可能发生频繁,但造成的损失通常是有限的;而极端洪水事件虽然发生的概率较小,一旦袭来却往往能造成巨大甚至难以承受的损失。每年汛期,总能听到这里、那里发洪水的消息,但具体到某一个区域,虽然年年都要求做好"防大汛、抗大灾"的准备,而实际上多少年也许遇不上一次。我国基层防汛任务很重,而能力与经验相对偏弱,部分人员往往与缺乏风险管理的意识,且区域之间差距较大。因此,加强风险管理与应急响应的能力建设,除了加大资金、技术投入,提高防洪治涝工程体系的"硬实力"外,还需深入探讨如何增强各级政府与相关部门进行洪水风险综合管理、统筹协调的"软实力"。①大力提升洪水风险的辨识能力。当代社会中,受气候变化与人类活动的影响,同样的雨情可能产生不同的水情,同样的水情可能造成不同的灾情,同样的灾情可能导致不同的影响。因此,迫切需要针对变化环境增强洪水风险等级与时空分布的辨识能力,不仅要运用科技手段增强洪水的监测、预报、预警能力,而且需要基于对洪水风险演变规律的认识,预见未来不确定条件下洪涝风险可能出现的不同情景,研究为使系统落入能够保障防洪安全、支撑可持续发展的情景中,当今洪水风险管理政策需要做出哪些重大调整。②继续增强洪水风险的管控能力。针对我国推行"政府主导,分级管理;属地为主,部门联动;群专结合,社会参与;责权一致,奖惩分明"的灾害管理体制建设需求,不仅要继续增强防洪工程体系的调控能力,更好地发挥减势消能、滞洪削峰的作用,并更大限度地实现洪水的资源化利用;而且要健全法规体系,增强执法能力建设,依法监管人为加重洪水风险的行为。③逐步健全洪水风险分担与补偿的能力。防洪治涝工程体系的建设标准总是有限的,为应对发生概率较低但造成损失巨大的超标准洪涝灾害,一方面要努力通过应急响应的能力建设来有效减少灾害损失,另一方面要研究健全风险分担与风险补偿的机制,设法使一次巨灾可能造成的难以承受的风险在时间上与更大的空间上分散开来,以更有利于实现均衡的、可持续的发展目标。

参考文献

[1] 程晓陶.美国洪水保险体制的沿革与启示[J].经济科学,1998(5):79-84.

[2] 程晓陶.加强水旱灾害管理的战略需求与治水方略的探讨[J].水利学报,2008,39(10):1197-1120.

[3] 程晓陶.支撑发展与保障安全:新时期水旱灾害管理的双重使命[J].中国防汛抗旱,2009(4):1-3,9.

[4] 程晓陶,李娜.城市防洪工作现状、问题及对策[R].中国水利水电科学研究院,2013.

[5] 程晓陶,李超超.城市洪涝风险的演变趋向、重要特征与应对方略[J].中国防汛抗旱,2015,25(3):6-9.

[6] 程晓陶,吴玉成,王艳艳.洪水管理新理念与防洪安全保障体系的研究[M].北京:中国水利水电出版社,2004.

[7] 程晓陶,苑希民.江西省洪水保险的调查与思考[J].中国水利水电科学研究院学报,1999,3(2):71-79.

[8] 鄂竟平.水利工程补短板,水利行业强监管[J].中国防汛抗旱,2019,29(1):1.

[9] 郭良,丁留谦,孙东亚,等.中国山洪灾害防御关键技术[J].水利学报,2018,49(9):1123-1136.

[10] 洪庆余.长江防洪与'98大洪水[M].北京:中国水利水电出版社,1999.

[11] 胡春宏.我国多沙河流水库"蓄清排浑"运用方式的发展与实践[J].水利学报,2016,47(3):283-291.

[12] 李昌志,程晓陶.日本鹤见川流域综合治水历程的启示[J].中国水利,2012(3):61-64.

[13] 李国英.黄河中下游水沙的时空调度理论与实践[J].水利学报,2004,35(8):1-7.

［14］ 李健生.中国江河防洪丛书总论卷［M］.北京:中国水利水电出版社,1999.

［15］ 李文学,李勇.论"宽河固堤"与"束水攻沙"治黄方略的有机统一［J］.水利学报,2002,33(10):96-102.

［16］ 刘树坤,杜一,富曾慈,等.全民防洪减灾手册［M］.沈阳:辽宁人民出版社,1993.

［17］ 骆承政,乐嘉相.中国大洪水:灾害性洪水述要［M］.北京:中国书店,1996.

［18］ 钱正英.中国水利［M］.北京:水利电力出版社,1991.

［19］ 芮孝芳.中国的主要水问题及水文学的机遇［J］.水利水电科技进展,1999,19(3):18-21.

［20］ 水利部黄河水利委员会《黄河水利史述要》编写组.黄河水利史述要［M］.北京:水利出版社,1984.

［21］ 宋庆辉,杨志峰.对我国城市河流综合管理的思考［J］.水科学进展,2002,13(3):377-382.

［22］ 孙春鹏,周砺,王金星.中央报汛站现状与发展研究［J］.水文,2010,30(2):80-83.

［23］ 万洪涛,刘洪伟,刘舒,等.基于信息化的防洪决策支持技术研究与应用［J］.中国防汛抗旱,2018,28(6):11-16,28.

［24］ 王虹,李昌志,程晓陶.流域城市化进程中雨洪综合管理量化关系分析［J］.水利学报,2015(3):271-279.

［25］ 文伏波,洪庆余,谭培伦.长江流域防洪减灾对策研究［C］//徐乾清.中国可持续发展水资源战略研究报告集第3卷:中国防洪减灾对策研究.北京:中国水利水电出版社,2002:36.

［26］ 夏军,石卫,王强,等.海绵城市建设中若干水文学问题的研讨［J］.水资源保护,2017,33(1):1-8.

［27］ 向立云.洪水风险图为我国科学管理洪水提供基础［J］.中国防汛抗旱,2018(10):10-13.

［28］ 徐富海.城市化生存:卡特里娜飓风的应急和救助［M］.北京:法律出版社,2012.

［29］ 徐乾清.中华人民共和国成立以来主要江河防洪减灾的规划、实践、评价和展望［M］// 徐乾清.徐乾清文集.北京:中国水利水电出版社,2011:277-287.

［30］ 徐乾清.中国防洪减灾对策研究［M］.北京:中国水利水电出版社,2002.

［31］ 许有鹏.长江三角洲地区城市化对流域水系与水文过程的影响［M］.北京:科学出版社,2012.

［32］ 徐宗学,程涛.城市水管理与海绵城市建设之理论基础:城市水文学研究进展［J］.水利学报,2019,50(1):53-61.

［33］ 姚汉源.中国水利史纲要［M］.北京:水利电力出版社,1987.

［34］ 翟国芳.我国防灾减灾救灾与韧性城市规划建设［J］.北京规划建设,2018(2):26-29.

［35］ 张建云,王银堂,贺瑞敏,等.中国城市洪涝问题及成因分析［J］.水科学进展,2016,27(4):485-491.

［36］ 张志彤.关于防汛抗旱减灾对策的思考［J］.中国水利,2011(6):37-39.

［37］ 周魁一,谭徐明.洪水灾害的双重属性及其实践意义［J］.中国水利水电科学研究院院报,1997(1):45-52.

［38］ 周魁一,谭徐明.防洪思想的历史研究与借鉴［J］.中国水利,2000(9):39-41.

［39］ DU S Q,CHENG X T,HUANG Q X,et al. Rethinking the 1998China floods to prepare for a nonstationary future［J］. Natural Hazard and Earth System Sciences,2019,19:715-719.

［40］ FEMA. Appeals,revisions,and amendments to national flood insurance program maps:A guide for community officials［J］. United States. Government Accountability Office. 1993.

［41］ SHEPHERD J M. A review of current investigations of urban induced rainfall and recommendations for the future［J］. Earth Interactions,2005,9(12):1-27.

［42］ SHI P J,DU J,JI M X. Urban risk assessment research of major natural disasters in China［J］. Advances in Earth Science,2006,21(2):170-177.

第三章 江河防洪

第一节 我国七大江河洪水特性

一、我国江河分布

全国流域面积大于 $50km^2$ 的河流 452031 条,总长度为 150.85 万 km;流域面积 $100km^2$ 及以上河流 22909 条,总长度为 111.46 万 km;流域面积为 $1000km^2$ 及以上河流 2221 条,总长度为 38.65 万 km;流域面积为 $10000km^2$ 及以上河流 228 条,总长度为 13.25 万 km。湖泊常年水面积大于 $1km^2$ 的湖泊 2865 个,水面总面积 7.80 万 km^2(不含跨国界湖泊境外面积)。

二、主要洪水类型

我国洪水种类多,绝大多数河流发生的洪水以暴雨洪水为主。按洪水成因分为暴雨洪水、融雪洪水、冰凌洪水、冰川洪水、风暴潮、泥石流、溃坝洪水等;按洪水影响,可分为流域性、区域性和局部性洪水。

(一)暴雨洪水

暴雨洪水多发生在夏秋季节,发生的时间自南往北逐渐推迟。大范围暴雨主要由西风带低值系统和低纬度热带天气系统两种天气系统形成。此外,在干旱或半干旱地区,因强对流天气作用,也可以形成局地雷暴雨,常在小流域上形成来势猛、涨落快、峰高量小的洪水,造成小范围的严重洪涝灾害。

暴雨洪水的特点决定于暴雨,也受流域下垫面条件的影响。同一流域受不同的暴雨要素影响,如暴雨笼罩面积、过程历时、降水总量及其强度以及暴雨中心位置、移动的路径等,可以形成大小和峰形不同的洪水。暴雨洪水一般特点是,洪水涨落较快,起伏较大,具有很大破坏力;洪水年际变化很大,经常出现的洪水与偶尔出现的特大洪水,其量级相差悬殊,给江河治理带来很大困难。

(二)融雪洪水

融雪洪水是由冰融水和积雪融水为主要补给来源的洪水。融雪洪水主要分布在我国东北和西北高纬度山区,经漫长的冬季积雪到翌年春夏气温升高,积雪融化,形成融雪洪水;若遇急剧升温,大面积积雪迅速融化会形成较大洪水。融雪洪水一般发生在4—5月,洪水历时长、涨落缓慢,受气温影响,洪水过程呈锯齿形,具有明显的日变化规律。洪水大小取决于积雪面积、雪深、气温和融雪率。

(三)冰凌洪水

冰凌洪水是由大量冰凌阻塞,形成冰塞或冰坝,使上游水位显著壅高而泛滥的洪水,或当冰塞融解,冰坝突然破坏时,槽蓄水量下泄所形成的洪水过程。由于某些河段由低纬度流向高纬度,当气温下降,北部河段封冻后上游流冰才至,易于形成冰塞、冰坝;在气温上升、河流开冻时,低纬度的上游河段先行开冻,而高纬度的下游河段仍封冻,上游河水和冰块堆积在下游河床,形成冰坝。我国危害较大的冰凌洪水,主要发生在黄河干流上游宁蒙河段和下游山东河段,以及松花江哈尔滨以下河段。

(四)冰川洪水

冰川洪水(高山冰雪融冰洪水)是由冰川和永久积雪融水为主要补给而形成的洪水。这种洪水发生在拥有冰川和永久积雪的高寒山区河流。

我国冰川主要分布在西部和北部地区的西藏、新疆、甘肃、青海等省区。冰川洪水一般发生在7—8月,洪水峰、量的变化取决于冰川消融的面积和气温上升的梯度,一般无暴涨暴落现象,但有明显日变化。突发性冰川洪水,往往由冰湖溃坝形成,洪峰陡涨陡落具有很大破坏力。

(五)风暴潮

通常把风暴潮分为热带风暴(台风、飓风)引起的热带风暴潮和温带气旋引起的温带风暴潮两类。在我国,热带风暴潮即通称的台风风暴潮,温带风暴潮则是在北部海区由寒潮大风引起的风暴潮。

台风风暴潮主要是由台风域的气压降低和强风作用所引起。这种风暴潮在我国沿海从南到北都有发生,在东南沿海发生频次更多,增水量值更大。其发生的季节与台风同步,一年四季都有可能,而以台风盛行的 7—10 月最为频繁。

温带风暴潮主要出现在莱州湾和渤海湾沿岸一带,与寒潮大风季节同步,主要发生在春季、秋季和冬季。

(六)泥石流

泥石流发生在山区河流沟谷中,为包含泥、石、水的液固两相流,是一种破坏力很大的突发性特殊洪流。暴雨或(和)冰雪融水是其发生的诱因。泥石流按其固体物质构成不同可分为泥石流、泥流和水石流三类。

泥石流形成的两个基本条件:沟谷内有丰富的松散固体堆积物;沟谷地形陡峻、比降很大,有暴雨或(和)冰川积雪融水等足够的水源补给。滥垦滥牧、弃土堆渣不当等人类活动也会促成或加剧泥石流的发生。

泥石流发生的时间和地区有两个特点:从时间来看,泥石流往往发生在暴雨季节,或者冰川和高山积雪强烈融化的时期;从地区来看,泥石流主要发生在断裂褶皱发育、新构造运动活跃、地震活动强烈、植被不良、水土流失严重的山区及有现代冰川分布的高山地区。

(七)溃坝洪水

溃坝洪水包括堵江堰(或堰塞湖)溃决、水库垮坝和堤防决口所形成的洪水。前者主要是地质或地震原因引起的;后两者与气象、人为因素有关。地震破坏坝体结构也可能导致水库垮坝。垮坝洪水很少发生,但往往是毁灭性的。堵江堰(或堰塞湖)溃决洪水是由于地质或地震原因引起的山体滑坡,堵江断流,经过一段时间后,壅水漫坝,导致溃决,河槽蓄水突然释放形成骤发洪水。这类洪水在我国主要发生在人烟稀少的西南高原山区。

水库溃坝洪水的突出特点是洪峰高、历时短、流速大,往往造成下游毁灭性灾害,特别是人员伤亡。如 1975 年 8 月的淮河上游特大洪水,导致板桥及石漫滩两座大型水库与数十座中小型水库相继垮坝。堤防决口洪水是由于洪水超过堤防设计标准,或堤防出现管涌、崩岸、散浸、塌坡等险情,主流直冲堤防而抢护不及,或者因人为设障壅高水位而造成的漫决、冲决或溃决洪水。

(八)流域性洪水

流域内降水范围广、持续时间长,干流上、中、下游及主要支流均发生不同量级的洪水,相互遭遇形成遍及流域大部分区域的洪水称流域性洪水。例如1998年汛期,长江上游先后出现8次洪峰并与中下游洪水遭遇,形成了全流域性大洪水,洪水量级大、影响范围广、持续时间长、洪涝灾情重。

（九）区域性洪水

降水范围较广、持续时间较长,致使干流部分河段及部分支流发生较大范围的洪水称区域性洪水。

（十）局部性洪水

局部发生强降水过程而形成的洪水称局部性洪水。此类洪水一般具有降水强度大、范围小、历时短的特征。

三、主要江河流域洪水特性

（一）长江流域

长江洪水基本上都由暴雨形成。长江流域的暴雨集中在5—10月,汉水流域多秋汛洪水。雨季一般是中下游早于上游,南岸先于北岸。一般年份各河洪峰互相错开,中下游干流可顺序承泄中下游支流和上游干支流洪水,不致造成大的洪灾。成灾的大洪水主要有以下两种类型。①上游若干支流或中游汉江、澧水以及干流某些河段发生持续性、高强度的集中暴雨,形成洪峰特别高而洪量大的洪水。历史上的1860年、1870年、1935年、1981年即为此类。②某些支流雨季提前或推迟,上、中、下游干支流雨季相互重叠,形成全流域的普遍暴雨,使洪水遭遇,形成特大洪水,这类洪水,洪峰高,特别是洪水总量很大,持续的时间长,1931年、1954年、1998年即属此类。但由于中下游地区要承泄上游干支流及中游支流的来洪,故不论哪一类洪水均对中游平原区造成很大的威胁。

干流实测最大洪峰流量92600m³/s(1954年大通站),调查最大洪峰流量达110000m³/s(1860年、1870年枝城);主要支流如汉江、嘉陵江实测最大流量都超过40000m³/s,调查最大洪峰流量超过50000m³/s。一次洪水过程历时长,干流屏山、宜昌20~30d,汉口、大通站超过50d,各支流一次洪水过程一般在10d左右。洪水来量大,河湖蓄泄能力不足是成灾的主要原因。洪峰流量大大超过河道安全泄量,超额的洪水量很大,因此一旦发生大洪水泛滥,被淹时间可以长达数月。

（二）黄河流域

黄河下游洪水分为暴雨洪水和冰凌洪水两种类型。暴雨洪水由暴雨形成,一般发生在6月下旬—10月中旬,7—8月最大。洪水主要来源于中游地区,上游洪水仅能构成下游洪水的基流,下游为地上河,基本无洪水进入。在中游地区,洪水来源又可以分为河口镇至龙门区间(简称河龙间)、龙门至三门峡区间(简称龙三间)、三门峡至花园口区间(简称三花间)。河龙间与龙三间位于三门峡大坝以上,洪水遭遇频繁,把这类洪水简称为"上大洪水",把以三花间来水为主的洪水叫"下大洪水"。

下游洪水特点有以下两个方面。①洪水峰高量小,历时短。花园口一次洪水涨落过程10~12d,历史调查最大洪水为1761年12d洪量120亿 m^3。大洪水历时、总量远小于其他主要江河。因此,运用蓄滞洪工程可以显著削减洪峰。②洪水含沙量大,水沙异源。陕县(三门峡)多年平均年输沙量16亿t,年输沙量80%以上集中在汛期(7—10月),而汛期又主要集中在一次或几次洪水过程中。91.3%泥沙来源于中游,而58%的径流来自上游。河道善淤善徙,水位、河势常发生突变,给河道整治、防汛带来复杂问题。黄河下游河道上段(花园口至陶城铺)堤距5~10km,最宽处达20km,下段(陶城埠至利津)堤距0.4~5km,这种上宽下窄的河道形态可以起到显著的削峰沉沙作用。

(三)淮河流域

复杂的气候条件和河川地理条件是淮河流域水旱灾害频繁的决定性自然因素。在伏牛山、大别山、沂蒙山区易于形成特大暴雨,加之河流错综复杂、出口不畅,易于形成洪涝灾害。淮河干流特大洪水年与特枯年的径流量相差10倍之多,沂沭泗水系洪水变化幅度更大。淮河洪水大致分成3类:①由连续一个月左右的大面积暴雨形成的全流域性洪水,量大而集中,对淮河干流中下游威胁最大(1931年、1954年洪水);②由连续两个月以上的长期降水形成的流域性洪水,整个汛期洪水总量很大但不集中,对淮河干流的影响不如前者严重,但长时间高水位顶托会加重平原区涝灾的影响(1921年、1991年、2003年、2007年洪水);③由一两次大暴雨形成的局部地区洪水,虽然全流域洪水总量不算很大,但在暴雨中心地区易于形成危害严重的突发性大洪水(1975年洪水)。

淮河干流的洪水特性是洪峰持续时间长,水量大,正阳关(位于安徽省寿县)以下一般一次洪峰历时一个月左右。每当汛期大暴雨时,淮河上游及两岸支流山洪汹涌而下,首先在王家坝(位于安徽省阜南县)形成洪峰;由于洪河口至正阳关河道弯曲、平缓、泄洪能力小,加上绝大部分山丘区支流相继汇入,河道水位迅速抬高,洪水经两岸行蓄洪区调蓄后至正阳关洪峰既高且胖。正阳关以下洪水位高于地面,淮北平原靠淮北大堤保护,洪泽湖以下地势更低,靠洪泽湖大堤及里运河大堤保护。支流洪水分两种情况:一种是山丘区河道,暴雨多,径流系数大,汇流快,当河槽不能容纳时就泛滥成灾;另一种是平原河道,暴雨也较大,径流系数随持续时间增长变大,加上地面坡降平缓,河道防洪标准低,受干流洪水顶托,常造成严重洪涝灾害。

(四)海河流域

海河流域洪水由暴雨形成,洪水发生的时间和分布与暴雨基本一致。洪水发生时间一般都在6—9月,大洪水多出现在7—8月。海河洪水特点:①大洪水主要集中在7月下旬—8月上旬,是全国各大江河洪水季节最集中的地区,少数年份也可以迟至9月。②洪峰流量年际变化很大。海河山区洪水除量级大以外,年际变化也很大,如永定河官厅站1925—1952年(建库前)记录到最大流量4000m³/s(1939年),最小年份最大流量仅204m³/s(1930年),据调查,历史最大洪峰流量达9400m³/s(1801年)。③洪水地区来源比较集中。海河大洪水主要来源于太行山和燕山的迎风山区。20世纪发生的1956年、1963年洪水主要来自南系,1939年则属于北系洪水。

(五)珠江流域

珠江流域洪水主要由暴雨形成,造成较大洪水的暴雨成因多为锋面、西南槽、热带低压及台风等。4—7月为前汛期,8—9月为后汛期,大洪水主要发生在前汛期。由于流域面积广,暴雨强度大,上中游高山丘陵地区洪水汇流快,中游又无湖泊调蓄,因此遇上大面积的连续暴雨,往往形成峰高、量大、历时长的洪水,危及中下游沿江地势低洼、人口众多、经济发达的珠三角城镇和广大农村。

(六)松花江流域

松花江流域洪水主要由暴雨形成,大洪水多发生在7—9月,尤以8月为多,4月还会出现冰凌洪水。洪水主要来自嫩江和松花江南源。由于河槽的调蓄影响,洪水传播时间较长,涨落较慢,一次洪水历时,嫩江和松花江南源为40~60d,松花江可达90d。嫩江和松花江由于受河槽调蓄影响较大,多为平缓的单峰,有时出现双峰形洪水,前峰多为支流来水,后峰多为干流上游来水。松花江南源因暴雨出现次数频繁,年内可出现2~3次洪峰。

(七)辽河流域

辽河流域暴雨多集中在 7—8 月,暴雨历时一般在 3d 以内,主要雨量集中在 24h 内。由于暴雨历时短,雨量集中,主要产流区为山区、丘陵,产流速度快,故洪水峰高量小,陡涨陡落。西辽河洪水主要来源于老哈河。东辽河、浑河、太子河洪水主要来源于上游山区。辽河干流洪水主要来源于东辽河及干流左侧支流清河、柴河、泛河。

(八)太湖流域

太湖流域的地形周边高中间低成碟形,高差约 2.5m,河道比降平缓,约十万分之一二;流速 0.2～0.3m/s,故泄水能力小,每遇暴雨,河湖水位暴涨,加上河网尾闾泄水受潮位顶托,泄水不畅,高水位持续时间长,易于酿成洪涝灾害。另外,平原区由于地势平坦,河道比降小,水流流向不定,往往洪涝合一,很难区分。

四、气候变化背景下洪水事件变化趋势

中国是世界上气候变暖特征最显著的国家之一,在全球气候系统变暖的大背景下,近年来中国气象水文与水资源情势发生了显著变化。

中国《第三次气候变化国家评估报告》指出,1909 年以来中国的变暖速率高于全球平均值,在每百年升温 0.9～1.5℃。据统计,自从有现代气象观测记录以来的 17 个最暖年份中,除 1998 年外,其他 16 个最暖年份都是 21 世纪的年份。

近 100 年和近 50 年中国年降水量变化趋势不显著,但年际波动较大,并存在明显的区域分布差异,西部干旱和半干旱地区近 30 年变湿,降水呈持续增加趋势。在一些总降水量已经增加的地区,强降水事件也显著增加,特别是在长江中下游流域、东南和西部地区增多、增强较为明显。在个别地区,虽然总降水量减少或保持不变,但强降水事件却增加了。

有关研究表明,近年来,在全球气候变化和城市化快速发展背景下,中国极端水文气象事件明显增多,水旱灾害的突发性、异常性、不可预见性日益突出,局部地区强暴雨、突发性山洪灾害、城市内涝以及超强台风等事件呈突发、多发、并发趋势。例如 2007 年 8 月 9—11 日,受第 7 号热带风暴"帕布"、第 8 号热带风暴"蝴蝶"和热带辐合带的共同影响,广东省雷州半岛持续降大到特大暴

雨,暴雨中心湛江市雷州市幸福农场雨量站最大24h降水量达1188.2mm,暴雨导致雷州半岛部分河流发生超历史实测记录的洪水。2012年7月12日,北京市遭遇罕见的特大暴雨,一日集中下了一年降水量的1/4～1/3,暴雨中心房山区河北镇点降水量达460mm;城区平均降水量为215mm,是1963年(300mm)以来最大降水。2014年,超强台风"威马逊"7月18日18时在海南省文昌市登陆,登陆风力17级,又先后强势在广东省徐闻县、广西壮族自治区防城港市再次连续登陆,成为1949年以来登陆中国的最强台风,给华南地区造成重大经济损失。

从年际变化分析,中国东部季风区洪水有明显的高频期、低频期的阶段性年代际特征。20世纪50—60年代,我国主要江河洪水重;70—80年代初,洪水轻;90年代—21世纪初,江河洪水又转入高发期,特别是近30年来,洪水年际变幅大多呈增加趋势。主要江河洪水的年际变化指标值(洪水极值系列的变差系数 C_v 值)大多呈显著增加趋势,洪涝事件频繁出现,旱涝急转时有发生。珠江等南方典型洪涝风险区极端降水与洪涝事件的频次和强度总体呈增加态势。与1951—1980年相比,1981—2010年珠江、长江、闽江等流域10年一遇以上的洪峰流量值有所减小,局地短历时强降水事件频发、中小河流洪水增多、增强。

五、未来洪水事件对气候变化的响应

随着全球气候变暖与城镇化的快速发展,未来我国部分地区强降水、洪涝等极端事件有可能增加、增强。未来气候变化可能对区域防洪安全产生不利影响,增加水库的防洪调度难度。刘志雨等利用全球47个气候模式,在3种排放情景下,预估未来20～50年(2020—2050年)淮河上游区域多年平均降水量,与基准期(1970—2000年)相比,可能增加5%左右,20年一遇洪水(最大日均流量)平均增加16%～21%,最大30d洪量平均增加14%～20%,可能使安徽省蒙洼蓄滞洪区的运用频次增加,对区域防洪安全产生不利影响。气候变暖可能使得珠江流域北江飞来峡水库以上区域降水时空分布不均性加大,汛期降水可能呈增加趋势,极端强降水事件和同一重现期洪水的洪峰值可能呈增大趋势,同样量级的洪峰重现期缩短,给水库防洪调度带来新的挑战。

有关研究指出,城市内涝风险有可能进一步加大。在气候变暖导致的海平面上升、极端强降水与暴雨洪水事件频发的情景下,未来沿海与内陆城市面临雨潮遭遇和雨洪遭遇的风险可能加大,城区外洪内涝的概率增加。利用47个气候模式,在3种排放情景下,预估未来20～50年广州市城区极端强降水,与基准期(1970—2000年)相比,有可能增加,加上海平面可能继续上升,由强降水或高潮位所引发的内涝风险会进一步加大。

第二节 历史洪涝灾害

一、江河洪涝灾害概况

我国是世界上洪涝灾害最为严重的国家之一。洪涝灾害是我国危害最为严重的自然灾害之一,水灾造成的直接经济损失为各种自然灾害直接经济损失之最。

据国家防办统计,1950—2005年全国洪涝灾情年平均受灾面积965万hm^2,其中成灾面积542万hm^2;20世纪90年代我国汛期降水进入了一个相对丰沛的阶段,全国平均每年受灾面积1609万hm^2,其中成灾面积903万hm^2,洪灾相对损失(年洪灾损失占同期GDP比例)年均高达2.26%,比欧、美、日等发达国家的比例高出一个数量级。1998年大洪水之后,国家及时出台了灾后重建的"32字方针":封山育林、退耕还林,平垸行洪、退田还湖,以工代赈、移民建镇,加固干堤、疏浚河湖,并成倍增加对水利的投入,我国防洪体系建设再次形成新的高潮。2000—2009年洪灾年均相对损失下降到0.64%,2010—2016年进一步下降到0.47%,说明水利基础设施建设对经济社会发展发挥了有效的支撑与保障作用。

二、洪涝灾害主要类型

主要类型分为平原洪涝型水灾、沿海风暴潮型水灾、山地丘陵型水灾、冰凌灾害、城市洪涝灾害等,侧重介绍由暴雨洪水导致的平原洪涝型水灾。

(一)平原洪涝型水灾

平原洪灾主要是指由江河洪水漫淹和当地渍涝所造成的灾害。我国平原地区的洪涝灾害往往相互交织,在外洪持续高水位顶托下涝水外排,因而加重了内涝灾害;而涝水的外排又加重了相邻地区的外洪压力,洪涝水不分是其主要特点。平原洪涝型水灾波及范围广,持续时间长,造成的损失巨大,发生频繁,是我国最严重的一种水灾。

我国平原总面积115.2万 km²,占国土总面积的12%,主要分布在受到洪涝灾害严重威胁的七大江河(含太湖)的中下游地区。上述地区江河主要依靠堤防束水,洪水位普遍高于地面高程。如黄河下游由于泥沙来量大,河床逐渐淤积抬高,形成"悬河",加之河口淤堵,洪水宣泄不畅,对两岸构成严重威胁。

平原地区的涝灾问题十分突出,因洪致涝、因涝成洪,洪涝灾害往往相伴而生。随着城市化的发展,城市涝灾的问题也越来越突出。2006 年以来,我国每年受淹城市都在百座以上,其中 2010 年、2013 年分别达到 258 座和 243 座,其中绝大多数为暴雨内涝造成。

(二)沿海风暴潮型水灾

风暴潮灾害是海洋灾害、气象灾害及暴雨洪水灾害的综合性灾害,具有突发性强、风力大、波浪高、增水强烈、高潮位持续时间长、引发的暴雨强度大等特点,风暴潮一旦发生,往往与洪水遭遇并形成严重的水灾。据统计,20 世纪 80 年代末—90 年代初我国由于沿海风暴潮导致的水灾损失约占同期全国水灾总损失的 19%,仅次于暴雨洪水形成的洪涝灾害。

1992 年 8 月 31 日第 16 号台风在福建省福州市长乐区登陆,后蜕变为低气压继续北上,至徐州市、菏泽市一带,然后向东北方向移动,于 9 月 2 日从莱州湾出海,向辽东半岛方向移动。沿海闽、浙、沪、苏、鲁、冀、津、辽八省市受灾,共造成直接经济损失 92 亿元,死亡近 200 人。

1994 年 8 月 21 日第 17 号台风在浙江省瑞安市登陆,台风登陆时中心附近最大风力 12 级、最大风速超过 40m/s、气压 760hpa,造成浙江省沿海飞云江至鸥江口的瑞安、龙湾、温州等站出现历史最高潮位,浙江省直接经济损失达 124 亿元,死亡 1216 人,倒塌房屋 10 万余间。

1997 年 8 月 21 日第 11 号超强台风在浙江省台州市登陆,登陆时中心最大风力为 12 级,中心最低气压为 960hpa,并于 8 月 21 日 3 时在辽宁省再次登陆,登陆时中心最大风力为 8 级,中心最低气压为 993hpa,西北行,登陆浙江省转向。台风造成"风雨潮"叠加,引起异常汹涌的浪潮,其中上海市黄浦江出现超历史最高潮位,浙江省钱塘江河口的高潮位超过历史实测高潮位。受其影响,浙江省、上海市、江苏省、山东省以及天津市、河北省部分地区遭受极大经济损失。其中以浙江省灾害损失最为严重,直接经济损失达186亿元,死亡236人,倒塌房屋8.5万余间。

2006年7月13日第4号强热带风暴"碧利斯"在台湾地区宜兰市登陆,登陆时中心最大风力11级、最大风速30m/s,14日12时在福建省宁德市再次登陆,登陆风力11级、风速30m/s,引发超强暴雨洪水,台风暴雨最大点降水量为广东省博罗岭下620mm,致使湖南省湘江上中游干流发生历史第二位大洪水,支流耒水发生超历史特大洪水;广东省北江发生有资料以来最大流量大洪水,支流武水发生超历史特大洪水;福建省诏安县东溪发生了超历史记录的大洪水,沿海部分潮位站超警戒水位(简称超警)。"碧利斯"造成湖南、福建、广东、广西等省(自治区)655人死亡,失踪195人,直接经济损失219.72亿元。

2006年8月10日第10号超强台风"桑美"在浙江省温州市苍南县沿海登陆,登陆时中心最大风力17级、最大风速60m/s,气压920hpa。受其影响,8月9—12日,浙江省东南部、福建省东北部、江西省抚州市、江西省南昌市局部累计降水量100~250mm;大于200mm、100mm笼罩面积分别达2.8万km^2、9.2万km^2,累计最大点降水量为浙江省苍南县昌禅乡606mm;浙江省鳌江南港、福建省交溪支流东溪均发生有实测资料以来第二位洪水,建溪支流松溪发生超保洪水。"桑美"造成了严重的雨洪潮灾情,浙江、福建、江西三省共有665.5万人受灾,因灾死亡483人,农作物绝收36.2khm^2,倒塌房屋13.7万间,因灾直接经济损失196.5亿元。

2014年第9号超强台风"威马逊"三次强势登陆我国,成为1949年以来登陆中国最强台风。7月2日"威马逊"在西北太平洋面上生成,15日登陆菲律宾中部,17日夜间在南海北部加强为超强台风,18日15时30分登陆海南省文昌市(风力17级以上、风速62m/s、气压910hpa),海南岛东部海面浮标站和文昌市七洲列岛最大阵风高达74.1m/s和72.4m/s(风力17级以上),成为中华人民共和国成立以来登陆中国的最强台风;19日7时10分"威马逊"第三次登陆广西壮族自治区防城港(风力15级、风速50m/s、气压945hpa)。受其影响,海南、广西、云南等省(自治区)20多条河流发生超警戒水位洪水,其中海南省南渡江上游发生接近100年一遇的超历史实测记录洪水,广西壮族自治区左江、云南省红河支流发生超保证水位洪水。台风造成广东、广西、海南和云南等省(自治区)都出现不同程度的灾情,受灾人数达 1208.4 万人,死亡人口达 73 人,直接经济损失达 448.9 亿元。

三、洪涝灾害特点及其影响

(一)涉及范围广

根据我国洪水类型和地区分布情况,我国绝大部分地方都有可能发生洪涝灾害。中部地区大部分处在大江大河中下游、地势平坦,洪涝灾害十分严重。东部沿海地区还受风暴潮的影响,暴雨、洪水频繁发生;局部的暴雨、泥石流、滑坡等灾害经常威胁山区安全。新疆等西部地区干旱少雨,但也受融雪、冰凌洪水威胁;黄河、松花江等流域冬春季还会受凌汛灾害。

(二)灾发频次高

由于特殊的地理位置和气候系统,导致我国洪水发生频繁,加之特殊的地形特征和人口的压力及不合理的生产活动方式,使我国成为世界上洪涝灾害发生频次最高的国家之一。

据史料记载,自公元前 206—公元 1840 年的 2000 多年中,我国发生洪涝灾害 2397 次,其中较大的灾害 984 次,平均每两年就有一次。且水灾发生频次总体呈上升趋势。特别是 16 世纪以来,洪涝灾害发生频次递增速度加快。据统计,20 世纪中我国主要江河发生 5 年一遇以上规模洪水 213 次,约每年两次。

(三)灾害损失大

据资料统计,20 世纪 90 年代我国洪涝灾害占整个自然灾害的 62%,洪涝灾害造成的直接经济损失居各种自然灾害之首。1950—2005 年,年平均洪涝受灾面积 14473 万亩,成灾 8132 万亩、死亡 4936 人,并且灾害损失呈年际分布不均的态势。如洪涝灾害直接经济损失最大的是 1998 年,达 2550 亿元;受灾面积最大的是 1991 年,达 36894 万亩;死亡人数最多的是 1954 年,达 4.25 万人。20 世纪 50 年代,大洪水频发,防洪体系薄弱,年均因洪灾死亡人数高达 8571人;1960—2000 年的 40 年中,年均洪灾死亡人数达 4383 人。1998 年大洪水之后,治水投资成倍增长,1998—2002 年的 5 年中央水利基建投资是 1949—1997年的 2.36 倍。随着平原区江河防洪能力的逐步提高,因灾死亡人数大幅降低,2003 年以来山丘区山洪灾害死亡人数所占比例达 2/3 以上。这一方面说明,大江大河防洪体系建设取得了预期的成效;另一方面也说明,要进一步减少洪灾死亡人数,需在山洪防治上下功夫。

(四)危害影响重

洪水灾害对社会生活的影响一方面表现为人口的大量死亡。1931年江淮水灾,受灾人口4950万人,占湘、鄂、赣、浙、皖、苏、鲁、豫八省当时人口的1/4,36.5万人被洪水及随之而来的饥荒和瘟疫夺去生命。1954年长江中下游水灾,受灾人口1888余万人,受灾农田4755万亩,作为南北交通大动脉的京广线铁路中断达100d之久。1862年一次特大风暴潮袭击珠江口,死亡人口逾10万人。洪水灾害对社会生活影响的另一方面是,大量的人口迁徙,增加了社会的动荡和不稳定因素,而安置灾民,帮助其重建家园,恢复生产给社会带来沉重的负担。

此外,洪水灾害还会影响国民经济发展,危及社会繁荣与安定,并对生态环境造成重大破坏。

四、洪涝灾害的主要影响因素和变化特征

对洪水的影响因素,主要有流域的气候和下垫面两个方面。由于洪水有对社会造成危害的可能,洪水造成的损失主要取决于经济、社会因素,洪水灾害又具有社会属性。影响洪水灾害的主要因素有以下几种。

(一)自然因素

(1)暴雨因素。我国地处欧亚大陆东缘,濒临西太平洋,人口稠密的中东部属典型的亚热带季风气候区域,雨带和暴雨分布都有明显的季节性变化,暴雨是我国季风盛行期的一种常见天气现象。暴雨尤其是大暴雨往往造成丘陵山区的山洪、滑坡、泥石流灾害、平原区的洪水泛滥以及城市渍涝等灾害,是我国洪涝灾害的主要成因。

(2)自然地理因素。自然地理因素的影响涉及流域气候、地形地貌和地质条件等多方面。对流域气候影响最大的地理环境因素主要是流域地理位置、海陆分布和地形差异等。

(3)洪水组成因素。对大流域和水系复杂的河流,不同的洪水组合往往产生不同特性和量级的洪水,所造成的洪水灾害差别亦很大。如影响长江流域暴雨洪水特点的因素,除天气系统外,还有暴雨笼罩面积、强度、过程历时、降水总量以及暴雨中心位置、暴雨中心是否移动、移动路径等,在同一流域上可以形成

大小和峰型不同的洪水。

(二)人类活动的因素

人类活动的影响主要表现有两方面：一是与洪水争夺空间，二是改变地形、地貌特征。对洪水活动空间的制约，主要是通过工程手段筑堤围垦、筑堤挡水、围湖造田等活动。随着人口的增长和对生活、生产空间的需求逐步扩大，人类不断地修筑堤防工程来扩大防洪保护范围，以获取更多可利用的土地，这在很大程度上改善了人类的生活、生产环境，也有效地促进了社会经济发展。但另一方面，大量沼泽、湿地的围垦也使得洪水活动范围逐步缩小。人类过于侵占洪水调蓄、宣泄空间的活动必将抬高洪峰水位，加大洪水风险。任何工程的防洪标准总是有限的，一旦遇到超标准洪水决堤泛滥，就会加重洪灾损失。

五、历史典型洪涝灾害

从雨情、水情、灾情三个方面介绍1954年长江、淮河特大洪水，1957年松花江特大洪水，1958年黄河流域特大洪水，1963年海河流域特大洪水，1975年淮河上游特大洪水，1998年长江、松花江大洪水，2003年淮河流域性大洪水，2005年珠江流域性特大洪水，2013年黑龙江流域性大洪水和2016年长江、太湖、海河南系大水等。

(一)1954年长江、淮河特大洪水

1954年长江、淮河出现百年来罕见的流域性特大洪水。汛期雨季来得早，暴雨过程频繁，持续时间长，降水强度大，笼罩面积广，长江干支流洪水遭遇，湖北省宜昌市枝城镇以下1800km河段最高水位全面超过历史最高记录。与此同时，淮河也发生了特大洪水，淮河干流洪水位普遍高于1931年。

1. 雨情

这年大气环流形势异常，从5月上旬—7月下旬，副热带高压脊线一直停滞在20°N～22°N。7月鄂霍次克海维持着一个阻塞高压，使江淮上空成为冷暖空气长时间交汇地区，造成连续持久的降水过程。汛期季风雨带提前进入长江流域。4月鄱阳湖水系即出现大雨和暴雨，赣江上游月降水量达500mm以上。5月雨区主要在长江以南，鄱阳湖水系和钱塘江上游月降水量在500mm以上，安徽省黄山水文站月降水量达1037mm，300mm以上雨区范围约74万km²。6月主要雨区依然在长江以南，位置比5月稍北移，鄱阳湖、洞庭湖水系月降水量

500～700mm,湖北洪湖市螺山水文站月降水量1047mm,300mm以上雨区范围约71万km²。7月雨区北移,中心在长江干流以北及淮河流域,大别山区和淮河流域月降水量500～900mm,安徽省六安市金寨县吴店水文站月降水量达1265mm,长江南侧除沅水、澧水流域和皖南山区月降水量在500mm以上外,一般在500mm以下,300mm以上雨区范围达91万km²,7月为汛期各月中降水量最大的一个月。8月雨区西移北上,四川省及汉江中上游月降水量在200mm以上,峨眉山区达600mm,长江中下游及淮河流域降水接近尾声,月降水量在200mm以下。汛期5—7月这3个月内大面积暴雨达12次之多,3个月累计降水量在600mm以上的范围达148万km²,降水量在1200mm以上的高值区主要分布在洞庭湖水系、鄱阳湖水系和皖南山区、大别山区。其中黄山、大别山、九岭山区局部地区降水量达1800mm以上,最大点降水量黄山水文站达2824mm。

2. 水情

(1)长江流域。在全流域普降大雨的情况下,鄱阳湖水系的赣江等河在6月初和7月初发生了较大洪水。洞庭湖水系的沅江于5—7月连续发生较大洪水;湘江、澧水、资水也都出现了较大洪水。在此期间汉江和大别山南侧各支流在7月中旬和8月上旬发生了中等偏大洪水,湖北省汉口站以下至江西省湖口站区间支流最大入江流量达13582m³/s。在上述情况下,江湖水位迅速上涨,汉口站6月25日超警戒水位(26.3m),7月18日突破1931年最高水位28.28m。在下游全面高水位的情况下,6月25日—9月6日上游湖北省宜昌站先后出现4次大于50000m³/s的洪峰流量,8月7日最大洪峰流量达66800m³/s,湖北省枝城站洪峰流量达71900m³/s,在利用荆江分洪区3次分洪和多处扒口、溃口分洪,总分洪量达1023亿m³的情况下,湖北省沙市站水位达到44.67m,湖南省城陵矶站水位达到33.95m,汉口站水位达到29.73m,湖口站水位达到21.68m,都突破了历史最高记录。据推算,如果不溃口、扒口分洪和江湖自然蓄滞,城陵矶站最大流量为108900m³/s,汉口站为114183m³/s,四川省八里江站为126800m³/s。由于洪水的组成情况十分复杂,1954年长江洪水的重现期,难以用某一站点的某一水文特征来表示。若以年最大30d洪量为分析指标,则1954年长江洪水的重现期在宜昌站约为80年,在城陵矶站约为180年,在汉口站、湖口站均约为200年。

(2)淮河流域。7月先后出现5次大面积暴雨,洪水主要来自上游干流和右侧支流。上游干流河南省息县站,7月5日、11日、17日连续出现3次洪水,洪峰流量均超过3900m³/s,22日出现最大洪峰流量5830m³/s。经流域调蓄,淮滨以下各站基本上是一次连续洪水过程。安徽省王家坝水位从7月初起涨至9月底落平,历时3个月。7月6日王家坝水位涨至28.64m时蒙洼蓄洪区开闸蓄洪,23日王家坝水位达到最高29.59m,蒙洼蓄洪区3次开闸蓄洪,最大进洪流量1660m³/s。王家坝以下,右岸支流史灌河大量洪水汇入,干流洪水大增,7日安徽省城西湖开闸蓄洪;11日安徽省六安市陈郢子扒口进洪,城西湖最大进洪流量达7600m³/s;23日城西湖最高水位27.82m,最大蓄水量36.4亿m³。城西湖上、下格堤相继溃口。在沿淮各行蓄洪区相继行洪蓄洪的情况下,26日正阳关最高水位26.55m,最大流量12700m³/s(鲁台子)。由于7月27日淮北大堤溃决,蚌埠站于8月4日才出现最高洪水位22.18m,超过1931年最高洪水位1.73m,最大流量11600m³/s。洪水进入洪泽湖后由于三河闸泄洪,8月16日江苏省淮安市蒋坝最高水位15.23m,比1931年低1.03m。据分析,1954年淮河干流正阳关和中渡以上30d洪量分别为330亿m³和522亿m³,其重现期相当于50年。

3. 灾情

(1)长江流域。中华人民共和国成立初期全面恢复、整修江河堤防,修建了荆江分洪工程,加上汛期军民全力抗洪抢险,保住了荆江大堤和武汉市的主要市区,但仍然造成了巨大的经济损失和社会影响。全流域受洪涝灾害农田面积317余万hm²,受灾人口1888余万人。京广铁路100d不能正常运行,灾后疾病流行,仅洞庭湖区死亡达3万余人。由于洪涝淹没地区积水时间长,房屋大量倒塌,庄稼大部分绝收,灾后数年才完全恢复。由于长江流域工农业生产和水陆交通运输在全国的重要地位,1954年大洪水不仅造成当年重大经济损失,对灾区以后几年经济发展都产生了很大影响。

(2)淮河流域。全流域农田成灾面积408.2万hm²。由于当年淮河干流、支流已经得到初步治理,洪水得到一定程度控制,且因洪泽湖出口的三河闸、高良涧闸及苏北灌溉总渠的建成和运用,使洪泽湖、高邮湖水位低于1931年最高水位,保住了里运河东大堤的安全。1954年水灾,安徽、江苏两省淹死1920人。

(二)1957年松花江特大洪水

1957年7—8月松花江流域大雨、暴雨频繁,嫩江右岸支流雅鲁河、绰尔河、洮儿河,以及松花江南源、牡丹江均发生了20~50年一遇的大洪水。松花江干流哈尔滨站出现约60年一遇特大洪水,实测最大流量12200m³/s,依兰站以上江段出现有记录以来最高洪水位。

1. 雨情

受蒙古低压影响,7—8月流域内大部分地区一直阴雨连绵,最长降水天数达45d,大雨和暴雨有10次之多。其中大面积暴雨有4次:①7月24—25日,暴雨主要分布在嫩江支流雅鲁河、洮儿河一带,黑帝庙最大1d降水量89.5mm;②7月26—27日,暴雨分布在伊通河和洮儿河,最大1d降水量50~100mm;③8月1—5日,暴雨分布在嫩江下游右岸和松花江南源,最大次降水量洮儿河察尔森站136.9mm,松花江南源伊通河翁克站143.6mm;④8月20—22日,暴雨分布在松花江南源上游和牡丹江流域,21日牡丹江全流域降水量均在100mm以上,四季通站1d降水量达154.5mm。前3次暴雨集中在7月下旬—8月上旬,分别形成嫩江和松花江南源洪水。

2. 水情

松花江流域出现全江性大洪水。7月下旬嫩江各支流先后开始涨水,8月初雅鲁河、绰尔河、洮儿河相继出现洪峰,8月9日干流江桥站洪峰流量6300m³/s(约15年一遇)。鉴于嫩江中下游河段比降平缓,洪水期间水面宽达10余km,河槽调蓄能力大,洪水传播速度缓慢,8月29日下游大赉站出现7790m³/s洪峰流量(20年一遇)。在此期间,松花江南源发生特大洪水,8月22日丰满水库最大入库流量16000m³/s(近100年一遇),最大下泄流量6000m³/s,进入松花江干流最大流量5900m³/s并与嫩江下游洪峰遭遇,同时拉林河也涨水。9月6日哈尔滨站水位上升到120.33m,实测最大流量12200m³/s。

3. 灾情

据统计,黑龙江全省受灾人口约370万人,农田受灾面积93万hm²,冲毁房屋22878间,死亡75人,粮食减产12亿kg,直接经济损失约2.4亿元。吉林省松花江南源流域受灾农田10.2万hm²,受灾人口36万人,死亡6人,冲毁房屋1980间。

(三)1958年黄河流域特大洪水

1958年7月中旬,黄河中下游发生近50年来最大洪水,干流河南省花园口站洪峰流量22300m³/s(约30年一遇)。洪水主要来自三门峡至花园口区间(简称三花间)。洪水峰高量大,下游东坝头以下约400km河段洪水位超过保证水位,东平湖水位与湖堤顶持平,黄河下游防洪形势严峻。

1. 雨情

1958年7月11—15日太平洋副热带高压中心经朝鲜半岛移向黄海南部,此时5810号台风在福建省沿海登陆,受其影响,7月14—18日黄河中游连降暴雨和局部大暴雨,次降水量和最大1d降水量均呈南北向带状分布。三花区间为本次降水的高值区,面平均最大1d降水量69.4mm,最大3d降水量119mm,最大5d降水量155mm(其中三花间干流198mm,伊洛河168mm,沁河94mm)。暴雨中心在三门峡至小浪底区间及伊洛河中下游,洛河支流涧水仁村站最大24h降水量达650mm(调查值),位于三门峡至小浪底区间的垣曲站最大24h降水量366.5mm,最大5d降水量498.6mm。

2. 水情

黄河干流小浪底站7月14日20时起涨,至17日10时出现最大洪峰流量17000m³/s(三门峡相应流量6000m³/s),伊洛河黑石关站于17日13时30分出现洪峰流量9450m³/s,沁河小董站相应洪峰流量1050m³/s,干流洪峰与伊洛河洪峰相遇,造成花园口站17日24时最大洪峰流量22300m³/s。

花园口以下,经河槽调蓄,流量沿程递减,19日4时洪峰到高村站,流量为17900m³/s,20日12时到达孙口站,流量为15900m³/s,经东平湖滞洪后,洪峰于21日22时到达江苏省艾山站,流量为12600m³/s,23日到达洛口站流量为11900m³/s。这次洪水,东平湖最大进湖流量9500m³/s,最大出湖流量8100m³/s,最高湖水位44.81m,超过湖堤顶高程0.1m,湖水位较滞洪前增高3.53m,最大蓄洪量9.5亿m³,超蓄水量2.5亿m³。由于东平湖滞洪使艾山站及其以下各站洪峰有较大削减,洪水顺利通过艾山以下窄深河道,保证了济南市和黄河两岸人民的安全。

花园口洪量的组成,由于主峰段峰形尖瘦,长时段洪量三门峡以上的来水占相当大的比重,在花园口站1d洪量中三门峡以上来水占35.3%,3d洪量中占45.5%,5d洪量中占49.9%,随着时段的增长,三门峡以上来水所占比重也随之增大。

3. 灾情

1958年洪水,黄河干流下游出现严重水情,河南省兰考县东坝头以下普遍漫滩,约有 400km 长的河段水位超过保证水位。超过保证水位历时 35～40h,出现不同程度的险情,对黄河下游防洪造成严重威胁。京广铁路桥被洪水冲垮两孔,交通中断14d,东平湖最高水位达 44.81m,个别堤段洪水位超过湖堤顶0.1m,经大力抢险才转危为安。洪水灾害主要限制在黄河大堤之间的滩区,据不完全统计,山东、河南两省的黄河滩区和东平湖湖区淹没村庄 1708 个,受灾74.08 万人,淹没耕地 20.3 万 hm²,倒塌房屋 30 万间。三花区间有关各县也遭受不同程度的水灾。

(四)1963 年 8 月海河流域特大洪水

1963 年 8 月上旬,海河流域南部地区发生了一场罕见的特大暴雨,暴雨中心河北省内丘县獐么村 7d 降水量达 2050mm,降水量之大为我国大陆 7d 累计降水量最高记录。这场大暴雨强度大、范围广、持续时间长,海河南系大清、子牙、南运等河都暴发特大洪水(简称"63·8"洪水)。8—9月总径流量达 332 亿 m³,部分中小型水库垮坝,京广铁路线 400 余 km 沿线桥涵、路基遭到严重破坏,豫北、冀南、冀中广大平原　片汪洋。经大力防洪抢险,保住了天津市和津浦线安全,但洪灾造成的损失仍然十分严重。

1. 雨情

这场大暴雨从 8 月 2 日开始,至 8 日结束,雨区主要分布在漳卫、子牙、大清河流域的太行山迎风山麓,呈南北向分布。7d 降水量超过 100mm 的笼罩面积达 15.3 万 km²,相应总降水量约 600 亿 m³。这场大暴雨的时空分布有 3 个特点:①大暴雨落区与流域分水岭配合紧密,暴雨 200mm 以上的笼罩范围 10.3万 km²,相应降水量 545 亿 m³,其中 90% 以上的雨区在南系三条河流12.7 万 km² 的流域之内,因此,造成流域汇流异常集中;②暴雨中心区所在的地面高程为 200～500m,所在的位置均在山区水库坝址以下,水库对洪水拦蓄调节作用有限;③暴雨期间,雨区位置自南逐渐向北移动,滏阳河和大清河两个暴雨中心出现的时间错开,据海河水利委员会分析,大清河水系越过京广铁路线(断面)最大洪峰流量出现的时间比滏阳河洪峰出现的时间滞后33h,而滏阳河洪水流程比大清河长,暴雨中心出现的时间差,增加了两河洪水遭遇的机会。

2. 水情

海河"63·8"洪水,主要发生在南系漳卫河、子牙河和大清河,北系洪水不大。南系三河流洪水情况如下。

（1）漳卫河。从8月2日开始涨水,各河大都出现3次洪峰,以8日洪峰流量最大。卫河在多处决口的情况下,北善村站洪峰流量1580m³/s。据推算漳河岳城入库洪峰流量7040m³/s,水库下泄流量3500m³/s。漳河南堤扒口5处分洪,洪水往东北侵入黑龙港地区。漳卫河称钩湾以上8—9月共来水82.86亿m³,其中67%水量通过四女寺、捷地、马厂三条减河入海,经九宣闸下泄入天津市的水量不足1亿m³,使南运河洪水对天津市威胁大为减轻。但北岸决口有12.96亿m³水量从黑龙港入贾口洼,却增加了天津市外围的水势。

（2）子牙河。支流滏阳河位于大暴雨中心区,洪水峰高量大。8月2日各河开始涨水,4日、6日出现两次洪峰。东川口、马河、佐村三座中型水库被冲毁,泜河乱木水库扒口,小型水库被冲毁的数量更多。京广铁路线以东滏阳河干支流堤防溃决数百处,平地行洪,永年洼、大陆泽、宁晋泊连成一片。宁晋县城墙顶距水面仅1m。洪水在邢家湾一带以宽10余km的洪流顺滏阳河向东北奔向衡水市之千顷洼,石德铁路漫水段达20km,据估算,衡水站8月12日最大流量达14500m³/s,最高水位24.42m,高出附近堤顶1m多。滏阳河下游右岸洪水进入黑龙港地区,左岸洪水进入滹沱河泛区,与滹沱河洪水汇合。

（3）大清河。横山岭、口头、王快、西大洋、龙门五座大型水库及红领巾、刘家台、大牟山等中型水库,8月8日前后出现最高库水位,大部分水库相继溢洪,界河上游刘家台水库（集水面积174km²)8日凌晨溃坝,调查估算最大流量约17000m³/s。尚有小型水库如陈侯、魏村、塔坡等被冲毁。各水库以下到京广铁路一带地区的区间来水很大,加上刘家台等中小型水库溃坝后的洪峰,京广铁路线西侧大部分平原地区成为一片泽国,保定市部分地区水深达1～3m。洪水横越铁路以后,向东泄入白洋淀,白洋淀水位9日下午开始陡涨,14日十方院站最高水位11.58m,相应蓄水量41.72亿m³。

拒马河张坊站8日出现9920m³/s的洪峰流量,中易水安各庄水库8日推算得最大入库流量6350m³/s,最大下泄量仅499m³/s,削峰92%。易水与南拒马河汇合后的北河店站,8日出现4770m³/s的洪峰流量,北河店以下至原白沟镇站之间,沿途发生溃决漫溢。南拒马河与白沟河汇流后的白沟站,7日即开始向新盖房分洪道分洪,9日出现最大洪峰流量3540m³/s,白沟镇下泄水量直接进入东淀。

滏阳河、大清河位于两个暴雨中心区,洪水很大,京广铁路线以西各河已是浑然一片。洪水越过京广铁路进入平原地区的洪峰流量。据估算,8 月 7 日 3 时子牙河最大流量 40200m³/s,大清河 8 日 12 时最大流量 31000m³/s。

3. 灾情

据统计,海河全流域受灾农田达 486 万 hm²,成灾 401 万 hm²;受灾人口 2200 余万人,房屋倒塌 1265 万间,约 1000 万人失去住所,5030 人死亡;水利工程遭到严重破坏,有 5 座中型水库、330 座小型水库被冲垮,62% 的灌溉工程、90% 排涝工程被冲毁,大清河、子牙河、漳卫河、南运河干流堤防决口 2396 处,滏阳河全长 350km 全线漫溢,溃不成堤;铁路、公路破坏也很严重。

京广、石太、石德、津浦铁路及支线铁路冲毁 822 处,累计长度 116.4km,干支线中断行车总计 372d,京广铁路 27d 不能通车。这次洪水造成直接经济损失 60 亿元。

(五)1975 年淮河上游特大洪水

1975 年 8 月上旬,淮河上游山丘区发生罕见特大暴雨(简称"75·8"暴雨),暴雨中心河南省泌阳县林庄最大 6h 降水量 830.1mm,成为世界相同历时最大降水量记录。淮河流域洪汝河、沙颍河下游造成极为严重的洪灾。

1. 雨情

7 月雨量偏少,8 月 4 日 7503 号台风在福建省晋江市登陆后,并不迅速消失,而向西北方向深入内陆,并在河南省境内停滞较长时间,造成持续大暴雨。除受台风影响外,还有其他天气系统的作用,主要是低层偏东急流和西风槽,使降水明显扩大和加强。在"75·8"暴雨到来之前,河南省各地尚在紧张抗旱,至 8 月 4—8 日,出现连续 5d 大暴雨,暴雨区主要位于河南省许昌、驻马店、南阳地区的山丘区,暴雨中心林庄 24h、3d、5d 最大降水量分别为 1060.3mm、1605.3mm、1631.1mm。这场暴雨连续 5d 降水量超过 200mm 的笼罩面积为 4.38 万 km²,相应面积总降水量 201 亿 m³。"75·8"暴雨之所以造成严重灾害,主要是暴雨中心强度特别大。

2. 水情

洪水主要发生在淮河支流洪汝河、沙河和汉江支流唐白河的左岸支流唐河。与之毗邻的流域洪水都不大,如淮河干流淮滨站最大流量 4230m³/s;颍河李家湾站最大流量 1140m³/s;北汝河襄城站最大流量 3000m³/s。暴雨中心区洪水量级极大,洪汝河上游一条小支沟石河祖师庙河段,集水面积 71.2km²,据调查测算最大流量2470m³/s;汝河板桥水库以上集水面积768km²,据调查,最大入库洪水高达13000m³/s,接近同等面积世界最大流量记录。

位于暴雨中心区的两座大型水库汝河板桥水库和洪河石漫滩水库,均于8日凌晨失事。板桥水库溃坝最大流量78800m³/s,6h泄洪量7.01亿m³,溃坝洪水进入河道以后,以平均约6m/s的流速冲向下游,至遂平县附近水面宽展至10km,过遂平县以后,一部分洪水进入宿鸭湖水库,另一部分洪水沿洪河、汝河漫流而下。石漫滩水库最大溃坝流量约30000m³/s,5.5h水库泄空,泄洪量1.67亿m³,下游田岗水库(中型)也随之溃坝,洪河左堤和右堤均漫溢决口(简称漫决),左堤漫决洪水向东进入老王坡滞洪区,右堤漫决洪水沿洪汝河下游平原漫流而下。老王坡、泥河洼先后漫决,沙颍河、洪汝河堤防普遍漫决,洪水相互窜流,造成大面积洪泛区,泛区面积达12000km²。

"75·8"暴雨洪水集中在洪汝河、沙颍河两水系,淮河干流洪水不大,上游淮滨站洪峰流量4230m³/s,正阳关(鲁台子)最大流量7990m³/s(约10年一遇)。8月8日—9月15日正阳关下泄总量146.37亿m³(包括7504号台风降水造成的洪水量)。"75·8"暴雨产水量约129亿m³,其中洪汝河(班台站以上)来水量57亿m³,沙颍河(阜阳站以上)来水量56亿m³,淮河干流淮滨站以上来水量15亿m³,区间约1亿m³。蚌埠以上蒙洼、城东湖蓄滞洪区和南润段,润赵段,赵庙段,唐垛湖,姜家湖,便峡段,上、下六方堤,石姚段,幸福堤,荆山湖等11个行洪区在8月15—22日相继蓄洪、行洪,蚌埠站(吴家渡)在上游行蓄洪区运用的情况下最高水位21.06m(8月25日),最大流量6900m³/s,为不到10年一遇的常遇洪水。蚌埠以下沿淮行洪区都未使用,洪水传至洪泽湖时影响已不明显。

3. 灾情

这次特大暴雨洪水,虽然是局部性的,但受灾区域内灾情非常严重。河南省有29个县市受灾,受灾人口1100万人,560万间房屋被冲毁,淹死26000余人。洪灾主要集中在许昌、驻马店和南阳三个地区。遂平、西平、汝南、平舆、新蔡、漯河、项城、临泉等县市灾情最重,城内平地水深2～4m,工厂停产,建筑设施被毁;农田受灾面积113余万hm²,其中有73万hm²农田灾情极重,有的失去耕种条件;水利工程遭到严重破坏,两座大型水库、两座中型水库、两个滞洪区和58座小型水库被冲毁,堤防决口2180处,漫决总长度810km。京广铁路冲毁 102km,中断行车 18d,影响运输 48d。这场水灾直接经济损失约 100 亿元。

(六)1998 年长江、松花江大洪水

1998 年我国气候异常,降水明显偏多,强降水过程多、范围广、强度大,长江、松花江、珠江、闽江等主要江河发生了大洪水。长江洪水仅次于 1954 年,为 20 世纪第二位全流域性大洪水;松花江洪水为 20 世纪第一位大洪水;珠江流域的西江洪水为 20 世纪第二位大洪水;闽江洪水为 20 世纪最大洪水。1998 年洪水,是罕见的全国范围的大洪水,洪水持续之间之长,洪峰水位之高均为历史罕见,灾难对流域范围居民的生命财产都产生了巨大威胁。

1. 雨情

1998 年我国气候异常,主要因素是 1997—1998 年超强厄尔尼诺事件,高原积雪偏多,西太平洋副热带高压异常偏强、偏南、偏西,亚洲中纬度环流异常,阻塞高压活动频繁等。

主汛期,长江流域降水频繁、强度大、覆盖范围广、持续时间长;松花江流域雨季提前,降水量明显偏多。1998 年 6—8 月长江流域面平均降水量 670mm,比多年同期平均值多 183mm,偏多 37.5%,仅比 1954 年同期少 36mm,为 20 世纪第二位。

(1)长江流域。6 月 12—27 日,江南北部和华南西部出现了入汛以来第一次大范围持续性强降水过程,总降水量达 250～500mm,部分地区比常年同期偏多 90%～200%;6 月 28 日—7 月 20 日,降水主要集中在长江上游、汉江上游,降水强度相对较弱;7 月 21—31 日,降水主要集中在江南北部和长江中游地区,降水量一般为 90～300mm,部分地区比常年同期偏多 1～5 倍;8 月 1—27 日,降水主要在长江上游、清江、澧水、汉江流域,其中嘉陵江、三峡区间和清江、汉江流域的降水量比常年同期偏多 70%～200%。

(2)松花江流域。松花江上游的嫩江流域,6 月上旬至下旬出现持续性降水过程,部分地区降了暴雨。7 月上旬降水仍然偏多,下旬又出现持续性强降水过程。8 月上中旬再次出现强降水过程,大部分地区出现了大暴雨,局部地区半个月的降水量接近常年全年的降水量。嫩江流域 6—8 月面平均降水量 577mm,比多年同期平均值多 255mm,偏多 79.2%。松花江干流地区 6—8 月面平均降水量 492mm,比多年同期平均值多 103mm,偏多 26.5%。

2. 水情

1）长江洪水

1998 年汛期,长江上游先后出现 8 次洪峰并与中下游洪水遭遇,形成了流域性大洪水。

6 月 12—27 日,受暴雨影响,鄱阳湖水系暴发洪水,抚河、信江、昌江水位先后超过历史最高水位;洞庭湖水系的资水、沅江和湘江也发生了洪水。两湖洪水汇入长江,致使长江中下游干流监利以下水位迅速上涨,从 6 月 24 日起相继超警戒水位。

6 月 28 日—7 月 20 日,主要雨区移至长江上游。7 月 2 日宜昌站出现第一次洪峰,流量为 54500m³/s。监利、武穴、九江等站水位于 7 月 4 日超过历史最高水位。7 月 18 日宜昌站出现第二次洪峰,流量为 55900m³/s。在此期间,由于洞庭湖水系和鄱阳湖水系的来水不大,长江中下游干流水位一度回落。7 月 21—31 日,长江中游地区再度出现大范围强降水过程。7 月 21—23 日,湖北省武汉市及其周边地区连降特大暴雨;7 月 24 日,洞庭湖水系的沅江和澧水发生大洪水,其中澧水石门站洪峰流量 19900m³/s,为 20 世纪第二位大洪水。与此同时,鄱阳湖水系的信江、乐安河也发生大洪水;7 月 24 日宜昌站出现第三次洪峰,流量 51700m³/s。长江中下游水位迅速回涨,7 月 26 日之后,石首、监利、莲花塘、螺山、城陵矶、湖口等站水位再次超过历史最高水位。

8 月,长江中下游及两湖地区水位居高不下,长江上游又接连出现 5 次洪峰,其中 8 月 7—17 日的 10d 内,连续出现 3 次洪峰,致使中游水位不断升高。8 月 7 日宜昌站出现第四次洪峰,流量 63200m³/s。8 月 8 日 4 时沙市站水位达到 44.95m,超过 1954 年分洪水位 0.28m。8 月 16 日宜昌站出现第六次洪峰,流量 63300m³/s,为 1998 年的最大洪峰。这次洪峰在向中下游推进过程中,与清江、洞庭湖以及汉江的洪水遭遇,中游各水文站于 8 月中旬相继达到最高水位。干流沙市、监利、莲花塘、螺山等站洪峰水位分别为 45.22、38.31、35.80 和 34.95m,分别超过历史实测最高水位 0.55、1.25、0.79 和 0.77m;汉口站 20 日出现了 1998 年最高水位 29.43m,为历史实测记录的第二位,比 1954 年水位仅低 0.30m。随后宜昌站出现的第七次和第八次洪峰均小于第六次洪峰。

2）松花江洪水

1998 年入汛之后,松花江上游嫩江流域降水量明显偏多,先后发生了 3 次大洪水。第一次洪水发生在 6 月底—7 月初,洪水主要来自嫩江上游及支流甘河、诺敏河。第二次洪水发生在 7 月底—8 月初,洪水以嫩江中下游来水为主,支流诺敏河、阿伦河、雅鲁河、绰尔河、洮儿河发生了大洪水。第三次洪水发生在 8 月上中旬,为嫩江全流域性大洪水。支流诺敏河古城子站、雅鲁河碾子山站、洮儿河洮南站水位均超过历史记录,洪水重现期为 100~1000 年。受各支流来水影响,嫩江干流水位迅速上涨,同盟、齐齐哈尔、江桥和大赉各站最高水位分别为 170.69、149.30、142.37 和 131.47m,分别超过历史实测最高水位 0.25、0.69、1.61 和 1.27m。在嫩江堤防 6 处漫堤决口的情况下,齐齐哈尔、江桥、大赉三站的洪峰流量都超过了 1932 年。

松花江干流哈尔滨站 8 月 22 日出现最高水位 120.89m,超过历史实测最高水位 0.84m,流量 16600m³/s,洪水重现期约为 150 年,大于 1932 年(还原洪峰流量 16200m³/s)和 1957 年(还原洪峰流量 14800m³/s)洪水,为 20 世纪第一位大洪水。

3. 灾情

1998 年洪水大、影响范围广、持续时间长,洪涝灾害严重。在党和政府的领导下,广大军民奋勇抗洪,中华人民共和国成立以来建设的水利工程发挥了巨大作用,大大减少了灾害造成的损失。全国共有 29 个省(自治区、直辖市)遭受了不同程度的洪涝灾害。据统计,洪涝受灾面积 2229 万 hm²,成灾面积 1378 万 hm²,死亡 4150 人,倒塌房屋 685 万间,直接经济损失 2551 亿元。江西、湖南、湖北、黑龙江、内蒙古、吉林等省(自治区)受灾最重。其中长江中下游的湖南、湖北、江西、安徽、江苏五省有 8411 万人受灾,农作物成灾 653 万 hm²(按行政区划统计),倒塌房屋 329 万间,死亡 1562 人,直接经济损失 1345 亿元。

(七)2003 年淮河流域性大洪水

2003 年 6 月中旬—7 月上旬,淮河流域出现大面积、高强度、长历时的降水,淮河发生中华人民共和国成立以来仅次于 1954 年的流域性大洪水,淮河中下游地区遭受了严重的洪涝灾害。

1. 雨情

2003 年夏季西北太平洋副热带高压异常偏强,并持续控制江南、华南的大部分地区。与此同时,西南暖湿气流强盛,冷暖空气在江淮和黄淮地区交汇,使得淮河流域出现了 1954 年以来的最大降水。

2003年6月20日—7月21日,淮河流域降水异常偏多,共发生6次降水过程,累计面平均降水量398mm,大部地区较常年同期偏多50%~20%。其中,淮河水系面平均降水量487mm,比常年同期偏多约120%;沂沭泗水系面平均降水量368mm,比常年同期偏多约80%。

6月29日—7月5日,淮河流域主要雨区分布在淮滨到洪泽湖的沿淮、淮北各支流中下游和里下河地区,次降水量均在200mm以上,其中沙颍河、涡河中下游地区和洪泽湖北部诸支流下游、高邮湖地区达300mm以上,局地超过500mm,其中暴雨中心颍河太和站次降水量为546mm。

7月8—12日,淮河流域主要雨区在大别山区、中游沿淮和高邮湖地区,次降水量均在200mm以上,大别山区超过300mm,暴雨中心大别山区前畈站次降水量为416mm。

7月19—21日,淮河流域主要雨区在桐柏山区、大别山区、淮河上游、洪汝河、沙颍河中下游、灌溉总渠以北地区、新沂河以南地区,次降水量在100mm以上,其中暴雨中心汝南埠站次降水量为255mm。

2. 水情

2003年6月下旬—7月下旬,淮河大小支流均发生多次洪水,干流出现3次大的洪水过程。淮河干流水位全线超警戒水位,王家坝至蚌埠河段最高水位超警戒水位1.38~3.35m,超警时间25~33d;王家坝至鲁台子河段最高水位超过保证水位0.30~0.55m,超保时间3~9d;润河集至洪泽湖河段最高水位超过1991年最高水位0.04~0.57m,其中正阳关至淮南河段水位超过历史最高水位0.25~0.51m。淮河干流王家坝以下河段最大流量全线超过1991年最大流量。

6月底—7月上旬,淮河发生第一次洪水过程,干流全线超警戒水位0.13~3.02m。王家坝至鲁台子河段水位超过保证水位0.05~0.41m,正阳关至吴家渡河段水位超过1991年最高水位0.03~0.57m,其中正阳关水位平历史最高水位、鲁台子至淮南河段水位超过历史最高水位0.31~0.35m。淮河干流王家坝以下河段洪峰流量全线超过1991年最大流量。

7月中旬,淮河发生了第二次洪水过程,为这年最大洪水。这次过程淮河干流息县以下河段全线超警戒水位0.55~3.35m,润河集至鲁台子河段水位超过保证水位0.30~0.55m,润河集至淮南河段及洪泽湖水位超过1991年最高水位0.04~0.51m,其中正阳关至淮南河段水位超过历史最高水位0.15~

0.51m。润河集、正阳关、鲁台子、洪泽湖出现这年最高水位。淮河干流润河集至鲁台子河段洪峰流量均超过 1991 年最大流量。

7 月下旬洪水为第三次过程。这次洪水淮河干流息县至鲁台子河段水位超过警戒水位 0.16～2.36m，但均低于保证水位。王家坝至鲁台子河段洪峰水位明显小于第一、第二次洪水。由于受怀洪新河分洪影响，蚌埠河段洪水提前下泄，淮河干流淮南以下河段没有出现明显的洪峰。

3. 灾情

2003 年淮河洪水给河南、安徽、江苏沿淮三省造成洪涝受灾面积 384.67 万 km²，其中成灾 259.13 万 km²，绝收 112.93 万 km²，受灾人口 3730 万人，因灾死亡 29 人，倒塌房屋 77 万间，直接经济损失 286 亿元。灾情主要分布在淮河滩区、行蓄洪区、淮北各支流中下游地区，淮南部分支流中下游地区和里下河地区。

（八）2005 年珠江流域性特大洪水

2005 年 6 月中下旬，珠江流域出现大范围持续性暴雨天气，局部地区出现高强度特大暴雨，不仅造成局部地区山洪暴发，而且导致大江大河水位持续上涨。西江中下游发生了超 100 年一遇特大洪水，北江出现约 10 年一遇的洪水，东江发生近 20 年来最大的一次洪水。西、北江洪水进入珠江三角洲，恰逢 19 年来最大天文大潮，珠江三角洲也发生了特大洪水，暴雨洪水造成了严重的洪涝灾害。

1. 雨情

6 月 9—25 日，受低涡、高空槽、地面静止峰、西南季风等天气系统的影响，暖湿气流和冷空气一直在珠江流域范围内活动，造成持续暴雨。自 6 月 17 日起暖湿空气和冷空气活动逐渐加强，珠江流域降水范围、暴雨强度不断增大；22 日以后，随着副高南压东撤，冷空气强度减弱，广西、广东两省（自治区）降水强度陆续减弱，至 6 月 25 日这次暴雨过程基本结束。

整个降水过程，珠江流域面平均降水量为 233.2mm，最大点降水量东江龙门站 1442mm，西江面平均降水量约 198.4mm，暴雨中小位于象州县一带，降水量达到 400～500mm。北江面平均降水量约 267.4mm，暴雨中心位于韶关至清远。东江面平均降水量约 479.2mm，暴雨中心位于东江中游惠州龙门至河源一带，降水量达到 600～800mm，是这次流域降水最大的暴雨中心。珠江三角洲面平均降水量约 323.7mm。

2. 水情

2005年6月,珠江流域发生大洪水,西江中下游发生特大洪水,部分干支流发生超历史记录洪水;西江上游、北江、东江干流及沿海诸河发生一般洪水,其中西江支流郁江贵港水文站以上、北流河,广东西部及广西东部沿海诸河各主要控制站汛期最高水位均在警戒水位以下。

西江中下游干流发生特大洪水。西江干流武宣水文站(广西壮族自治区武宣县)6月22日10时洪峰水位为62.85m,超警戒水位(55.00m)7.85m,洪峰流量为39700m³/s。大湟江口水文站(广西壮族自治区桂平市)6月23日5时洪峰水位为37.54m,超警戒水位(29.00m)8.54m,列1951年建站以来第一位(历史最高水位:37.52m,1994年),洪峰流量为42400m³/s。梧州水文站6月23日10时洪峰水位为26.75m,超警戒水位(17.30m)9.45m,超保证水位(25.50m)1.25m,为1900年建站以来超过1998年、仅次于1915年的历史实测第二位特大洪水,洪峰流量为53900m³/s。高要水文站6月24日6时洪峰水位为12.68m,超警戒水位(10.00m)2.68m,列1931年建站以来第四位,洪峰流量为56300m³/s,列1931年建站以来第一位(历史最大流量:52600m³/s,1998年)。

北江发生近10年一遇洪水。北江干流清远水位站(广东省清远市)6月24日9时洪峰水位为14.18m,超警戒水位(12.00m)2.18m;石角水文站(广东省清远市)6月24日12时洪峰水位为12.42m,超警戒水位(11.00m)1.42m,洪峰流量为13500m³/s。

东江发生近20年来最大的一次洪水,上游支流利江和新丰江发生超历史记录洪水。利江新源水位站(广东省和平县)6月23日21时洪峰水位为85.31m,列1976年建站以来第一位(历史最高水位:84.56m,1983年);新丰江顺天水文站(广东省河源市)23日15时40分洪峰水位为117.78m,列1957年建站以来第一位(历史最高水位:117.33m,1974年)。东江干流博罗水文站6月23日10洪峰水位为9.85m,超警戒水位(8.50m)1.35m,洪峰流量为7790m³/s,列历史实测第四位(历史最大流量:12800m³/s,1959年)。

西江、北江洪水进入珠江三角洲后,恰逢天文大潮,造成珠江三角洲发生特大洪水。西江水道马口水文站(广东省佛山市三水区)6月24日17时洪峰水位为8.97m,超警戒水位(7.50m)1.47m,列1915年建站以来第八位,洪峰流量为

52100m³/s,列 1915 年建站以来第一位(历史最大流量:47000m³/s,1994 年)。西海水道天河水文站(广东省江门市)24 日 15 时 30 分洪峰水位为 6.11m,超警戒水位(3.80m)2.31m,列历史实测第二位(历史最高水位:6.19m,1994 年),洪峰流量为 22900m³/s。北江水道三水水文站(广东省佛山市三水区)24 日 17 时洪峰水位为 9.20m,超警戒水位(7.50m)1.70m,列 1946 年建站以来第六位,洪峰流量为 16400m³/s,列 1946 年建站以来第一位(历史最大流量:16200m³/s,1994 年)。西江、北江洪水汇入珠江三角洲后,与天文大潮遭遇,致使容奇水道、西海水道、磨刀门水道、小榄水道、陈村水道部分测站超过历史最高潮位 0.01~0.21m。

3.灾情

本次暴雨过程造成珠江流域局部地区山洪暴发,洪水迅速暴涨,西江、北江、东江流域遭受严重的洪涝灾害。初步统计,本次洪水共造成广东、广西两省(自治区)163 个县(市、区)1513 乡镇 1262.782 万人受灾,受淹城市 18 个,倒塌房屋 24.8438 万间,因灾死亡 131 人,农作物受灾面积 05.5819 万 km²,成灾面积 40.8619 万 km²,造成直接经济损失 135.95 亿元。

(九)2013 年黑龙江流域性大洪水

2013 年汛期受连续、大范围降水影响,黑龙江流域发生了 1984 年以来最大的流域性洪水,黑龙江干流及主要支流额尔古纳河、结雅河、布列亚河、松花江同时发生洪水。黑龙江干流同江至抚远江段发生了 1897 年以来第一位特大洪水,重现期超 100 年。洪水发生范围之广、量级之高、持续时间之长,为历史所罕见,局部地区发生严重的洪涝灾害。

1.雨情

2013 年 6—8 月,受西风带阻塞及冷涡活动频繁影响,我国东北地区一直维持阴雨天气,黑龙江和松花江流域累计降水量较常年偏多 30%~40%,分别列 1961 年以来第一位和第二位。

6—8 月,东北地区出现了 5 次明显的降水过程,分别发生在 6 月 26 日—7 月 4 日、7 月 15—16 日、7 月 27—30 日、8 月 12 日和 8 月 14—16 日。6 月 26 日—7 月 4 日,松花江流域累计面平均降水量 97mm,其中松花江南源 129mm、松花江干流 117mm、嫩江 78mm;黑龙江流域累计面平均降水量 35mm;大于 100、50mm 暴雨笼罩面积分别为 25、54 万 km²,累计最大点降水量为吉林省安图县天池326mm。7月15—16日,松花江流域累计面平均降水量32mm,其中松花江南源39mm、嫩江36mm、松花江干流23mm;黑龙江流域累计面平均降水量18mm;大于50mm暴雨笼罩面积为7万km²,累计最大点降水量为吉林省柳河县向阳镇140mm。

7月27—30日,黑龙江流域累计面平均降水量27mm,其中黑龙江干流32mm、额尔古纳河28mm;松花江流域累计面平均降水量27mm,其中嫩江31mm、松花江南源26mm、松花江干流23mm;大于100、50mm暴雨笼罩面积分别为1万、10万km²,累计最大点降水量为内蒙古自治区根河市178mm。

8月12日,松花江流域累计面平均降水量16mm,其中松花江干流24mm;黑龙江流域累计面平均降水量9mm,其中黑龙江干流14mm;大于50mm暴雨笼罩面积为3万km²,累计最大点降水量为黑龙江省海伦市边井村163mm。

8月14—16日,松花江流域累计面平均降水量26mm,主要雨区位于松花江南源;辽河流域发生了一次大到暴雨降水过程,累计面平均降水量55mm,其中浑太河100mm、鸭绿江89mm、辽东半岛57mm、辽河51mm;大于100、50mm暴雨笼罩面积分别为9万、20万km²,累计最大点降水量辽宁省清原满族自治县北口前村457mm、吉林省桦甸市白山镇279mm。16日辽宁省清原满族自治县发生了局地强降水,北口前村站1d降水量达426mm,6h降水量达211mm。

2. 水情

受持续降水影响,黑龙江、嫩江、松花江和乌苏里江洪水齐发,造成黑龙江发生了流域性大洪水,共有39条河流发生超警戒水位洪水,超警河段长3000多km,其中黑龙江下游洪水超100年一遇,嫩江上游洪水超50年一遇,松花江南源上游洪水超20年一遇。嫩江、松花江、黑龙江干流全线超警戒水位,最大超警幅度0.72～3.88m,超警历时17～46d,其中黑龙江干流嘉荫至抚远江段超过历史最高水位0.28～1.55m。此外,受局部强降水影响,辽河发生了超警戒水位洪水,浑河上游发生了超50年一遇的特大洪水。

(1)嫩江洪水。受持续降水影响,嫩江上中游支流科洛河、甘河及讷谟尔河发生超警戒水位洪水,嫩江干流全线超警戒水位,最大超警幅度0.72～1.76m,出现了松花江2013年第一、二号洪水,超警历时19～30d。中游控制站江桥水文站(黑龙江省泰来县)8月17日3时24分洪峰水位141.46m,超过保证水位(141.40m)0.06m,相应流量8300m³/s,超警历时30d。

（2）松花江南源洪水。受 8 月 14—16 日强降水影响,松花江南源上游发生了大洪水,出现松花江 2013 年第三号洪水。经水库拦洪调蓄后,松花江南源下游仅发生低于警戒水位的涨水过程。中游控制站丰满水库(吉林省吉林市丰满区)8 月 17 日 2 时最大入库流量 10700m³/s,24 日 20 时最大出库流量 2160 m³/s,22 日 8 时出现本年度最高库水位 262.91m,低于汛限水位(263.50m)。

（3）松花江洪水。受上游干支流来水影响,松花江干流出现 2013 年第四、五号洪水,干流全线超警戒水位,最大超警幅度 0.76~1.44m,超警历时 17~44d。哈尔滨站(黑龙江省哈尔滨市)8 月 26 日 9 时 50 分洪峰水位 119.49m,超警戒水位 1.39m,相应流量 10200m³/s,为松花江 2013 年第五号洪水,超警历时 21d。

（4）黑龙江洪水。受上游干支流、俄罗斯境内结雅河和布列亚河以及松花江来水影响,黑龙江干流全线超警戒水位,其中嘉荫至抚远江段超过历史最高水位 0.28~1.55m,干流超警历时 24~46d。黑龙江干流下游控制站抚远站(黑龙江同江)9 月 2 日 0 时洪峰水位 89.88m,超过保证水位(88.00m)1.88m,水位列 1951 年建站以来第 1 位(历史最高水位 88.33m,1984 年 8 月),超警历时 46d。

3. 灾情

8 月 16 日、22 日和 23 日,黑龙江干流二九〇农场堤段、萝北县柴宝段、同江市八岔乡堤段先后决口。全省有 126 县(市、区)916 乡(镇、场)受灾,受灾人口 541.59 万人,因灾死亡 7 人,农作物受灾面积 265.40 万 hm²,倒塌房屋 7.40 万间,直接经济损失 327.47 亿元。8 月 15—17 日,辽宁省北部、吉林省中东部降大到暴雨,局部地区降特大暴雨,辽宁、吉林两省 15 市 69 县(市、区)受灾,受灾人口 198.86 万人,因灾死亡 88 人、失踪 94 人,农作物受灾面积31.55 万 hm²,倒塌房屋 1.27 万间,直接经济损失 112.79 亿元。

（十）2016 年长江、太湖、海河大洪水

2016 年,受超强厄尔尼诺和拉尼娜现象的共同影响,我国入汛时间早、降水过程多,洪水范围广、量级大,强台风登陆多、影响重,全国遭遇了 1998 年以来最大洪水。汛期,全国七大流域均发生了不同程度的洪水。长江流域发生 1998 年以来最大洪水,中下游干流及洞庭湖、鄱阳湖全线超警戒水位,湖北、安徽两省 10 个湖泊水位超过或接近历史最高;太湖发生流域性特大洪水,太湖出现仅

低于 1999 年的历史第二高水位;海河流域发生 1996 年以来最大洪水;珠江流域西江和淮河发生超警戒水位洪水;黄河中游发生两次接近警戒流量的洪水;辽河上游东辽河发生超 20 年一遇大洪水。

1. 雨情

2016 年全国平均降水量 720mm,较常年偏多 16%,为 1951 年以来最多;共有 188 个县市累计降水量突破历史极值。全国共出现 51 次强降水过程,长江中下游及太湖流域梅雨期降水量均较常年偏多 70%,分列 1961 年以来同期第二、三位。湖北省荆门市罗家集最大日降水量 681mm,河北省临城县上围寺村最大日降水量 655mm。

(1)长江流域。6 月下旬—7 月下旬,长江流域共发生 5 次强降水过程,其中 6 月 30 日—7 月 4 日为这年最强降水过程,6 月 30 日—7 月 4 日,长江中下游地区降大到暴雨、局部大暴雨,累计降水量大于 250、100、50mm 的笼罩面积分别达 17 万、58 万、118 万 km²;各省(区、市)累计降水量,其中安徽省 207mm、江苏省 157mm、湖北省 157mm、湖南省 123mm、江西省 76mm,累计最大点降水量为湖北省红安县天台山 803mm、安徽省安庆市牯牛背山 591mm、湖南省益阳市鱼形山 472mm。

(2)太湖流域。5 月 1 日—6 月 19 日入梅,太湖流域面降水量 343mm,较常年偏多 76%,列 1961 年以来历史第二位;梅雨期太湖流域面降水量 412.0mm,较常年偏多 70%,列 1954 年以来第六位。

(3)海河流域。受黄淮气旋北移和副热带高压的共同影响,海河流域 7 月 18—21 日自西南向东北出现 1996 年以来范围最广、强度最大的全流域降水过程。海河流域累积面平均降水量 140mm,大于 250、100mm 降水的笼罩面积分别达 2.1 万、22.1 万 km²,均大于"96·8"暴雨笼罩面积,其中大于 100mm 的暴雨笼罩面积约占海河流域总面积的 70%,最大过程点降水量为河北省磁县陶泉乡 771mm,超过"96·8"最大值(河北省井陉县吴家窑村 670mm)。最大 1h 降水量为河北省阜平县塔沟水库 177mm,最大 24h 降水量为河北省临城县上围寺村 655mm,均突破当地历史极值。

2. 水情

2016 年,我国 3 月 21 日入汛,较常年(4 月 1 日)偏早 11d。全国 29 个省份共有 473 条河流超警戒水位,118 条河流超保证水位,51 条河流超历史记录。

长江、淮河、西江等大江大河,闽江、信江、湘江、北江、柳江、乌江等 40 条主要江河,塔里木河、黑河等西北内陆河以及乌苏里江、图们江等东北界河均发生了较大洪水。超警戒水位河流数量之多、覆盖范围之广均为 1998 年以来之最。

(1)长江流域。发生 1998 年以来最大洪水,中下游干流及两湖全面超警戒水位。7 月 1 日长江发生第一号洪水,三峡水库出现 50000m³/s 入库洪峰流量;7 月 3 日长江发生第二号洪水,中下游干流及洞庭湖、鄱阳湖水位全线超警戒水位,超警幅度 0.76～1.97m,洪峰水位列历史第 4～10 位,超警河段长达 1.1 万 km,超警历时 12～29d;全流域共有 176 条河流发生超警戒水位洪水,其中 48 条河流超保证水位,31 条河流超历史,湖北、安徽 10 个湖泊水位超过或接近历史最高。

(2)太湖流域。发生流域性特大洪水,太湖出现历史第二高水位。入梅前,太湖水位分别于 6 月 3 日和 12 日两度超警戒水位。进入梅雨期,太湖水位持续上涨,6 月 30 日水位第三次超警戒水位,7 月 8 日最高水位达 4.87m,列 1954 年有实测资料以来第二位,仅低于 1999 年的历史最高水位(4.97m)0.10m,累计超警 61d,超警历时为 1999 年以来最长。太湖周边河网一度有 59 站水位超警戒水位,其中 28 站水位超保证水位,江苏常州、苏州、无锡等地 15 站水位超历史最高。另外,10 月先后受台风登陆和冷空气影响,太湖水位又两度发生超警戒水位洪水,超警幅度 0.08～0.32m。

(3)海河流域。海河南系漳卫河、子牙河发生了 1996 年以来最大洪水,北系北运河发生较大洪水。漳河岳城水库入库站观台水文站 7 月 19 日 19 时洪峰流量 5200m³/s,列 1952 年有实测资料以来第四位(历史最大入库流量:9200m³/s,1956 年),重现期 10 年;子牙河系滹沱河黄壁庄水库 7 月 20 日 7 时最大入库流量 8800m³/s,列 1960 年有实测资料以来第三位(历史最大流量:13610m³/s,1996 年),重现期 30 年。另外,河南省卫河支流安阳河、河北省滏阳河支流牤牛河等 6 条中小河流发生了超历史记录或超保证水位洪水。

3. 灾情

全国 31 省(自治区、直辖市)和新疆生产建设兵团均遭受不同程度洪涝灾害,部分地区暴雨山洪、城市内涝灾害严重。因洪涝受灾人口 1.02 亿人,死亡 684 人,失踪 207 人,紧急转移人口 1460 万人,倒塌房屋 43 万间,受淹城市 192 座,直接经济损失 3661 亿元。

第三节　江河流域防洪工程体系与重大措施

一、概述

我国的防洪从全局来说，主要以长江、黄河、淮河、海河、珠江、松花江和辽河的中下游和太湖流域及沿海诸河的防洪为重点。这些地区人口密集，经济发达，在政治、经济、文化等方面占有重要地位。

中华人民共和国成立以来，我国开展了大规模的水利建设，按照"蓄泄兼筹"和"兴利除害相结合"的方针，对长江、黄河等大江大河进行了大规模的治理。1998年大水以来，随着我国综合国力不断增强，中央水利投入大幅度增加，在整修加固原有防洪工程、改造扩建灌溉工程的同时，兴建了一大批防汛抗旱减灾骨干工程。目前，我国大江大河主要河段已基本具备了防御中华人民共和国成立以来最大洪水的能力，中小河流具备防御一般洪水的能力，重点海堤设防标准提高到50年一遇。

二、堤防工程

堤防是世界上最早广为采用的一种重要防洪工程。筑堤是防御洪水泛滥，保护居民和工农业生产的主要措施。河堤约束洪水后，将洪水限制在行洪道内，使同等流量的水深增加，行洪流速增大，有利于泄洪排沙。堤防还可以抵挡风浪及抗御海潮。堤防按其修筑的位置不同，可分为河堤、江堤、湖堤、海堤以及水库、蓄滞洪区、低洼地区的围堤等；按其功能可分为干堤、支堤、子堤、遥堤、隔堤、行洪堤、防洪堤、围堤（圩垸）、防浪堤等；按建筑材料可分为土堤、石堤、土石混合堤和混凝土防洪墙等。堤防工程防护对象的防洪标准应按照现行国家标准《防洪标准》（GB 50201—94）确定。

（1）荆江大堤。荆江位于长江中游上段，此江段从湖北省枝城镇到湖南省城陵矶，长约350km，有上荆江、下荆江之分。下荆江河道弯曲，素有"九曲回肠"之称。由于荆江河道弯曲，江流宣泄不畅，遇到洪水，两岸易于溃堤决口，故有"万里长江，险在荆江"之说。荆江大堤水利工程于1954年开始建造，位于湖北省荆州市,具有直接保护荆北平原防洪安全的作用。大堤上起荆州区枣林岗,下至监利县城南,全长 182.35km。堤防保护范围包括荆江以北,汉江以南,东抵新滩镇,西至沮漳河的广大荆北平原地区,直接保护荆北平原 500 万人和 800 万亩耕地,以及许多城镇和其他重要资源的防洪安全。荆江大堤被列为长江防洪重点确保工程。三峡工程、葛洲坝等水利枢纽的兴建,极大减轻了荆江大堤的防洪压力。如今,荆江沿岸已成为长江航运的重要节点区域。

(2)黄河大堤。黄河含沙量高,自古以"善淤、善决、善徙"著称,历史上有"三年两决口,百年一改道"之说。黄河下游堤防,初步形成于春秋中期,至战国时期已具相当规模。明代在潘季驯、万恭相继主持治河期间,推行以河治河、束水攻沙、蓄清刷浑、淤滩固堤等措施,形成了利用水沙内在规律实现水沙并治的治河思想,使黄河下游两岸完全堤防化,堤防修守制度化,堤防工程的施工、管理和防守技术都达到了较高的水平。现行黄河大堤河南省兰考县东坝头和封丘县鹅湾以上是在明清时代的老堤基础上加修起来的,有 500 多年的历史;以下是 1855 年黄河铜瓦厢决口改道以后,在民埝基础上陆续修筑的,也有 130 多年的历史。自 2002 年以来,黄河下游启动了标准化堤防建设,按"堤顶帮宽至 12m,堤顶硬化宽度 6m,临河防浪林宽 50m,背河淤区宽 100m,种植生态林"的标准,将黄河堤防建成了"防洪保障线、抢险交通线、生态景观线"。

三、水库工程

水库的主要作用是防洪、发电、灌溉、供水、蓄能等,水库在防洪中的主要作用是调蓄洪水、削减洪峰,特别是江河干流上的水库在汛期拦蓄洪水、调节径流的作用很大,防洪效益很显著。1949 年以来,我国对主要江河的干支流进行了不同程度的规划治理,修建了 9 万多座各类水库。

水库按其所在位置和形成条件,通常分为山谷水库、平原水库和地下水库三种类型。山谷水库多是用拦河坝截断河谷,拦截河川径流,抬高水位形成的水库。平原水库是在平原地区,利用天然湖泊、洼淀、河道,通过修筑围堤和控制闸等建筑物形成的。地下水库是由地下贮水层中的孔隙和天然的溶洞或通过修建地下隔水墙拦截地下水形成的水库。

根据工程规模、保护范围和重要程度,按照《防洪标准》,水库工程按库容分为 5 个等别:大(1)型,库容≥10 亿 m³;大(2)型,1 亿 m³≤库容<10 亿 m³;中

型,0.1 亿 m³≤库容<1 亿 m³;小(1)型,100 万 m³≤库容<1000 万 m³;小(2)型,10 万 m³≤库容<100 万 m³。水库工程的防洪标准分设计(正常运用)和校核(非常运用)两级标准。

三峡水库。长江三峡工程是当今世界上最大的水利枢纽工程,是开发和治理长江的骨干工程,具有防洪、发电、航运等综合效益,坝址控制流域面积 100 万 km²。三峡水库是三峡工程建成后蓄水形成的人工湖泊,长 600km,最宽处达 2000m,总面积达 1084km²。历史上,长江上游河段及其多条支流频繁发生洪水,每次特大洪水时,宜昌市以下的长江荆州河段(荆江)都要采取分洪措施,淹没乡村和农田,以保障武汉市的安全。在三峡工程建成后,其巨大库容所提供的调蓄能力将能使下游荆江地区抵御 100 年一遇的特大洪水,也有助于洞庭湖的治理和荆江堤防的全面修补。三峡水库正常蓄水位为 175m,总库容 393 亿 m³。三峡水库建成后最大入库洪水出现在 2010 年 7 月 18 日,入库洪峰流量 71200m³/s,比 1998 年最高峰值(63300m³/s,1998 年 8 月 16 日)还要大。自 2010 年以来,三峡水库已连续 8 年实现汛后蓄水至 175m 的试验性蓄水目标,为三峡工程正常运行,全面发挥防洪、供水、发电、航运、生态等综合效益奠定了坚实基础。

四、蓄滞洪区工程

蓄滞洪区是许多分洪工程的重要组成部分。为了保持蓄洪、滞洪能力,区内应根据《防洪法》的规定,有计划地进行蓄滞洪区的安全建设和加强管理,禁止任意圈围设障。同时,为了保护蓄滞洪区内民众生命财产安全,需要在蓄滞洪区兴修各种必要的避洪避险设施,包括安全台、安全区、围村埝、避水楼、转移道路工程、交通工具、救生设备及洪水警报系统等等,准备在分洪时使用。

根据流域防洪安全保障的需要,我国主要江河流域综合规划和防洪规划确定设置了一批蓄滞洪区,其中列入《蓄滞洪区运用补偿暂行办法》国家蓄滞洪区名录中的有 97 处(长江流域 40 处,黄河流域 5 处,淮河流域 26 处,海河流域 26 处)。据统计,1950—2004 年,全国重点蓄滞洪区运用 458 次,共蓄滞洪水 1230 亿 m³,实现了舍弃一般保重点、牺牲局部保全局的防洪战略,有效遏制了洪水泛滥,以较小的代价保护了重要地区的防洪安全,为流域防洪减灾做出了巨大贡献。根据国务院已批复的七大江河防洪规划,调整后各流域设置的蓄滞洪区共 94 处,其中长江流域 40 处,黄河流域 2 处,淮河流域 21 处,海河流域

28 处,松花江流域 2 处,珠江流域 1 处。蓄滞洪区总面积约 3.4 万 km²,总蓄洪容积约 1070 亿 m³,内有人口 1600 多万、耕地近 173 万 hm²,GDP 总量约1100 亿元。

淮河蒙洼蓄滞洪区。位于安徽省阜南县,地处淮河干流洪河口至南照集间,南临淮河,北靠蒙河分洪道,汛期四面环水,是淮河中上游第一座蓄洪库。东西长约 40km,南北宽 2～10km,蓄滞洪区现有面积 180.4km²,设计蓄滞洪水位 27.80m,相应库容 7.5 亿 m³。蓄滞洪区内主要涉及 4 个乡镇、1 个国营阜蒙农场,人口 15.8 万。自 1953 年蒙洼蓄滞洪区建库以来,为削减淮河洪峰,确保淮河两岸工农业生产、交通运输及主要城市的安全,做出了巨大的牺牲和贡献。据统计自 1953 年建成以来,蓄洪年份有 1954、1956、1960、1968、1969、1971、1975、1982、1983、1991、2003、2007 年共 12 年 15 次蓄滞洪水,启用机遇约 5 年一遇。其中 2003 年、2007 年淮河大洪水期间,蒙洼等蓄滞洪区分洪运用后,都根据《蓄滞洪区运用补偿暂行办法》对区内居民的损失给予了补偿,同时也针对实施过程中暴露的核灾定损难的问题,对补偿的实施步骤积累了不断改进的经验。

五、水闸工程

涵闸是涵洞、水闸的简称。涵洞是堤、坝内的泄、引水建筑物,用于水库放水、堤垸引泄水。水闸是修建在河道、堤防上的一种低水头挡水、泄水工程。汛期与河道堤防和排水蓄水工程配合,发挥控制水流的作用。为了充分发挥水闸在防洪、排涝、引水抗旱方面的作用,一些水闸不仅具备双向调控的功能,而且与泵站建为一体,显著增大了引、排水的能力。

第四节　防洪非工程体系与重大措施

一、概述

通过法令、政策、经济和防洪工程以外的技术手段,以减轻洪水灾害损失的措施,统称为防洪非工程措施。防洪非工程措施一般包括洪水预报,洪水警报,洪泛区、蓄滞洪区管理,河道清障,洪水保险,超标准洪水防御措施,洪灾救济等。我国已初步建成了工程措施和非工程措施相结合的防汛抗旱减灾体系。

二、组织体系

我国从中央到地方县级以上人民政府建立了较完备的防汛抗旱指挥体系,长江、黄河、淮河、海河、松花江、珠江、太湖七个流域成立或重组了防汛抗旱统一管理的指挥机构,中央、省、市、县各级防汛抗旱组织体系已建立健全,在一些水旱灾害易发地区还探索成立了乡镇级防汛抗旱组织。指挥部由政府相关部门以及当地驻军、人民武装部、武警部队等组成,指挥长通常由政府行政首长或防汛抗旱行政责任人担任。

经过多年的实践,我国已建成"统一指挥、部门协作、分级负责、军地联动"的国家防汛指挥体系。

三、责任体系

我国防汛抗旱责任制主要包括各级政府行政首长负责制、分级负责制、分部门责任制、岗位责任制和技术责任制等,主要措施包括公示责任人名单,强化责任监督和追究等。

《中华人民共和国防汛条例》规定,我国防汛工作实行各级人民政府行政首长负责制,统一指挥、分级分部门负责。《中华人民共和国抗旱条例》规定,我国抗旱工作实行各级人民政府行政首长负责制,统一指挥、部门协作、分级负责。

各级政府行政首长负责制是防汛抗旱责任制的核心。防汛抗旱的总责就落在省长、市长、县长的身上。这是法律赋予各级政府行政首长的权力,同时又是一项神圣的职责。做好防汛抗旱工作,落实责任制是关键。责任制的落实主要包括防汛抗旱组织建设、工程和非工程措施建设、防汛抗旱预案的制定、队伍建设和物资储备、决策指挥和调度、群众避险和救灾救济、水毁修复和灾后修复等方面的责任落实。

近年来,国家防总联合监察部公布防汛责任人名单,强化了责任制监督力度,确立了国家防汛抗旱督察制度,并连续多年举办了行政首长培训班。

四、法规体系

1998年以来,实施了《中华人民共和国防洪法》,修订了《中华人民共和国防汛条例》,颁布了《蓄滞洪区运用补偿暂行办法》《关于加强蓄滞洪区建设与管理的若干意见》,加强了《洪水影响评价条例》出台的各项推动工作。

五、预案体系

在国家和地方各级都制订完善了各类防汛抗旱预案,形成了国家防汛抗旱预案体系。主要包括七大江河流域防御洪水方案、洪水调度方案,水库洪水调度方案,城市防洪预案,蓄滞洪区分洪运用预案,山洪灾害防御预案,台风暴潮防御预案,地方防汛抗旱预案等。

六、监测预报预警体系

水文监测预报预警工作是防灾减灾最重要的非工程措施,是防汛抗旱工作的尖兵、耳目和参谋,在历年的防汛抗旱减灾工作中发挥了重要的作用。

目前,我国现有水文测站近 10 万处。全国实时雨水情信息采用全球移动通信系统和通用无线分组业务方式为主,电话、卫星、电台为辅的报汛方式,进行自动收集、处理和存贮,并通过全国水情计算机广域网实时传输到水利部水文局。采用水情信息数据库交换方式,基本实现了雨量、水位等要素自动测报与传输,98% 的报汛站水情信息可以在 15min 到达国家防总。

全国已建立七大江河干支流主要控制站及全国防洪重点地区、重点水库和蓄滞洪区调度运用依据预报断面的洪水预报方案。目前,全国有 1700 多处水文站发布洪水预报,关键期洪水预报精度在湿润地区能到达 90% 以上,而在干旱半干旱地区精度有所降低,预报的预见期一般为 12h～3d 以上。

2013 年以来,全国水文部门实现了实时向社会发布水情预警信息,通过广播、网络、电视等媒体向社会发布预警信息,及时为社会公众提供水情预警信息服务。

七、工程调度体系

工程调度就是通过综合运用"拦、分、蓄、滞、排"等措施,按照局部服从全局、区域服从流域的原则,统筹上下游、左右岸,科学调度各类水利工程,实现对洪水的科学有效管理。主要目标是确保人民群众生命安全,确保重要地区和重点防洪工程安全,确保主要交通干线安全,最大限度地减轻灾害损失。水库和蓄滞洪区的调度运用是事关防洪大局、影响范围最广、技术含量最高、决策难度最大的两项工程调度指挥决策工作。

水库防洪调度要坚持以人为本,正确处理水库调度运用中的重大关系,切实做到统筹兼顾。主要目标是保证枢纽工程安全,充分发挥防洪作用,兼顾发电、航运、水资源利用、水生态保护等综合效益,努力实现各兴利要素的均衡和优化。

运用蓄滞洪区是分滞干流洪水,牺牲局部保重点。运用的前提是科学合理地制订区内群众转移和安置预案,建有必要的预警、转移和安置设施,并且经过近乎实战的演练,具备运用条件。主要目标是确保区内群众生命安全、社会稳定和有效发挥分滞洪水的作用。接近或刚超过分洪运用的临界水位但后期形势不明朗,如果运用则代价较高,如果不运用可能挺得过去,但也可能境况更加险恶,代价更高,这时候的指挥决策是最难的,需要根据实际情况具体分析。

八、保障体系

在我国,防汛抗旱一直被视为全社会公益事业,要求全社会参与,《中华人民共和国防汛条例》明确指出:"任何单位和个人都有参加防汛抗洪的义务。"

为了组织动员全社会力量投入防汛抗旱,中央和地方各级防汛抗旱指挥机构都把计划、财政、民政、公安、交通、气象、城建、农业、国土、商务、信息产业、卫生、宣传等部门,以及解放军、武警部队纳入指挥机构成员,赋予相应的职责,明确相应的任务。这些部门的参与,无论在宣传和普及防汛抗旱知识、增强全社会防汛抗旱减灾意识方面,还是在提供防汛抗旱资金、物资、通信、交通运输、信息支撑,以及维护防汛抗旱秩序、搞好卫生防疫、灾民安置等保障方面,均发挥重要作用。解放军、武警部队历来是防汛抗旱救灾的生力军和骨干力量。军民结合的抢险救灾队伍为防汛抗旱减灾提供了人力保障。

国家和地方财政都分别有抗灾和救灾的经费预算,并从20世纪80年代开始,国家财政实施了汛前预拨特大防汛抗旱经费用于防汛抗旱应急工程建设的办法。

九、应急管理体系

近年来,我国逐步健全了分类管理、分级负责、条块结合、属地为主的应急管理体制,形成了统一指挥、反应灵敏、协调有序、运转高效的应急管理机制,强化了预报、预警、调度、抢险、救灾、重建等关键环节;在预案方面,国务院批准印发了《国家防汛抗旱应急预案》,国家防总组织制订完善了长江、黄河等主要江河及其重要支流防御洪水方案或洪水调度方案。全国有防汛抗旱任务的县级以上防汛抗旱指挥机构基本都制订了本辖区的防汛抗旱应急预案,全国9万多座水库水电站,大多制订了防汛抢险应急预案和调度运用计划,98处重点蓄滞洪区所在地制订了蓄滞洪区运用方案和人员转移安置预案,1500多个山丘区市县制订了防御山洪预案,371个沿海市县制订了防台风预案。

2008年,国家防总颁布实施了国家防总应急响应工作规程,进一步规范了国家防总、防总各成员单位、流域防总及省级防指之间的应急响应工作程序,提高了工作效率和水平,确保了抢险救灾工作高效有序地进行。

2018年4月国家机构调整,应急管理部正式挂牌成立,部内设立了防汛抗旱司,国家防总的应急协调职能转到了应急总理部。2019年4月,建立自然灾害防治部际联合会议制度,明确了水利、气象、应急等相关部门在防汛应急相应行动中的分工职责与联动机制。

第五节　防汛指挥决策系统

一、概述

防汛指挥决策系统是综合运用现代信息技术,对防汛所涉及的各类信息进行采集、传输、处理和应用,开发利用防汛信息资源,促进信息交流和知识共享,推动防汛工作转型升级,有效提高各级防汛指挥部门指挥决策调度水平的自动化系统。

我国防汛抗旱指挥系统建设开展较早,始于20世纪90年代,利用电报、电话、传真等,将采集到的水情雨情向各级防汛抗旱指挥部门报告,各级防汛抗旱指挥部门依据这些水情雨情,并结合其他相关信息,做出防汛抗旱的决策部署,在抗御1998年长江、嫩江、松花江大洪水中发挥了重要作用。

1998年大水后,有关部门开始着手编制《国家防汛指挥系统总体设计》(后根据需要改为《国家防汛抗旱指挥系统工程》),旨在建设一个以水雨工旱灾情等信息采集为基础、通信系统为保障、计算机网络系统为依托、决策支持系统为核心,迅速准确地采集各类防汛抗旱信息,并对其发展趋势进行预测预报,制订防汛抗旱调度方案,科学运用防汛抗旱工程体系,为防洪抗旱指挥决策提供支撑的指挥决策辅助体系,如图 3-1 所示。

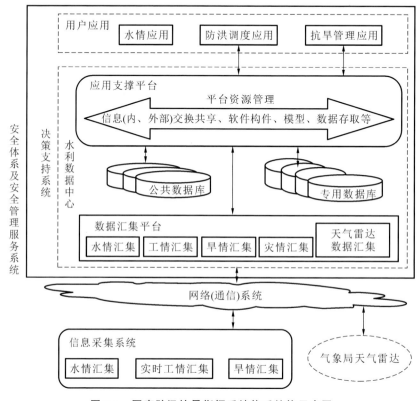

图 3-1 国家防汛抗旱指挥系统体系结构示意图

各类指挥系统项目或与防汛抗旱指挥系统相关的项目相继开工建设,2008年开始实施的山洪灾害防御非工程措施建设、洪水风险图编制、中小河流治理工程建设等项目,以及各地水利、防汛等部门自行建设的相关项目,形成了上下联动、全面发展的阶段特征,形成了信息采集、传输、处理与应用,并根据实际工作不断完善,逐步形成了较为完善的全国防汛抗旱指挥系统,在防汛抗旱工作中发挥了显著的社会效益和经济效益。

目前,我国已建成了覆盖全国重点地区的信息采集系统,建成了全国防汛抗旱骨干网络及其安全体系,研究开发了洪水预报、防洪调度、旱情分析、会商决策等业务应用系统,建成了覆盖全国的多级异地会商视频系统,形成了国家、流域和地方三级决策支持应用平台以及性能强大、体系完整的国家级防汛抗旱指挥系统。

二、信息采集系统

当发生洪水和严重干旱时,基本实现迅速采集和传输水雨情、工情、旱情和灾情信息,及时传输到各级防汛指挥部门。中央报汛站中的雨量和水位站全部普及数据自动采集、长期自记、固态存储、数字化自动传输技术,观测精度和时效性明显提高,水文站测洪能力提高到接近或达到相当于设站以来发生的最大洪水或略高于堤防防御标准的水平,大江大河站在发生超标准洪水或意外事件的情况下有应急测验措施。

目前,全国七大流域机构和 31 个省(区、市)的雨水情信息采用 GSM 和 GPRS 为主,电话、卫星、电台为辅的报汛方式,进行自动收集、处理和存贮,并通过全国水情计算机广域网实时传输到水利部。

三、防汛通信与计算机网络系统

(一)防汛通信系统

国家防汛指挥通信系统包括卫星通信网、微波通信网、集群移动通信网、蓄滞洪区预警反馈通信网等,主要是为计算机网络和其他各种通信业务(语音、图像、数据)提供透明通道,完成水情信息的上传及分发、工情信息的上传、灾情信息的上传、国家防办与流域及各省市的异地防汛会商、防汛调度指挥与防洪工程单位之间的联络、蓄滞洪区警报信息的传递及反馈等任务。

为进一步提高水利通信保障水平,2012 年水利部在水利卫星平台基础上建成了水利卫星通信应用系统,在全国七大流域机构建设了 180 个卫星小站,从而形成了水利专网、地面公网和空中卫星的有效结合、互为补充的立体通信格局,解决流域的水文报汛、应急抢险机动通信、工程视频监视、互联网接入等综合业务需求。

(二)计算机网络系统

国家防汛指挥系统工程建设了连通国家防总与七大流域机构和 31 个省(区、市)的骨干网及其网络中心,建设流域和省(区、市)与所辖水情分中心、工情分中心、旱情分中心和重点工程管理局之间的流域省区网,建设省(区、市)水情、工情中心及重点工程局的内部局域网,建设一期工程网络管理及安全系统和网络服务系统和防汛视频会议系统。

1995年,全国采用公共分组交换数据网(X.25)替代传统的电报报文方式,实现了全国实时雨水情信息计算机广域网传输;2005年,全国基于2M宽带水利专网,采用水情信息编码方式,实现了全国实时雨水情信息的快速传输;2011年,全国采用水情信息交换方式替代水情信息编码方式,实现了水情信息全面、高效地传输。

四、决策支持系统

国家防汛指挥决策支持系统以决策支持、专家系统等软件开发技术为手段,建立为中央、流域机构、省(区、市)和地市级防汛抗旱决策提供技术支持的系统。在及时完成各类防汛抗旱信息的收集、整理的基础上,形成各类数据库,并提供信息服务;通过系统的建立,提高洪水预报的精度,延长洪水预报的预见期;通过旱情信息的收集、处理、分析,做出旱情趋势预测,改善防洪调度手段,提高模拟分析能力,加强调度的科学性,快速、科学地对灾情进行分析。

(一)中央洪水预报系统

中央洪水预报系统采用客户端/服务器体系结构,以全国统一的实时水情数据库为依托,以地理信息系统为平台,集成多模型、多方法、多方案,具有模块化、开放性开发结构,系统通用性强、功能全面、操作简便、灵活系统。

系统具有强大的地理信息系统空间分析表现、人工试错和自动优选相结合的模型率定、实时人机交互预报技术、实时自动预报与预报告警、水情预报工作管理等功能,以及通用的数据预处理模块和常用的实用模块(如泰森多边形生成、流域边界自动提取、等雨量面生成等)。系统综合应用卡尔曼滤波校准、最优插值和统计权重集成等方法,对地面监测、雷达测雨和遥感分析等多源信息进行同化,显著提高了面降水量的计算精度。集成了新安江模型、陕北模型、坦克(tank)模型和综合约束线性系统模型等国内外水文模型和预报方法的模型库,为各级洪水预报系统提供模型支持。开发的人工试错和自动优选相结合的模型参数率定方法,提高了模型参数识别的效率和可靠性。能应用实时观测信息,对预报成果进行实时计算、滚动修正、多级会商、综合分析,提高洪水预报精度。

借助于中央洪水预报系统,水利部水文情报预报中心每天制作发布170多条主要江河湖库2300个重点断面的水位、流量洪水过程预报,关键期洪水预报优良率超过90%,预见期3～7d(图3-2)。全国水文部门实现了实时向社会发布水情预警信息,通过广播、网络、电视等媒体向社会发布预警信息,及时为社会公众提供水情预警信息服务,提高了社会公众防灾减灾意识及能力(图3-3)。

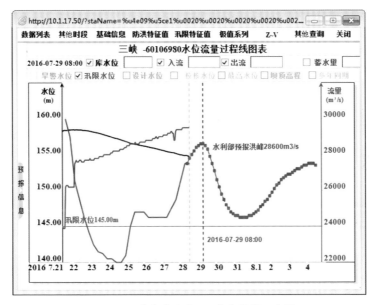

图3-2　三峡水库未来7d洪水预报示意图

(二)中央防洪调度系统

国家防汛指挥系统工程开发了大江大河防洪调度模型,实现了国家防总与七大流域防总在同一平台上交互分析、方案仿真、动态优化、指挥决策,显著提高了防洪调度决策效率和科学性,全面提升了我国水旱灾害突发事件的应急处置能力。改进了长江中下游(三峡—大通)、汉江中下游,黄河三花区间四库联调、黄河下游分滞洪区,淮河中上游,海河永定河、大清河、子牙河、漳卫河,松花江,太湖,珠江流域西江、北江和西北江联合调度等防洪调度模型,开发了各具特色的流域防洪调度系统。中央防洪调度系统通过与流域系统交互联动,实现了防洪形势分析,调度方案生成、仿真、可视、比选、优化等功能。

(三)国家防汛水情会商系统

该系统已成为国家防总日常会商的信息平台。系统基于ArcGIS平台,采

图 3-3　洪水预警信息社会公开发布示意图

用浏览器/服务器结构,能够展示雨情信息、河道信息、水库信息、墒情信息四大类 65 种产品,具有综合查询、统计分析、实时监视、流域与站点导航、水情值班信息采集、文档制作与发布、音频与视频播放、地图维护与系统管理等功能,实现了水雨情信息的综合分析、预测预警和直观展示,为国家防总防汛抗旱决策会商提供了技术支撑。

第六节　洪水预报与防洪调度典型案例

一、案例 1:1998 年长江隔河岩、葛洲坝等水库联合调度

(一)暴雨洪水情况

1998 年汛期,长江上游先后出现 8 次洪峰并与中下游洪水遭遇,形成了全流域性大洪水。受 6 月中下旬暴雨影响,长江中下游水位从 6 月 24 日起相继超过警戒水位。7 月 2 日湖北省宜昌市出现第一次洪峰,流量为 54500m³/s。7

月 18 日宜昌出现第二次洪峰,流量为 55900m³/s。7 月 21—31 日,长江中游地区再度出现大范围强降水过程,7 月 24 日宜昌出现第三次洪峰,流量为 51700m³/s。8 月长江上游又接连出现 5 次洪峰,其中 8 月 7—17 日的 10d 内连续出现 3 次洪峰。8 月 7 日宜昌出现第四次洪峰,流量为 63200m³/s。8 月 8 日 4 时沙市水位达到 44.95m,超过 1954 年分洪水位 0.28m。8 月 16 日宜昌出现第六次洪峰,流量为 63300m³/s,为 1998 年的最大洪峰。8 月下旬长江干流宜昌先后出现第七次和第八次洪峰,洪峰流量分别为 56100m³/s 和 56800m³/s。接连不断的洪峰,长时间超历史的洪水位,使长江中下游干流堤防经受了巨大的考验,洪湖监利江堤等堤防险象环生。

(二)水库调度

在长江第一次洪峰出现时,清江隔河岩水库也发生了入库流量为 12300m³/s 的洪水,隔河岩水库充分利用预留的 5 亿 m³ 防洪库容,为长江干流削减洪峰流量 4300m³/s。7 月 18 日和 24 日,长江第二次和第三次洪峰在宜昌形成,隔河岩水库又连续两次拦洪削峰,分别削减清江洪峰流量 1160m³/s 和 945m³/s。

隔河岩水库在长江第四洪水中错峰调度难度最大,也是最紧张的一次。按照水库度汛计划,长江沿线水库进入 8 月后不承担为长江干流错峰任务,水库汛限水位提高到正常蓄水位。8 月 7 日,隔河岩水库在第四次洪峰形成前水位达到了 202.36m,超过正常蓄水位 2.36m,水库已没有防洪库容。按当时的气象预报,受上游来水和三峡区间、清江流域降水影响,长江干流和支流均将出现洪峰,预测沙市水位将超过荆江启用分洪区水位。隔河岩水库如何调度,能否再继续拦洪削峰,引起各级领导的高度重视。为确保长江中下游干堤安全,充分挖掘水库的防洪潜力,国家防总办于 8 月 7 日发出了紧急通知,要求隔河岩水库最大限度发挥防洪作用,又紧急通知四川省、重庆市,全力为下游拦蓄洪水。面对长江第四次洪峰,各级防指精心组织、科学调度,最大限度发挥了隔河岩水库作用,最大削峰率达 52%,水库最高调洪水位达 203.92m,超过设计洪水位 0.63m,拦蓄洪量 3.52 亿 m³,减少流洪峰流量 2700m³/s。第四次洪峰过后,隔河岩水库利用长江洪水间隙及时预泄,削减长江第五次 800m³/s。

面对长江第六、七、八次洪峰,国家防总在总结前五次水库调度经验基础上,制定了上游、中游、下游水库调度原则,并充挖掘了葛洲坝等水库(枢纽)潜能,使水库调度更加科学和主动,作用发挥得也更加充分。对第六次洪峰,长江上游重庆市、四川省大中型水库共拦蓄洪量9.4亿m³,削减洪峰流量6800m³/s;隔河岩、葛洲坝、漳河水库削减洪峰流量6100m³/s。葛洲坝水利枢纽为长江第七次洪峰错峰15h,最大削减洪峰流量2000m³/s,清江隔河岩水库关闸错峰40h;漳河水库关闸错峰56h。在抗御第八次洪峰中,隔河岩、葛洲坝、漳河水库共拦蓄洪量1.62亿m³,削减洪峰流量3150m³/s。

(三)水库发挥的作用与效益

在抗御1998年长江大洪水过程中,湖南、湖北、江西、四川、重庆五省(市)的763座大中型水库参与了拦洪削峰,拦蓄洪量340亿m³,发挥了重要作用。在抗御长江第六次洪峰时,隔河岩、葛洲坝、漳河等水库通过拦洪削峰,降低沙市水位约0.40m,减轻了下游防洪压力,为避免荆江分洪区的长时间运用、保证荆江大堤的安全、减轻洪湖监利等江堤的防洪压力发挥了巨大作用。据统计,1998年全国共有1335座大中型水库参与拦洪削峰,拦蓄洪量532亿m³,减免农田受灾面积228万hm²(3420万亩),减免受灾人口2737万人,避免200余座城市进水。

二、案例2:2003年淮河蓄滞洪区启用调度及成效

(一)暴雨洪水情况

2003年6月20日—7月21日,淮河流域降水异常偏多。除伏牛山区和淮北各支流上游外,淮河水系30d降水量都超过400mm,大别山区和颍河中游局部地区超过800mm,暴雨中心安徽省金寨县前畈雨量站降水量达946mm。最大30d平均降水量为472mm,比1991年相应降水量偏多21%,最大30d降水总量为898亿m³,大于1991年最大30d降水总量739亿m³。大范围高强度集中降水造成淮河出现3次较大的洪水过程,淮河干流息县控制站(河南省信阳市)以下约750km河段超警戒水位,最大超幅3.35m,占淮河全长的3/4;淮河王家坝(安徽省阜阳市)以下约640km河段及部分支流主要控制站超过保证水位;淮河干流中下游近500km河段水位超过1991年。

(二)洪水调度

1.蒙洼蓄滞洪区启用调度

蒙洼蓄滞洪区位于安徽省阜阳市,地处豫、皖两省交界,以淮河左堤与蒙河分洪道右堤连成蓄洪圈堤,圈堤全长95km,堤顶宽8m,现有堤顶高程31.28~

30.09m,建有王家坝进水闸和曹台子退水闸。蒙洼蓄滞洪区总面积181km²,耕地18万亩,设计蓄洪水位27.66m,蓄洪库容7.5亿m³。区内共4个乡、1个国营农场,现有人口15.2万人。自1954年建成蓄滞洪区至2003年,已有11年14次进洪,蓄洪总量64.5亿m³,为削减淮河干流洪峰起到重要的作用。

蒙洼蓄滞洪区调度运用涉及河南、安徽两省,根据批准的《淮河洪水调度方案》规定,当淮河王家坝站水位达到29.0m(废黄河高程),且有继续上涨趋势时,开启王家坝闸蓄洪。蒙洼蓄滞洪区的运用由淮河水利委员会提出意见,报国家防总决定,安徽省防汛指挥部(简称防指)组织实施。

2003年6月底,淮河连续多日普降大到暴雨,经过分析计算,预报王家坝于7月3日中午将出现洪峰,洪峰水位在29.3~29.4m。7月2日,淮河防总紧急向国家防总上报对蒙洼蓄滞洪区运用的建议,并向安徽省防指发出做好蒙洼蓄滞洪区启用的紧急通知,同时利用防汛异地会商系统与安徽省防指及时进行会商。7月2日20时,国家防总紧急与淮河防总、安徽省防指、河南省防指进行会商,决定启用蒙洼蓄滞洪区。根据国家防总的命令,淮河防总于7月2日22时12分命令安徽省防指7月3日1时开启王家坝进洪闸向蒙洼蓄滞洪区分洪。蒙洼蓄滞洪区这次分洪调度,在规定的时间内安全转移人口1.9万多人及大量财产,由于王家坝及时开闸,分洪效果显著,有效削减了淮河洪峰,降低淮河王家坝河段水位0.2m,将29.30m以上高水位持续时间缩短24h。为迎战后期可能出现的更大洪水,在蒙洼蓄滞洪区开闸分洪2d后(蓄洪2亿m³),经国家防总同意,淮河防总果断决定关闭王家坝闸,将蒙洼蓄滞洪区余下5.5亿m³的蓄洪能力用于淮河可能发生的更大洪水。

7月8—10日,淮河上中游再降暴雨,淮河水位迅速回涨。为了缓解淮河中游的防汛压力,充分发挥蒙洼蓄滞洪区的作用,淮河防总下令王家坝闸于7月11日0时再次开闸分洪。第二次持续开闸分洪60h,蓄洪3.5亿m³。

蒙洼蓄滞洪区两次共蓄洪5.5亿m³,为减轻淮河防洪压力发挥了重要作用。

2. 入海水道调度

洪泽湖是淮河中下游结合部的巨型平原水库,承泄淮河上中游15.8万km²的来水。洪泽湖大堤保护苏北里下河、渠北、白宝湖地区3000万亩土地和2000万人的防洪安全。

为解决淮河下游洪泽湖洪水出路,根据入海水道工程设计规划,当淮河上中游发生洪水,洪泽湖蒋坝水位达到13.5～14m时,启用入海水道分洪。受淮河普降暴雨影响,洪泽湖水位快速上涨,在充分利用洪泽湖其他泄洪能力的情况下,7月4日14时20分,洪泽湖蒋坝水位涨至13.07m,上游洪水正在向洪泽湖推进,洪泽湖防洪压力越来越大。淮河防总按照国家防总的指示并根据淮河防洪形势,7月4日16时20分向江苏省防指下达提前启用入海水道分洪的命令。7月4日23时48分入海水道正式分洪,最大分洪流量达1870m³/s,至8月6日关闸,共泄洪33d,累计下泄洪水44亿m³,降低洪泽湖水位0.4m。根据《淮河洪水调度方案》的规定,当洪泽湖水位超过14.50m时,洪泽湖周边圩区要破圩滞洪,据测算,如果没有入海水道排洪入海,洪泽湖最高水位可能达到14.77m,洪泽湖周边圩区将被迫滞洪,影响数十万人和上百万亩耕地。淮河防总及时下令启用入海水道,有效缓解了洪泽湖的防洪压力,7月14日15时洪泽湖蒋坝水位最高达到14.37m,避免了洪泽湖周边圩区的启用。

三、案例3:2016年太湖超标准洪水防洪排涝调度及成效

(一)太湖流域暴雨洪水情况

太湖流域6月19日入梅(常年6月13日),7月20日出梅(常年7月8日),梅雨期31d,较常年偏多6d。流域梅雨量412.0mm,较常年偏多70%,列1954年以来第6位。梅雨期太湖流域发生3次强降水过程,分别是6月19—21日、6月26—29日、6月30日—7月4日,其中6月30日—7月4日最强,江苏省、上海市、浙江省北部出现大到暴雨,局部大暴雨,太湖流域累计面降水量151mm(其中湖西区300mm、武澄锡虞区222mm、湖区164mm),累计降水量大于250mm、100mm、50mm的笼罩面积分别达0.79万km²、2.1万km²、3.2万km²;累计最大点降水量江苏省常州市茅东水库461mm、浙江省湖州市蒋板芥水库237mm。

入梅前太湖水位曾两度超警戒水位,入梅日太湖水位为历史同期第二高,随后太湖水位持续上涨,6月20日第三次超警戒水位,23日水位突破4m,7月8日出现4.87m的最高水位,超过保证水位0.22m,为1954年有实测资料以来第二高,仅低于1999年历史最高水位(4.97m)0.10m。太湖水位累计超警时间61d,其中超保证水位16d,超警历时为1999年以来最长。梅雨期太湖周边河网

区水位全面超警戒水位,江苏省、浙江省、上海市共有 59 站水位超警戒水位,其中 28 站超保证水位;江苏省常州、无锡、苏州等市有 15 个河道、闸坝站超过历史最高水位 0.01～0.43m。

太湖流域内水利工程全力排水,有效降低了太湖及河网水位。望虞河望亭水利枢纽和太浦河太浦闸、长江北排工程(含常熟水利枢纽)、杭州湾南排工程累计排水 36.4 亿、41.9 亿、12.1 亿 m³,其中太浦闸和望亭水利枢纽 7 月 11 日下泄流量 1350m³/s,创历史最大日下泄流量记录;瓜泾口和东导流 7 月 8 日最大下泄流量达 482m³/s。太湖水位 7 月 8 日以来日均降幅 0.04m,最大日降幅达 0.07m,为历年最大。

(二)太湖防洪排涝调度及成效

针对太湖流域河网密布,水位易涨难落,流域防洪与区域排涝矛盾突出,冬汛、春汛、梅汛台汛接续而至的严峻形势,国家防总及时指导太湖防总组织制订应对流域性洪水工作方案以及防御超标准洪水调度措施,指导太湖防总强化太浦闸、望亭水利枢纽、常熟水利枢纽等骨干工程的精细化调度,超常规启用常熟水利枢纽泵站加大排水力度。江苏、浙江、上海三省(直辖市)顾全大局、团结抗洪,坚决服从国家防总、太湖防总统一调度,迅速落实超标准洪水的应对措施,开启沿长江北排和沿杭州湾南排工程各闸泵全力排水。据统计,太浦河、望虞河累计排水 57.5 亿 m³;沿长江北排(含常熟水利枢纽)、沿杭州湾南排工程累计排水 89.2 亿 m³,有效遏制了太湖及河网水位上涨,加速太湖水位回落至警戒水位以下。与此同时,对环湖大堤、太浦河、望虞河、苏南运河、东西苕溪、黄浦江等重要堤防以及城市围堤、圩区堤防和闸站、泵站进行巡回检查,三省(直辖市)累计投入巡查防守及抢险人员约 42 万人次,确保了重要堤防未发生一处险情。

四、案例 4:2017 年长江上中游水库群联合调度及成效

受持续强降水影响,2017 年 7 月长江发生中游型大洪水,洞庭湖水系湘江、鄱阳湖水系修水发生超历史最高水位的特大洪水,资水、沅江发生大洪水;长江莲花塘至南京江段超警戒水位,通过增强调洪能力,联合调度长江上中游水库群,有效降低了长江中下游干流和洞庭湖洪峰水位,水库群联合调度发挥了重要的防洪减灾作用。

(一)暴雨洪水情况

6 月 22 日—7 月 2 日,长江中下游 11d 内连续发生两次强降水过程,降水

覆盖范围广,累计降水量大于 400mm、250mm、100mm 的暴雨笼罩面积分别达 2.4 万 km²、20.7 万 km²、58.0 万 km²,总降水量达 1700 亿 m³;强降水区域集中在长江中游两湖地区,湖南省、江西省累计面降水量分别为 314mm、250mm,分别列 1961 年有连续资料以来同期第一、二位,其中湖南省累计降水量多达常年 6 月降水量(214mm)的 1.5 倍;暴雨强度大,长沙市累计面降水量 518mm、湘潭市 457mm,较历史同期均偏多 5 倍以上,累计最大点降水量湖南省长沙市寒坡坳村 734mm、江西省九江市上庄村 684mm,最大 1d 降水量湖南省常德市超美 302mm、江西省景德镇市内高山 294mm。

受持续强降水影响,长江出现 2017 年第一号洪水,湘江、沅江、资水、赣江、信江、昌江、乐安河、修水等 10 条主要河流及青弋江、富水等 103 条中小河流,共计 10 省(市)113 条河流发生超警戒水位以上洪水,其中湘江、乐安河上游等 14 条河流发生超历史特大洪水,湘江、资水、沅江中游及富水等 24 条河流发生超保证水位洪水。

此次洪水过程中,洞庭湖水系四水中沅江、资水、湘江先后发生超保证水位洪水,洪水汇入洞庭湖后相互叠加,造成洞庭湖合成入湖流量自 6 月 28 日的 33000m³/s 迅速增至 7 月 1 日的 63400m³/s,最大 15d 入湖洪量高达 448 亿 m³,直接导致城陵矶站水位上涨迅速,并于 7 月 4 日 14 时出现超保证水位 0.08m,超警戒水位 2.13m 的高水位,超警幅度明显高于长江干流各站的最大超警幅度 0.33～1.63m。同时,洞庭湖及莲花塘江段超警历时约 16d,历时较其他江段长 1 倍左右。

(二)水库群调度及成效

7 月 1 日,长江干流莲花塘站水位超过警戒水位,长江 1 号洪水在中游形成,同时洞庭湖及其支流湘江、资水、沅江水位快速上涨,洞庭湖入长江流量快速增加,干流莲花塘站将突破分洪水位,防汛形势十分严峻。

在国家防总的指导下,长江防总有序实施长江上中游水库群调度,安排金沙江梯级、雅砻江梯级水库同步拦蓄洪水,减少进入三峡水库的洪量,控制三峡水库水位上涨速度。7 月 1 日 12 时—7 月 2 日 22 时,长江防总连续发出 5 道调度令,紧急调度三峡水库,将出库流量由 27300m³/s 压减至历史同期罕见的 8000m³/s,以减轻城陵矶附近地区的防洪压力;提前对沅江五强溪水库、资水柘溪水库实施预泄调度,增加汛限水位以下调蓄库容 13.66 亿 m³,并指导湖南省防指五强溪、凤滩和柘溪等控制性水库适当拦蓄洪水,与三峡等长江上游控制性水库联合拦洪,实施对城陵矶地区防洪补偿调度,控制莲花塘站水位不超过防汛保证水位。

7月4—5日,长江干流莲花塘站、汉口站分别达到洪峰水位34.13m、27.73m,城陵矶至汉口江段水位开始转退。7月5日,据气象预测,长江上游自西北向东南有一次强降水过程,三峡水库将出现较大入库洪峰流量。考虑到城陵矶至汉口江段已现峰转退,洞庭湖、湘江水位已退至保证水位以下,资水、沅江已全线退至警戒水位以下,为确保三峡水库在拦蓄后续洪水时风险可控,国家防总与长江防总紧急会商后,在保证近期城陵矶附近水位缓退的前提下,决定适量调整三峡水库拦蓄幅度。7月6日起逐步加大三峡水库的出库流量,7月10日加大至28000m³/s。此后,长江中下游干流和两湖水位一直维持缓退态势,直至7月16日长江中下游干流全线退至警戒水位。

在长江一号洪水调度过程中,自7月1日14时—6日8时,长江上中游水库合计拦蓄洪量49.68亿m³;雅砻江锦屏一级、二滩和金沙江梨园、阿海、金安桥、鲁地拉、龙开口、观音岩、溪洛渡、向家坝等上游控制性水库合计拦蓄洪量25.38亿m³。资水柘溪水库入库洪峰流量15800m³/s,最大下泄流量8500m³/s,削峰率46.2%,拦蓄洪量11.85亿m³;沅江五强溪水库入库洪峰流量32400m³/s,最大下泄流量22500m³/s,削峰率30.56%,拦蓄洪量15.48亿m³。

初步分析,在防御长江一号洪水过程中,提高科学调度水库群拦洪、削峰、错峰,显著降低了长江中下游干流和洞庭湖湖区洪峰水位,避免了长江干流莲花塘站水位不超过分洪保证水位,缩短洞庭湖城陵矶站超保时间约6d,有效减轻了洞庭湖湖区及中下游干流的防洪压力。

参考文献

[1] 国家防汛抗旱总指挥部,中华人民共和国水利部.中国水旱灾害公报.2005 [M].北京:中国水利水电出版社,2006.

[2] 国家防汛抗旱总指挥部办公室.防汛抗旱专业干部培训教材[M].北京:中

国水利水电出版社,2010.

[3] 国家防汛抗旱总指挥部办公室.中国水旱灾害公报.2014[M].北京:中国
水利水电出版社,2015.

[4] 侯传河,沈福新.我国蓄滞洪区规划与建设的思路[J].中国水利,2010
(20):40-44,64.

[5] 刘宁.防汛抗旱与水旱灾害风险管理[J].中国防汛抗旱,2012,22(4):1-4.

[6] 刘志雨.我国洪水预报技术研究进展与展望[J].中国防汛抗旱,2009,5:
13-19.

[7] 刘志雨,吴志勇,陈晓宏,等.气候变化对南方典型洪涝灾害高风险区防洪
安全影响及适应对策[M].北京:中国科技出版社,2016.

[8] 气候变化国家评估报告编写委员会.气候变化国家评估报告[M].北京:科
学出版社,2007.

[9] 水利部水文局.2003年水情年报[M].北京:中国水利水电出版社,2004.

[10] 水利部水文局.2005年水情年报[M].北京:中国水利水电出版社,2006.

[11] 水利部水文局.2013年水情年报[M].北京:中国水利水电出版社,2014.

[12] 水利部水文局.2016年全国水情年报[M].北京:中国水利水电出版
社,2016.

[13] 万海斌,杨昆,杨名亮."互联网＋"背景下我国防汛抗旱信息化的发展方
向[J].中国防汛抗旱,2016,26(3):1-11.

[14] 魏山忠.新时期长江防洪减灾方略[J].人民长江,2017,48(4):1-7.

[15] 徐宪彪,黄朝忠.新中国防汛抗旱减灾体系建设[J].中国防汛抗旱,2009,
1:15-19.

[16] 张志彤,徐宪彪.防汛抗旱指挥决策基本策略[J].中国水利,2010,11:
21-23.

[17] 中华人民共和国国家统计局,民政部.中国灾情报告[M].北京:中国统计
出版,1995.

[18] 中华人民共和国水利部.第一次全国水利普查公报[J].水利信息化,2013
(2):64.

[19] 中华人民共和国水利部.2015年全国水利发展统计公报[M].北京:中国
水利水电出版社出版,2016.

第四章 城市内涝防治

第一节 中国城市排水及其管理

一、中国城市排水的基本情况

城市排水系统是收集、处理和排除城市污水和雨（降）水的工程体系，是城市必不可少的公用基础设施，通常由排水管道和污水处理设施组成。城市排水系统规划是城市总体规划的重要组成部分，其任务是构建满足城市发展需求的城市排水系统，使整个城市的污水和雨水得以收集到排水管渠之中，顺畅地排泄出去，处理好污水，达到环境保护和内涝防治的要求。在城市规划区的范围内，都要求规划、建设城市排水管网，城市排水管网有两种基本类型：合流制和分流制。

合流制只有一个排水管道系统，污水和雨水合流，晴天的时候只排除污水，雨天的时候排除雨、污混合污水。为处理合流制中的污水，需设置污水截流管。平时，污水通过截流管送入污水处理厂；雨天，超过截流管输送能力的雨水和混合污水通过溢流井溢流排入河流、湖泊等受纳水体。

分流制设置污水和雨水两个独立的排水管道系统，分别收集和输送污水和雨水。在实行污水、雨水分流制的情况下，污水由排水管道收集，送至污水处理厂后，排入受纳水体或回收利用；雨水径流由排水管道收集后，通常分散就近排入受纳水体。工厂排放的比较洁净的废水（如冷却水）可收集送入雨水管道系统排放。

城市的老城区以往普遍采用的是合流制,如今新建城区一般采用分流制。与城市内涝相关的城市排水系统指的是雨水排水系统和合流制排水系统的排水管网部分。从环境保护、防止水体污染方面考虑,分流制比合流制好,但合流制建设费用较少。

收集城市规划区内沿居住区和工厂排出雨水的排水管道内的水流,通常是凭借管道的坡降重力自流排除。为减小埋设深度,城市排水管道一般敷设在地势较低处,并尽可能使管道的坡向同地形一致。有时要设置中途排水泵站,将管道内的雨水提升后,再自流输送。上海、天津、武汉等城市的一些地势低的地区,雨水不能自流排出,为排除内涝而设置了雨水泵站,将雨水提升后排入受纳水体。

二、排水的管理体制及有关管理制度

(一)机构安排

2013 年 9 月 18 日国务院第 24 次常务会议通过,2013 年 10 月 2 日中华人民共和国国务院令第 641 号公布了《城镇排水与污水处理条例》,自 2014 年 1 月 1 日起施行。该条例分总则、规划与建设、排水、污水处理、设施维护与保护、法律责任、附则共 7 章 59 条,明确了城市内涝灾害防治的责任主体为住房与城乡建设管理部门和地方政府,从而在国务院及省级政府关于住房和城乡建设部门的"三定"方案中,增加了负责城市内涝灾害防治的责任。

城市江河防洪与雨水排放之间具有关联性,洪水越大,降水越强,其关联性越为显著。河流行洪能力不足,河道持续高水位会对排水系统产生顶托甚至倒灌,加剧内涝危害;而随着建成区的扩张,不透水面积增加,城区雨水更多、更为集中地排向河道,也会引发洪峰流量倍增、峰现时间提早的现象,增加下游区域的洪涝风险。因此,分别负责防洪与排水的相关政府机构,必须重视两项活动因关联性而产生的问题。另外,城市规划、土地管理与洪涝管理的联系也亟待加强。

(二)主要机构职责

我国各城市人民政府负有城市管理的具体职责,包括进行市政公用事业、绿化、供水、节水、排水、城市内涝灾害防治、污水处理、城市客运、市政设施、园林、市容、环卫和建设档案等方面的管理。按照"三定"方案,住房和城乡建设部负责向地方政府提供雨水排水管理方面的政策和规划指导。

地方政府通常负责区域内整体设施规划,包括城市排水系统和防洪工程建设、管理和运行维护。2009年以来,若干城市成立了水务局,负责协调城市排水和防洪的规划和管理。排水公司通常负责排水设施的运行和维护。

(三)城市规划方面

《中华人民共和国城乡规划法》(简称《城乡规划法》)规定了在城市总体规划和详细规划中要有排水专业规划的内容,包括污水工程规划和雨水工程规划。一般情况下,各城市为了更好地落实城市总体规划的要求,更有利于指导城市控制性详细规划的编制,还会编制排水工程专项规划,或者分别编制污水专项规划和雨水专项规划,目的是从系统上明确市政基础设施的规划和建设要求。

为了解决城市内涝问题,中国政府做了大量实际工作。如2012年接受亚洲开发银行技术援助开展了"城市雨水管理与内涝防治";2013年"水体污染控制与治理科技重大专项""十二五"课题列入与城市内涝相关的项目"城市地表径流减控与面源污染削减技术研究"(2013ZX07304-001)。

从2013年起,国务院颁布了大量相关文件用于指导相关工作:国务院关于印发《国家重大科技基础设施建设中长期规划(2012—2030年)的通知》、国务院办公厅《关于切实做好汛期灾害防范应对工作的紧急通知》、国务院办公厅《关于做好城市排水防涝设施建设工作的通知》、国务院《关于加强城市基础设施建设的意见》、国务院办公厅《关于加强城市地下管线建设管理的指导意见》、国务院办公厅《关于推进城市地下综合管廊建设的指导意见》、国务院办公厅《关于推进海绵城市建设的指导意见》、国务院《关于深入推进新型城市化建设的若干意见》。

海绵城市是指通过加强城市规划建设管理,充分发挥建筑、道路和绿地、水系等生态系统对雨水的吸纳、蓄渗和缓释作用,有效控制雨水径流,实现自然积存、自然渗透、自然净化的城市发展方式。国务院《关于加强城市基础设施建设的意见》和国务院办公厅《关于做好城市排水防涝设施建设工作的通知》印发以来,各有关方面积极贯彻新型城镇化和水安全战略有关要求,有序推进海绵城市建设试点,在有效防治城市内涝、保障城市生态安全等方面取得了积极成效。为加快推进海绵城市建设,修复城市水生态、涵养水资源,增强城市防涝能力,扩大公共产品有效投资,提高新型城镇化质量,促进人与自然和谐发展。

国务院办公厅《关于推进海绵城市建设的指导意见》中明确提出"小雨不积水,大雨不内涝,水体不黑臭,热岛有环节"的海绵城市建设目标。

三、排水的管理法规与技术标准

近几年在与排水管理相关的法规与技术标准方面做了大量工作,使其成为更新最快、最活跃的领域。

城市层面上,城市雨水管网是按照《室外排水设计规范》标准进行规划和设计的,采用推理公式法和基础流量过程线的模型法设计,设计降水重现期偏低,由城建部门建设和管理。

在很多城市现有的排水工程中,主要道路雨水管网的设计重现期一般只有1年一遇。在某些区域,仅有干管能满足 $1 \sim 3$ 年一遇的设计重现期,而支管都不能满足设计标准。例如,上海市旧城区设计重现期是 $0.5 \sim 1$ 年,重要区域是3年。广州市 83% 的城市区域采用1年重现期,9% 的城市区域采用2年重现期的设计标准。在其他大中型城市的旧城区,设计标准更低,更不用说中小型经济欠发达、基础设施差的城市了。

当降水量超过城市排水系统的设计能力时,在2014年以前,中国只有水利排涝工程,尚无应对城市内涝的规划或工程设计。因此,随着城市快速发展和在易洪/涝区无序开发,内涝问题越来越频繁和严重。

在排水方面,只有《城市排水工程规划规范》和《室外排水设计规范》,雨水排放设施的设计内容,作为排水工程规范中的一项内容,包含在其中。随着城市化进程的加快,城市建成区的面积和地表状况已经发生了巨大变化,但排水系统规划和设计的标准与规范,并没有随着实际情况的变化而进行修订。虽然2011年已经对《室外排水设计规范》进行了修订,纳入了低影响开发的理念,并提高了雨水管网的设计重现期,但对于城市整体性雨水管理方面的考虑,仍然缺乏。特别是考虑到巨大面积的建成区内涝问题,缺乏指导性的、可操作的指南和要求,更缺乏适宜、有效的措施。因此,基于城市整体性考虑的雨水收集、排放、储存、利用设施的管理指南和标准,特别是强制性标准制定,是一项紧迫且不可缺少的工作。

《城市内涝防治技术规范》和《城市内涝防治规划标准》对城市内涝防治工

程的规划和建设具有重要的指导作用。

四、排水管理存在的突出问题

城镇排水与污水处理是市政公用事业和城镇化建设的重要组成部分。近年来，我国城镇排水与污水处理事业取得较大发展，但也存在以下一些突出问题。①城镇防（排）涝基础设施建设滞后，暴雨内涝灾害频发。一些地方对城镇基础设施建设缺乏整体规划，"重地上、轻地下"，重应急处置、轻平时预防，建设不配套，标准偏低，硬化地面与透水地面比例失衡，城镇防（排）涝能力建设滞后于城镇规模的快速扩张。②排放污水行为不规范，设施运行安全得不到保障，影响城镇公共安全。目前在城镇排水方面，国家层面还没有相应立法，一些排水户超标排放，将工业废渣、建筑施工泥浆、餐饮油脂、医疗污水等未采取预处理措施直接排入管网，影响管网、污水处理厂运行安全和城镇公共安全。③污水处理厂运营管理不规范，污水污泥处理处置达标率低。一些污水处理厂偷排或者超标排放污水，擅自倾倒、堆放污泥或者不按照要求处理处置污泥，造成二次污染。④政府部门监管不到位，责任追究不明确。政府部门对排水与污水处理监管不到位，对不履行法定职责的国家工作人员的责任追究以及排水户等主体的法律责任没有明确规定。为解决上述问题，出台《城镇排水与污水处理条例》，将城镇排水与污水处理纳入法治轨道。

第二节　中国城市内涝产生的原因

中国城市内涝问题很大程度上是由于城市化进程的加快和经济的快速增长造成的。大量的人口从农村涌向城市，从欠发达地区涌向发达地区城市，对城市土地和住房造成巨大压力。很多城市的开发拓展到周边的农村，甚至在具有内涝风险的地区进行开发，包括蓄滞洪区，这些地方因为缺少基于内涝风险的土地利用区划和控制不能充分保护城市的发展，现在这个问题还在延续。

城市内涝问题还由于本地排水系统建设没有跟随城市快速发展的步伐，以致排水能力不足、基础设施欠账太多。这是由若干原因综合造成的，如设计标准低、内涝和河流流域洪水管理没有很好地结合起来。

在中国,过去都是依赖工程措施进行内涝管理。这样的方式没有考虑一旦这些工程遭受破坏时如何应对社区的残余风险。

近年来全国各地内涝灾害频发,尤其是 2008 年以来,全国多数一、二线城市均遭遇了强降水天气和严重的内涝灾害。根据 2010 年住房和城乡建设部对全国 32 个省,共 351 个城市的内涝灾害情况调查结果显示,2008—2010 年,调查省市中发生过不同程度内涝灾害的城市共有 213 个,占全部调查城市数量的 61.0%,其中 137 个城市的内涝灾害发生次数在 3 次及以上。内涝灾害城市甚至已扩大到了我国干旱少雨的西安、沈阳等西部和北部城市。

发生内涝灾害的城市数量不仅有逐年增长的趋势,灾害的影响范围和影响程度同样存在愈演愈烈的现象。351 个城市的内涝灾害调查统计结果显示,最大淹水深度超过 0.5m 的城市数量占 74.0% 以上,积水持续时间超过 0.5h 的约占 80.0%,其中共有 57 个城市的最大积水持续时间超过了 12h,具体调查统计结果如表 4-1 所示。

表 4-1　2008—2010 年中国 351 个城市的内涝基本情况调查表

统计类别	事件数量			最大积水深度/cm			持续时间/h			
	1 或 2	≥3	总数	5～50	>50	总数	0.5～1	1～12	>12	总数
城市数量	76	137	213	58	262	320	20	200	57	277
比例/%	22.0	40.0	61.0	16.5	74.6	91.2	5.7	57.0	16.2	78.9

北京市作为我国的首都、国家历史文化名城,是全国重点防洪防涝城市,但是近十年来频繁遭受城市内涝灾害袭击。2006—2008 年连续 3 年,北京市洪涝灾害直接经济损失均超过 2000 万元;2011 年洪涝灾害直接经济损失为 13.83 亿元;2012 年洪涝灾害直接经济损失更是达 162.15 亿元。2011 年北京市"6·23"降水造成城区大范围内涝,从 6 月 23 日 14 时开始,暴雨持续时间超过 6h,城区最大降水量达 192.6mm,平均面降水量达 63mm,部分区域积水深度达 2m。2012 年 7 月 21 日北京市再次遭遇特大暴雨,全市平均面降水量达到 170mm,其中,最大降水点房山区达到 460mm,暴雨甚至引发房山地区山洪暴发,拒马河上游洪峰下泄,造成重大人员伤亡;7 月 21 日 18 时 30 分,北京市气象台发布自 2005 年建立天气预警制度以来的第一个暴雨橙色预警,持续降水超过 20h;受暴雨影响,城区共 63 处低洼区域(多数为立交桥底)严重积水,对城市交通正常运行和居民安全出行造成了极大影响,不仅造成了大量财产损失,

而且导致了人员伤亡。

从近几年的状况来看,发生城市内涝灾害的次数逐年增加,造成的生命、财产损失成倍递增,影响范围和受灾程度均有进一步扩大的趋势,极大地影响了社会经济的正常发展。为了加强城市排水防涝系统建设,2013 年 3 月 25 日,国务院办公厅颁布《关于做好城市排水防涝设施建设工作的通知》,通知要求"2014 年底前,编制完成城市排水防涝设施建设规划","力争用 10 年左右时间,建成较为完善的城市排水防涝工程体系"。在通知的指导下,国内部分一、二线城市率先开展了城市排水防涝综合规划工作,对于城市排水防涝工程的规划设计取得了部分阶段性成果,明确了水力模型技术在规划设计工作中的重要地位。但由于国内模型技术的应用处于刚刚起步的阶段,在模型技术计算原理的认识和相关技术方法的应用方面仍然存在较大缺陷,模型技术的优势尚未能得以充分发挥,主要可体现在下述 5 个方面。

1. 城市排水管渠系统

城市排水管渠系统是城市暴雨防灾工程体系的重要组成部分。我国雨水系统设计,长期以来均是采用推理公式法结合恒定均匀流理论进行管网设计计算,该方法由于其自身适用条件的限制,仅适用于较小区域的设计,应用于较大汇水流域时,其计算精度则偏低。因此,新的室外排水设计规范规定当汇水面积超过 $2km^2$ 时,宜采用数学模型法校核并调整其雨水设计方案。当前,国内大量城市已开展了模型技术在管网设计校核和评价方面的实证研究,但尚缺乏一套完整的模型设计校核系统理论和方法,各地在实际工程应用中,模型相关参数和计算方法的选取具有较大的随意性,模型校核计算结果的准确性和合理性仍然存在较大的问题。

2. 模型技术

基于模型技术对推理公式法设计结果进行校核和评价的方法是非恒定流模拟技术应用的初级阶段。随着相关理论技术的发展,国外发达国家对于较大汇水面积,已采用非恒定流模拟计算方法进行管网的直接设计计算。国内在该方面的研究仍然空白,基于模型设计的计算原理研究和相关工具程序的开发同样尚未开展。

3. 对城市内涝的认识

城市内涝的发生发展过程是一系列复杂的水文和水力变化过程的集合,通常涉及城市降水过程、地面径流水文过程以及地下管道和地表积水的非恒定非均匀流水力学演化过程,因此必须采用计算机模型技术才能科学合理地进行内涝物理过程的仿真模拟,从而为内涝防治对策的制定和城市的土地规划建设提供指导。当前,我国已通过引进国外商业模型软件开展部分城市的内涝模拟分析研究,但模型计算结果精度低、模拟计算过程不稳定且效率低下。这些普遍存在的问题一直困扰着工程技术人员,限制了模型技术的推广应用。

4.风险评估

对于城市排水和内涝防治,风险评估主要是根据城市自然地理、土地利用、基础设施、排水系统等各种条件及其他各方面因素,对灾害风险发生的概率、情景、危害和损失程度等进行全面分析和评估,在此基础上制定出相应的防治决策和控制措施。当前,对国内自然灾害损失和风险的研究集中在流域洪水风险评价方面,暴雨内涝灾害方面的研究较少,尤其是基于计算机情景模拟和 GIS 技术的高精度城市内涝灾害损失和风险评价,受限于多学科交叉的研发与应用,迄今尚未在方法和实证研究上有实质性的突破。

5.设计计算方法

城市内涝工程的设计计算方法是进行工程体系构建的基础。通过计算方法确定工程设计流量和设计水量,是确定工程实际规模和尺寸的依据。《城镇内涝防治技术规范》中虽已明确规定需利用模型技术进行防涝工程的水力计算,但由于内涝工程设计模型计算方法以及模型技术应用标准的缺失,一直是制约规划设计工作开展的重要因素。

愈演愈烈的城市内涝灾害暴露出中国城市内涝风险管理体系的不完善。我国城市内涝防灾工程体系建设中缺乏完善的工程规划设计计算方法,存在城市雨水排水系统设计风险大、计算方法落后等问题。当前在发生内涝灾害时,城市防灾体系束手无策的根本原因值得反思。正确认识内涝灾害特性和科学设计城市防涝工程体系成为当前城市可持续发展的迫切需求。

城市暴雨灾害类型主要分为城市洪水灾害与城市内涝灾害。为了应对城市暴雨灾害,我国分别构建了城市防洪工程体系和城市排水工程体系保障城市安全。当前我国应对城市内涝灾害的思路是以城市排水工程体系为主,通过规划和整治城市内河,在保障下游排涝通道顺畅的同时,防止洪水进入城区造成灾害。但事实证明,针对流域的城市排涝工程设计思路仅能充分发挥城市排水工程体系的作用,即解决常遇降水(一般为 2～5 年一遇)的排水问题。而针对超标降水(超市政排水系统标准)下形成的城市低洼地表内涝灾害问题,则缺失相应的工程体系将该部分降水进行有效疏导和防御,在国外称为大排水系统。我国城市灾害防御体系中,正是由于城市内涝大排水系统的缺失,致使超过城市雨水管渠排水系统排水能力的城市暴雨径流沿着天然或人造地表和地下通道聚积于城市低洼区域,对人员、财产造成了损失,对城市正常运行造成了不利影响,从而形成了内涝灾害。我国城市内涝防治体系的缺陷示意图如图 4-1 所示。

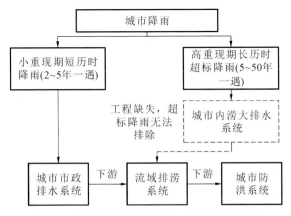

图 4-1 我国城市内涝防治体系的缺陷示意图

国外发达国家已较早开展了城市内涝防治方面的研究工作。总结其治理城市暴雨灾害的思路可归为"三套体系,两套标准"。"三套体系"分别对应三种需求(城市排水安全、城市内涝防治和城市防洪),分别为城市雨水管渠排水系统(小排水系统,minor system)、城市内涝防御工程系统(大排水系统,major system)和城市防洪系统。国外小排水系统和城市防洪系统分别与我国的城市排水系统和防洪系统概念相同,但为了应对城市内涝灾害,国外主要通过构建大排水系统提高灾害防御能力。城市大排水系统是针对超过小排水系统排水能力的城市暴雨径流,进行有组织地收集、排放和蓄存的灾害防御工程。

"两套标准"分别为城市排水标准和城市防洪(flooding)标准。国外将城市内涝和外洪统一称为城市洪水(urban flooding),且共用一套标准,一般为 30～100 年一遇降水的设计频率。城市内涝灾害防治标准是城市小排水系统和大排水系统组合后的结果,依据两套体系组合方式的不同,国外应对城市内涝的方式可总结为以下"三种模式"。①香港模式。特点是将大、小排水系统和防洪系统归为一套系统建设。香港通过规划地下巨型排水隧道,以防洪标准建设排水系统,使城市排水、内涝灾害和城市防洪等问题均得到有效防治。②欧洲模式。特点是建设高标准的城市排水系统,辅助投入相对较少的内涝防治工程设施共同承担城市设防任务。③美国、加拿大和澳大利亚模式。特点为相对低标准的小排水系统(2~10年)和高标准的大排水系统共同实现城市内涝灾害防治要求。纵观国外城市内涝灾害防治工程体系规划建设方面的研究成果,我国当前的城市发展程度和经济发展水平决定了无法学习套用香港模式将三套工程合为一套,按照防洪工程标准建设一套具有防洪、排水和城市内涝防治功能的排水工程。我国现有的排水工程建设标准太低,重新规划高标准的雨水管网不现实,也学不了欧洲国家建设比较高标准的城市排水工程和城市防洪工程并辅助建设部分城市内涝防治工程设施的方式,而美国和澳大利亚建设三套工程体系的经验则非常值得国内借鉴。

对比国外经验,我国大多数城市对内涝灾害的认识还停留在过去农田内涝防治的阶段,在城市内涝防治工程体系方面的研究亦刚刚起步,内涝防御工程体系的设计方法研究仍未开展。但通过学习国外经验并结合我国的具体现状,从城市综合防御暴雨灾害的角度,分析防涝工程体系与城市已有的市政排水体系、排涝体系和防洪体系的关系和衔接,明确城市内涝防御工程体系在城市暴雨灾害综合管理体系中所处的位置、作用和应承担的责任是非常重要的。

一、城市内涝的定义

城市内涝是指由于强降水或连续性降水超过城市排水能力致使城市内产生积水,并造成经济或生命财产损失等灾害的现象。造成内涝的客观原因是降水强度大,范围集中。降水特别急的地方可能形成积水,降水强度比较大、时间比较长也有可能形成积水。

城市内涝与城市洪水灾害是一种自然灾害,在国外统称为城市洪水(urban flooding)。它是由于自然因素造成的一系列如人员伤亡、财产损失、社会失稳和资源破坏等现象或事件。它的形成必须具备两个条件:①要有自然异变作为诱因;②要有受到损害的人、财产或资源作为承受灾害的客体。形成内涝灾害同样需要两个条件:①局部极端暴雨的发生作为诱因;②降水形成的地面积水,由于得不到有效控制或排除,造成了损失,从而形成内涝灾害。从词义上理解,从城市"积水现象"到"内涝灾害"的本质区别在于是否形成了灾害损失,包括人员、财产的损失以及对社会经济的影响。国外对城市部分道路、区域的积水现象和内涝灾害的划分以0.3m的淹水深度为界定依据,并认为较浅的积水(低于0.3m),基本不能危害城市安全(或不影响机动车排气筒),只有当积水深度超过0.3m并持续超过一定时间构成灾害威胁时,才称之为城市内涝灾害(urban local flooding)问题。因此,城市内涝灾害是当城市积水达到一定深度和一定持续时间,并形成灾害损失的现象。对城市内涝灾害的分析,不仅需要从水力特性的角度研究城市区域的积水分布特征,更重要的是需要从社会经济的角度评估积水现象可能造成的损失影响。

城市内涝灾害是暴雨作用于城市系统的产物,同其他自然灾害一样,具有自然和社会双重属性。从自然属性来看,暴雨现象是灾害存在的充分条件;从社会属性来看,城市系统承灾体的存在是灾害发生的必要条件。简言之,城市内涝灾害是在一定的孕灾环境下,城市暴雨作用于城市系统形成的灾害,其包括致灾因子、孕灾环境和承灾体三个组成部分。

当前,随着城市应急处置工程的完善和居民防灾意识的增强,城市内涝灾害造成的人员伤亡概率极小,内涝承灾体的研究对象更为关注积水对城市建筑,包括居民房屋、室内财产、工商业类型建筑和其他城市公共基础建筑的损失影响,以及内涝淹水对城市交通,包括车辆、基础交通设施和人员误工的影响。

改革开放以前的中国和比较贫穷的发展中国家对城市积水现象并不十分敏感,主要的原因就是承灾体对环境的要求不高。

二、产生城市内涝的政策性因素

中华人民共和国是在一穷二白的基础上建立起来的,各个方面都本着节约的精神发展,因此规划建设的雨水管网的设计标准普遍偏低。

改革开放后,城市化进程加快,规划区范围不断扩大,老城区的改造建设使城市旧貌换新颜,地面建筑已经达到或超过发达国家水平。但地下基础设施建设未跟上城市的建设发展,城市地下基础设施的建设标准难以支撑现代化城市发展的需要。

三、产生城市内涝的管理性因素

(1)管理机构与体制不健全,事业单位性质难以支撑企业性质的工作,若改革成企业经营模式,企业的收入完全依赖于政府拨款,也不是市场意义上的企业。

(2)业主单位职责不清,没有投资能力,系统的建设和维护完全依赖于政府,政府实际上承担了业主的职责。

(3)系统维护资金不足,导致维护能力和质量很差,达不到养护规范要求。

四、产生城市内涝的工程性因素

近年来,由于政府的重视,设计规范中排水管网的设计标准已经得到提高。但是,现状管网的标准偏低,需要通过提标改造达到新的设计标准,新建和改建排水管网的工作量非常大,绝大多数城市还没有做这项工作。

规划建设雨水管网是系统工程,与上下游边界条件关系复杂,很多设计单位只进行理想条件下的设计计算,在下游顶托条件下,排水能力达不到设计能力。

另外,排水管网属于地下隐蔽工程,缺少回填土之后的质量监管机制,工程建设过程中施工质量堪忧,不仅管网的设计坡度难以保证,而且雨、污混接现象严重,造成环境污染和管网输水能力下降,达不到设计要求。

五、城市内涝灾害与城市排水和防洪工程的关系

中国建有区域防洪系统,由河道、蓄洪设施、大坝和分流通道等组成。在城市层面上,中国建有排水管网用于排放一定重现期降水过程中形成的城市地表径流。这两个系统是分别建设的,并分别制定相应的标准。当超过城市排水管网设计的暴雨事件发生时,目前还没有当降水量超过城市排水系统能力时应对城市内涝的规定。所有这些造成近年来中国部分城市内涝灾害频发。

目前很多中国城市在发生城市内涝时,城市的防洪工程系统并没有失效,只是城市排水管网系统失效了。

城市暴雨灾害类型包括城市洪水灾害、城市内涝灾害和城市排水安全。为了应对暴雨灾害,我国分别构建了城市防洪工程体系和城市排水工程体系。城市防洪工程由水利部门负责,经过几十年的建设我国已经形成比较完善的体系。城市防洪工程的边界条件是保证城市的过境河流与水系不泛滥成灾以及流域不发生大范围内涝灾害,即防止外洪威胁城市的安全,从流域层面应保证

河流行洪通道通畅,蓄滞洪区工作正常,同时保护大流域免受农田内涝灾害;从城市防洪层面应保证城市安全,防止外部洪水泛滥进城,同时保证安全接纳城市区域的降水径流。城市内涝灾害防治和城市排水由城建部门负责,城市排水工程的边界条件是保证在小重现期降水(一般地区2～5年)条件下,城市区域不产生严重积水,不影响城市的正常运行。因此,从责任划分上看,高重现期降水条件下城市低洼区域的内涝灾害处置问题既不属于城市防洪工程规划责任范畴,也不属于排水工程承担边界范围内。过去我国曾尝试通过规划城市内河(如疏通、拓宽河道,规划蓄滞洪区,建设排涝泵站等),提高下游排涝能力以达到提高城市内涝防治标准的目的。但事实证明,过去的治理思路无法从内涝灾害产生的根源出发(如解决从城市低洼积水区域到城市内河的排水通道问题),有效解决内涝灾害问题。因此,长期以来我国工程界一直将城市防涝标准等同于城市排水标准,仅通过建设城市排水系统应对小重现期条件下的降水径流,对高重现期条件下的降水径流可能造成的内涝灾害则考虑不足,这正是造成近年来我国城市内涝灾害频发的主要原因。城市内涝灾害形成示意图如图4-2所示。

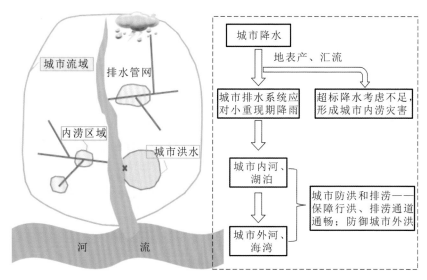

图 4-2 城市内涝灾害形成示意图

六、城市发展的影响

城市内涝灾害的出现与城市发展密切相关。

首先,随着城市的发展,城市规划区域范围的扩张和对城市地表结构改变的进一步扩大,许多原先对城市内涝灾害起抵御作用的区域如滞洪区、自然水体表面和可渗透地表等均被改造为城市硬化地表,减弱了城市区域对内涝灾害的抵抗和消化能力。如图 4-3 所示,城市不透水地表的增加和蓄水能力的降低,使得降水形成的地表洪峰径流相应增强,汇水时间减少,雨水短时间内大量汇集,使城市面对的内涝灾害风险提高。

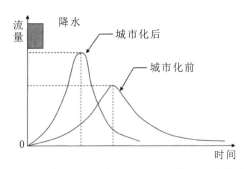

图 4-3　城市发展对洪峰大小和汇流时间的影响

在城市区域内涝风险提高和抵御灾害能力下降的同时,要保证城市的"水"安全则需对城市内涝灾害抵御能力进行补偿。城市排水系统的构建可认为是对城市内涝灾害抵御能力的一种补偿,但随着城市的进一步发展,原有的措施和标准无法满足城市发展的补偿要求。

其次,城市区域人口密度的增加、社会财富的集中和经济成本的提高使得城市内涝灾害抵御能力更为脆弱,一旦发生内涝灾害,带来的损失将急剧增加。

最后,社会对抵御城市区域暴雨灾害期望值的提高,以及居民防治意识的增强,也是近年来内涝灾害不断被关注的原因之一。因此,城市内涝灾害是伴随着城市发展到一定阶段必然会突然出来的问题,而现代化的城市发展必然需要与之相匹配的现代化暴雨灾害防治体系,才能满足城市可持续发展的基本要求。

七、城市气候变化的影响

近年来,随着城市化进程速度的加快和全球气候变化的影响,城市区域的气候状况发生了较为明显的变化,城市区域局部极端天气爆发频繁,如北京市2004 年的"7·10"暴雨,从 7 月 10 日下午 4 点开始,2h 的平均降水量达到50mm 以上,最大积水深达 2m;2011 年"6·23"暴雨最大 15min 降水量达到

45.2mm,降水重现期达到 55 年一遇;2012 年"7·21"暴雨总降水量达到 200mm 以上,2h 最大降水量更是达到了 100 年一遇。北京"6·23"暴雨和 "7·21"暴雨各历时最大降水量的重现期如表 4-3 和表 4-4 所示。

表 4-2　北京气象台"6·23"暴雨分析

降水历时/min	5	10	15	20	30	45	60	90	120
降水量/mm	18.1	32.3	45.2	51.8	58.3	60.0	60.2	62.8	64.8
重现期/年	15	35	55	40	22	9	8	4	3

表 4-3　北京海淀站"7·21"暴雨分析

降水历时/min	5	10	15	20	30	45	60	90	120
降水强度/(mm/min)	2.46	2.32	2.01	1.70	1.28	1.12	1.02	0.88	0.82
重现期/年	5	8	8	7	5	6	8	13	21

对北京市过去 68 年的气候和降水资料进行统计分析显示,北京市的年平均降水量呈现整体下降的趋势,但地区气温上升明显,城市"热岛"效应和"雨岛"效应显著。在过去 10 年,城区短历时高强度降水的发生频次和降水量大小均呈逐年增加的趋势。如以北京市 120min 的极端降水发生频次和降水量变化趋势分析可见,从 2003 年以后,其发生频次和降水量大小都出现了转折式的显著上升变化过程(图 4-4)。

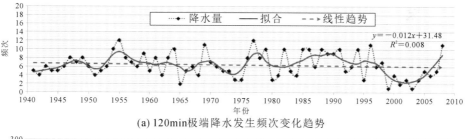

(a) 120min 极端降水发生频次变化趋势

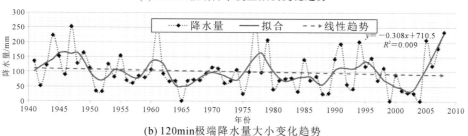

(b) 120min 极端降水量大小变化趋势

图 4-4　北京市气象站 120min 极端降水趋势分析

城市气候变化造成了短历时、高强度、影响区域集中的降水发生概率有所增加,给城市排水系统带来了巨大的压力,增加了城市内涝灾害发生的可能性。

第三节　中国城市排水防涝系统的风险分析

自然灾害风险是致灾因子、人类社会环境系统的暴露性和承灾体脆弱性三者结合下的可能损失。自然灾害风险的大小通常取决于致灾因子发生的强度和概率、人类社会环境系统的暴露程度和承灾体的脆弱性指标,即由上述三个因素共同作用而定。城市内涝灾害是我国大部分城市面临的主要自然灾害之一,对城市内涝损失以及风险的研究也是国际社会高度关注的热点问题之一。

传统的城市内涝风险评估侧重于对积水深度、积水历时和积水面积等水力特征指标的分析,灾害评价较为简单和单一。但从灾害学的观点分析,城市内涝灾害是暴雨作用于城市系统的产物,同自然灾害一样,其形成是由于自然或人为因素引起环境的变异,激发产生对城市某一区域或社会功能的严重破坏,当其伤害程度超过了该城市区域(或社会)的应对能力,从而对该区域人类生存、物质财富、经济活动和资源环境等产生巨大影响和损失。因此,城市内涝灾害风险的评估是一项复杂的综合性评价任务,不仅与城市内涝灾害的水力特征有关,更与城市的社会经济属性相关。本节借鉴国内外自然灾害风险研究的相关成果和方法,探讨研究基于模型情景模拟的内涝灾害风险评估方法,并构建内涝风险评估流程,研究基于 GIS 空间技术的城市内涝受灾体损失计算方法,可为工程减灾降险决策和风险管理对策的制定提供量化依据。

一、城市内涝灾害的风险分析方法概述

城市自然灾害风险评估是对城市可能发生的某种灾害损失及对损害程度大小的不确定性进行定量或定性分析的过程。联合国赈灾组织给出的自然灾害风险的定义是,风险是在一定的区域和给定的时段内,由于某一自然灾害而引起的人们生命财产和经济活动的期望损失值。因此城市内涝灾害风险评估简单地说,就是对城市区域可能遭受的内涝期望损失值进行定量计算的过程。

根据国内外对城市自然灾害风险评估研究的进展状况分析,自然灾害风险

评估方法经历了从定性到半定性评估,并最终转变为定量评估,从粗犷型(宏观)的注重灾害成因机理分析以及基于历史灾情的数理统计方法,转化为侧重灾情实时动态变化研究以及基于模型的高精度情景模拟分析方法的转变。在参考前人研究的基础上,当前国内外对于自然灾害风险的评估计算方法可归纳为下述3类。

(一)基于历史灾情数据的评估方法

基于历史灾情数据的评估方法,其核心在于利用数理统计方法对历史灾情数据的分析和提炼,研究灾害发展的演化规律,进而通过数学模型描述不同程度灾害发生的概率和损失的关系,从而实施对自然灾害风险的量化评估。典型应用的数学分析方法包括回归模型、时序模型、概率密度函数拟合估计和模糊聚类方法等。对内涝风险的量化计算,基于历史灾情数据的评估方法通常包括极值评估法、概率评估法和模糊评估法三种。极值评估法是以区域历史上发生的最大灾害事件作为典型代表事件,且以其实际灾害损失和风险度量作为研究区域的风险量化大小。极值评估法应用较为简单,但其缺陷也比较明显,历史最大灾害事件的代表性通常难以考量,因此容易造成对研究区域风险大小的过高或过低估算。概率评估方法是以研究区域的多个历史灾害样本数据为基础,通过研究其概率分布规律,最终以超越概率计算研究区域的风险大小。概率评估方法考虑了灾害事件发生的不确定性和随机性,计算结果较极值评估法更为可靠,但其缺陷在于当历史灾害样本数据较少时,无法准确地获得灾害事件的概率分布规律,评估结果将因此产生较大的偏差。模糊评估法同样是以历史灾害数据为基础,将灾害风险评估中一些不易定量的因素定量化,从而应用模糊聚类等数学方法构建模糊关系数据集,并进行综合评价的一种方法。模糊评估法通常容易受主观因素的影响,对内涝风险的评估结果多以模糊关系数据集进行表达,因此通常适用于样本数据较少时的定性化评估。

总结基于灾情数据的评估方法,其缺点在于过于依赖灾情样本数据,而我国的城市内涝灾害是近几年才逐渐凸显出来的问题,通常其灾情数据的记录资料极少。因而,对于我国城市内涝灾害的损失和风险量化评估,该方法的适用性较差。

(二)基于指标体系的风险评估方法

基于指标体系的风险建模与评估是以指标体系为核心的风险评估方法,其关键性的步骤在于指标体系的构建和各项指标参数的权重计算。指标体系的构建通常需基于对灾害事件的成因和形成机理的分析,从孕灾外部环境、致灾因子、承灾体和区域防灾减灾策略等多角度进行考量,选择可能影响灾害大小的因素,从而共同组成评价的指标体系。该体系的构建通常易受人为主观因素影响,与研究人员对灾害的认识和经验密切相关。指标参数的权重代表了所提供信息的有效程度,通常利用数学分析方法进行计算,典型的分析方法包括层次分析法、模糊综合评判法、主成分分析法、基于熵的评价法和专家打分法等。

基于指标体系的风险评估方法,其特点在于指标参数通常易于获取,评估与计算过程也较为简单,因此通常适用于宏观大尺度的区域灾害风险评估。但该方法本身存在一定的缺陷。①评估指标的选择常常受限于数据的可获取性,各指标参数的确定带有一定的主观性,缺乏充分的可信度。②难以反映城市自然灾害风险系统各要素之间的内部联系和演化过程,评估过程缺乏灵活性,当评估对象和条件状态发生变化时,不能及时对评估结果进行调整,因此无法精确模拟灾害的不确定性和动态性。③风险评估结果通常仅具有指标作用,从整体上反应区域的灾害风险大小,缺乏对灾害风险的空间分布特征表达,不适用于城市小范围区域的高精度内涝风险评估。

(三)基于模型情景模拟的动态风险建模与评估方法

基于模型情景模拟的灾害风险分析方法是通过仿真建模手段与 GIS 系统相结合,模拟不同情景下的灾害发展演化过程,并形成对灾害风险的可视化表达的工具集,从而实现灾害风险的动态评估。基于情景的分析方法使得灾害风险评估具体到单个承灾体对象或系统,根据承灾体的暴露性和脆弱性属性对承灾体的损失进行精确衡量,极大地提高了城市内涝损失和风险计算的精度,是当前城市自然灾害风险评估研究的主流方向。但该方法在城市内涝灾害风险评估中的应用,受限于多学科交叉影响,迄今尚未在方法和实证研究上有实质性的突破。

本节采用基于情景模拟的风险评估计算方法,根据资料的可获取性,选择以城市建筑物为承灾体分析对象,研究结合水力模型技术和地理信息系统技术的内涝损失及风险定量计算方法,并探索基于 GIS 空间栅格叠加运算原理的实现手段,使得该风险评估方法能切实可行。

二、城市内涝灾害的风险评估流程

灾害风险评估是自然灾害风险管理中的核心环节,是把灾害与脆弱性分析紧密联系起来的重要桥梁。风险评估通常包括致灾因子分析、承灾体脆弱性评价和暴露要素分析等方面,主要针对致灾因子与承灾体进行风险评估,即从风险识辨、风险分析与暴露损失评估角度,对风险区遭受不同强度灾害的可能性大小(概率)及其可能造成的后果或损失进行定量分析和评估。结合国内外灾害风险评估理论与案例研究成果,自然灾害风险评估流程通常可按图4-5所示步骤开展。

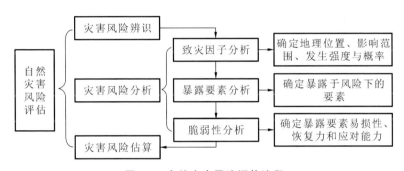

图 4-5 自然灾害风险评估流程

(一)灾害风险辨识

这是在明确灾害风险管理对象和目标的基础上,找出形成灾害风险的来源,收集相关基础资料和数据,分析灾害的可能致灾因素,明确承灾体分析对象及其空间分布属性,为后续工作奠定基础。灾害风险辨识简单来说,是提高对区域灾害的认识和区域基础资料收集的过程。

(二)灾害风险分析

其为针对风险区遭受不同强度灾害影响的可能性及其可能造成的后果,进行前期定量分析和评估的过程。分析其发生的可能性,即不同强度自然灾害发生的概率,评估暴露于灾害影响下的风险要素以及脆弱程度,主要包括致灾因子分析、暴露要素分析、脆弱性分析并建立灾损曲线,最终实现风险建模。

本节采用基于情景模拟的城市内涝灾害风险评估方法,核心在于应用计算机水文、水力模型以及多系统耦合模型,实现暴露于内涝风险下的各受灾体要素更高精度的、可视化的、动态的受灾过程仿真模拟。内涝灾害风险分析的水平直接关系到灾害风险评估的精度和质量。基于指标体系的内涝灾害评估方法局限于研究者对内涝灾害形成的规律和过程不能完全理解,必然致使指标体系的选择和权重的确定具有较大的主观性,从而不可避免地造成原始信息的丢失或曲解,导致评估结果的失真。而基于历史灾情的风险概率评估方法局限于灾情资料记录的不完备或不易获取以及灾害风险系统不是一成不变的,将随着时间不断变化演进的性质,无法从灾害机理角度开展定量研究,而仅适用于较大空间尺度上的粗略统计。基于情景模拟的风险评估方法真正从灾害形成机理出发,获取不同情境下承灾体高精度的受灾指标,如淹水深度、时间、流量等,直观体现了灾害时空分布规律,为内涝灾害事件的损失定量计算提供了可靠的依据。

(三)灾害风险估算

其为风险评估的核心内容,它不仅是注重致灾因子的估计,而且是将致灾因子与承灾体有机结合起来的综合估计。灾害风险估算主要任务是在风险识别的基础上,通过资料收集分析、模型构建及模拟,从而掌握风险系统的发生及发展变化过程,最终实现对灾害事件造成的损失及影响做出定量估计,为风险管理提供决策依据。

灾害风险估算是在致灾因子、脆弱性和暴露分析的基础上进行的,关于风险估算值的表达,国内外灾害风险研究机构和学者进行了一系列关于自然灾害风险概念及表达式的相关研究。基于灾害情景模拟的风险动态评估,以 Kaplan 和 Garrick 于 1981 年提出的模型最具有代表性,该模型认为风险是灾害情景、概率和损失的函数,可用式(4-1)进行表达。

$$R = \{S(ei), p(ei), L(ei)\} i \in N \qquad (4\text{-}1)$$

式中,R 代表灾害风险;$S(ei)$ 代表灾害情景;$p(ei)$ 为灾害情景的概率;$L(ei)$ 为灾害情景的损失。模型中灾害情景是指致灾因子形成过程和强度,该情景暗含了影响致灾因子的多种因素。概率是致灾因子发生的频率或频次,一般来说,致灾因子发生的概率大,则造成的损失高,反之,则小。从模型中可以看出,情景模拟方法的关键步骤是探索自然灾害发生的情景,即灾害的形成机制,在此基础上进一步确定灾害损失或影响状况。

三、基于模型的城市建筑内涝损失和风险定量计算

(一)城市建筑的内涝淹水损失类型

城市内涝是当城市降水超过城市排水管网系统排水能力时,多余水量在城

市地表产生积水并造成灾害损失的现象。城市内涝灾害造成的损失类型分为
有形资产损失和无形资产损失,前者包括城市基础设施的损失、建筑物的损失、
内部财产损失和工程设施损失等,一般可通过经济损失数值量化描述;后者主
要是对居民健康的影响、环境的影响和心理影响等,一般难以通过量化的指标
进行评估。城市建筑内涝损失是有形资产损失重要组成部分,主要包括家庭财
产、住宅、工商业建筑和三次产业增加值等损失,具体分类如图4-6所示。

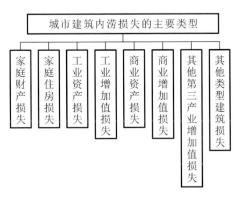

图 4-6　城市建筑内涝损失的主要类型

按照建筑与内涝淹水是否直接接触、建筑内涝损失类型可再细分为直接损
失和间接损失。直接损失是承灾体与内涝淹水直接接触所造成的损失,包括房
屋基础损失、家庭室内财产损失和工商业存货损失等。间接损失指的是内涝造
成的时间滞后性损失、行业波及性损失和地域波及性损失,主要考虑的是由于
经济活动终止带来的工商业和第三产业增加值损失。

(二)内涝损失和风险定量计算方法及步骤

1.内涝损失定量评估

根据自然灾害风险评估的常规流程,城市建筑内涝损失定量评估包括4个
部分,分别为致灾因子分析、承灾体暴露性评估、承灾体脆弱性分析以及损失定
量计算,其计算流程如图4-7所示。

(1)致灾因子分析是获得灾害指标强度、频率和范围等信息的过程。通过
收集项目区域的相关基础资料(通常包括区域的管网资料、气象和地形数据),
构建区域内涝模型并仿真模拟内涝发生、发展的实际物理过程,从而可获得不
同情景下随时间和空间变化的各项致灾因子指标。

(2)承灾体暴露性分析是通过承灾体社会经济调查资料、社会经济统计资
料以及空间地理信息资料的收集,获得具有空间属性的社会经济数据库,反映

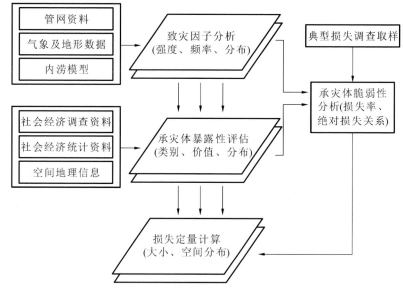

图 4-7　城市建筑内涝损失计算流程

出承灾体经济指标的空间分布差异。

（3）承灾体脆弱性分析则是基于典型区域的损失调查取样，从而建立致灾因子与经济损失间的统计关系，一般通过灾损曲线进行表征。承灾体灾损曲线通常分为损失率与致灾因子关系、绝对损失值与致灾因子关系两种，在国外通常是建立各类资产对应于不同淹没水深等级的绝对损失值曲线，而国内应用较多的是采用资产损失率来反映受内涝威胁资产在不同淹没条件下的受影响程度。事实上，这两种方法只是表达方式略有差异，其实质是相同的。

为分析不同区域的各类财产在不同程度的致灾因子影响下，其灾害损失率或绝对损失值的变化规律，通常需在研究区内（亦可选择近几年受过同种灾害的相似地区），选择一定数量、一定规模的典型承灾体进行资产调查和灾害演绎，并结合灾害的抢险、应急措施等，综合分析确定各类财产的损失值与致灾因子（淹没水深、历时、流速等）的关系曲线或关系表。如权瑞松等通过对上海 4 个住宅区的建筑室内资产调查，得出各种住宅室内财产平均价值、地板重置价格、室内墙壁粉刷价格等，并在参考国外研究成果的基础上，拟合出的不同类型建筑的室内财产淹没灾损曲线如图 4-8 所示。

英国的淹水灾害损失指标通过征询建筑工程师、企业管理者和经营者的意见，并结合其完善的灾害保险制度，构建不同类型建筑的淹水损失值与水深关系曲线如图 4-9 所示。

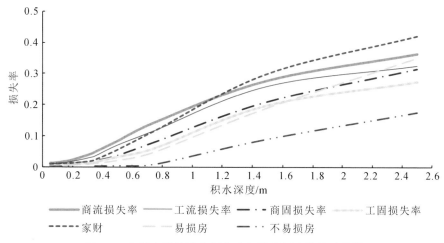

图 4-8　上海市建筑财产损失率与积水深度的关系曲线

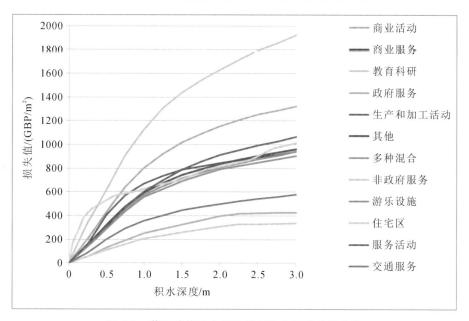

图 4-9　英国建筑淹水损失值与积水深度关系曲线

（4）根据研究区内各类型建筑的内涝灾损曲线，按式（4-2）计算内涝经济损失。

$$D = \sum_i \sum_j D_{ij} \eta(i,j) \tag{4-2}$$

式中，D 为建筑内涝总损失；D_{ij} 为评估区域在第 j 级水深下第 i 类财产的价值或面积；$\eta(i,j)$ 为第 i 类财产在第 j 级水深条件下的损失率或绝对损失值。

2.内涝风险定量计算

内涝风险是可能存在的损失,即风险不仅与损失值有关,更与致灾因子的发生概率相关。根据 Kaplan 和 Garrick 构建的风险情景模型,采用期望值的概念对内涝风险进行定量描述,构建风险计算表达式如下:

$$\text{EAD} = \int_0^1 D_P \, \mathrm{d}p \approx \sum_{i=1}^N (D_{i+1} + D_i)(p_{i+1} - p_i)/2 \tag{4-3}$$

式中,EAD 为内涝年期望损失;D_P 为致灾因子发生概率为 P 时的损失;P 为致灾因子发生概率。在实际计算中,P 可取 0.005、0.01、0.02、0.05、0.1、0.2、0.3 和 0.5 等。

四、基于 GIS 的损失及风险计算实现方法

(一)计算方法原理

基于 GIS 的损失及风险计算方法以 GIS 栅格的空间叠加运算原理为基础,通过整合单个空间栅格的积水深度、建筑物类别以及绝对损失值和积水深度关系表征的灾损曲线,从而计算得到单个栅格的经济损失数值,最后通过整合属于同一建筑物的栅格单元统计得到单个承灾体对象的损失数值,计算方法原理如图 4-10 所示。

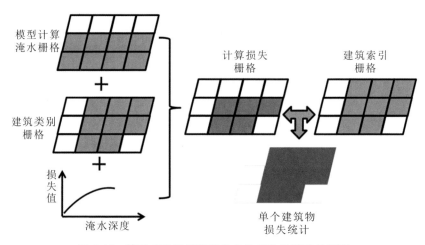

图 4-10 基于 GIS 空间栅格叠加的损失计算方法原理

建筑物数据以 GIS 多边形矢量文件格式输入,而水力模型计算结果以栅格文件格式表达。方法的实现,需首先将建筑物矢量数据和模型计算结果均转换为规则的结构化栅格文件格式。建筑物内部通常存在不止一个积水深度值,积水深度值的选择对计算结果影响较大,因此需将建筑物矢量数据转换为高精度

的单元栅格,通过分别获取各个单元网格的积水深度值增加损失的计算精度。同时,建筑物边界与水力模型计算结果栅格边界可能存在不完全重合现象,以及当建筑物空间分布较密集时,对相邻建筑物之间空白区域的处理均会对损失计算结果造成影响。上述问题均要求建筑栅格有较高的分辨精度,而淹水计算栅格分辨率可稍低,但必须是建筑栅格的倍数,因此通常可将转换的建筑栅格分辨率定为 1m×1m,而淹水栅格分辨率可选择为 5m×5m。

单元栅格损失数值是整合建筑类型、模型模拟淹水深度和相应类型损失曲线的计算结果。由于模拟淹水深度是一个连续性变量,因此需基于单元栅格的淹水深度数值对损失曲线进行插值计算,从而获得不同深度的栅格损失数值。最后根据各建筑唯一的索引 ID,统计相同 ID 的栅格损失数值,从而可计算得到单个建筑物对象的总损失。基于 GIS 的损失和风险计算框架如图 4-11 所示。

(二)计算方法实现工具

基于上述内涝损失及风险计算原理,本节利用 ArcGIS 软件的外置工具箱开发平台,构建基于 Python 编程语言环境的建筑内涝损失和风险计算工具,从而实现城市内涝水力模型与建筑承灾体的集成计算。工具程序界面如图 4-12 所示。

工具程序的输入数据及参数由下述 5 个部分组成。

1.GIS 工作空间

GIS 工作空间是 Python 语言脚本和运行程序储存的位置,同时也作为程序运行过程中的临时文件存储位置。

2.最大淹水计算结果

最大淹水计算结果来源于城市内涝模型计算的栅格化淹水结果,各个栅格单元的数值代表了其模拟时段内出现的最大淹水深度值。

3.建筑矢量文件

建筑多边形矢量文件包含了建筑承灾体的空间分布信息以及其类型属性,矢量对象字段包括了建筑索引字段和建筑类型标识字段。建筑索引字段用于区分不同的单个建筑物对象,类型标识字段用于确定不同类型建筑所对应的灾损曲线。

4.计算栅格精度

计算栅格精度是内涝损失计算时所采用的单元栅格尺寸,其大小直接关系到内涝损失评估计算的精度。如果栅格精度取值过大,则无法精确描述建筑类

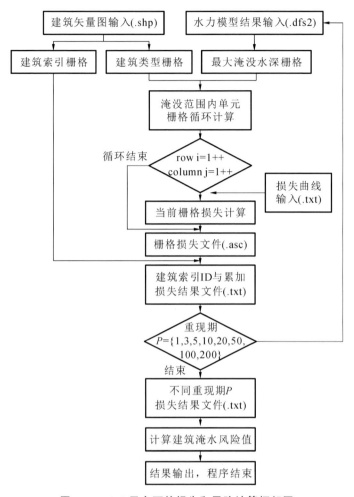

图 4-11　GIS 平台下的损失和风险计算框架图

图 4-12　建筑内涝损失和风险计算工具程序界面

型的空间分布变化,同时也将造成单元格内积水深度取值的平均化,因此计算栅格精度通常取值为内涝模型淹水栅格结果的 1/4 或 1/5,但也在很大程度上延长了计算机的运行处理时间。

5.建筑灾损曲线

建筑灾损曲线是内涝损失计算时必不可少的数据源,程序以文本形式进行读取。灾损曲线由一系列积水深度与损失值对应的有限离散样本点组成,结合连续的积水深度变化结果计算时,采用插值计算法确定单个栅格的单元面积损失数值。

五、城市内涝灾害的风险案例

(一)实例项目背景

本实例来源于欧盟第七框架合作项目"城市区域洪灾弹性的合作研究"(collaborative research on flood resilience in urban areas,CORFU)。CORFU 项目是一个跨学科的国际合作项目,着眼于目前最为先进和新颖的技术战略,提供最适当的措施来改善城市洪涝灾害管理。其总体目标在于通过加强欧洲与亚洲的合作伙伴关系,相互学习,制定短期至中期的战略要求,联合调查、开发、实施和宣传,使未来的城市洪涝灾害管理更加科学化,最大程度减少灾害对城市可能造成的基础设施破坏和人民群众生命财产安全以及对健康的威胁,保障城市社会、经济和环境的可持续发展。城市内涝灾害的损失和风险评估研究是 CORFU 项目的主体研究内容之一,其目的旨在为城市灾害的防治策略制定以及灾害弹性管理措施的成本效益分析提供综合的量化评估依据。CORFU 项目分别选取了欧洲和亚洲的 6 座城市作为案例分析城市,其中欧洲城市包括西班牙巴塞罗那、德国汉堡以及法国尼斯,亚洲城市则包括中国北京、印度孟买和孟加拉国达卡。上述亚洲城市既是重要的经济快速发展城市,又是深受洪涝灾害影响的城市,这使得欧洲先进的城市洪涝灾害管理方法和新技术在上述城市的推广应用具有非常重要的意义。

(二)案例区概况

从数据的可获取性和完善性方面考虑,北京的内涝损失和风险评估研究选择新开发的亦庄新城作为实际案例研究区域。亦庄新城位于北京市中心城东南部,城市五环路南侧,区域总面积 212.7km²,主要包括北京经济技术开发区、大兴区(共约 81km²)、通州区(共约 131.5km²),另有朝阳区以西部分区域(约

$0.2km^2$)。

亦庄区域地势开阔平坦,海拔为 26～34m,地势为西北高、东南低,地面以 $1/1000$～$1/2500$ 的坡降缓慢倾斜。地形地貌相对简单,属于山前平原类型。全区多年平均降水量 539.4mm,降水呈现年际变化大、年内集中的特点,汛期为 6—9 月,占全年降水量的 83.3%。1956—2000 年间最大年降水量为928.9mm,最小年降水量为 318.6mm。

随着将近 10 年的发展,亦庄区域目前已经形成了电子信息、光机电一体化、生物工程与新医药、新能源与新材料及软件制造五大支柱产业。从社会经济状况分析,亦庄作为北京高新技术产业区,是内涝损失研究需重点关注的区域。

(三)现状情景的内涝损失及风险评估

1.评估基础数据准备

案例研究所采用的基础数据均来源于《亦庄新城规划(2005—2020 年)》《亦庄新城控制性详细规划(街区层面)》文件,多数现状数据获取的时间节点为 2010 年前后,因此现状情景的内涝风险分析定位于 2010 年。内涝损失和风险计算的基础数据准备包括 4 个方面,分别为水力模型基础数据、模型计算结果数据、建筑矢量数据和建筑脆弱性属性。

1)水力模型基础数据

水力模型基础数据包括管网数据、地表数据和降水数据。管网数据包括管线、泵站及其他水力构筑物的相关参数。地表数据包括集水区参数及地表数字高程模型。亦庄区域建有较完善的分流制排水系统,雨水设计标准为0.5～1 年一遇,雨水管道总长度 183km,按管径大小,区域管网分布如图 4-13 所示。

以北京基础测绘高程点集数据库(主要属性包括经度、纬度和高程)为基础,采用反距离权重插值计算,创建区域基础 DEM 模型如图 4-14 所示,模型精度为 5m×5m。

降水数据为水力模型计算的输入条件,结合北京市年最大值暴雨强度公式以及 24h 设计雨型可获得不同重现期下的设计降水过程线,如图 4-15 所示。由于实例研究区域范围较小,内涝模型构建时可不考虑降水在空间分布上的非均匀性。

2)模型计算结果数据

实例采用 DHI MIKE URBAN 软件,耦合计算管网一维和地表二维水力学

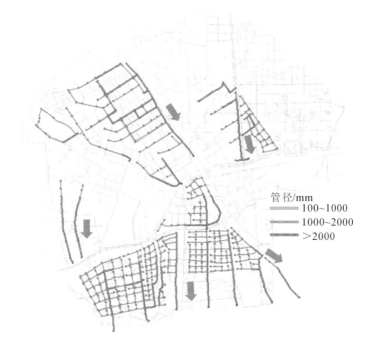

管径/mm
—— 100~1000
—— 1000~2000
—— >2000

图 4-13　案例区排水管网系统

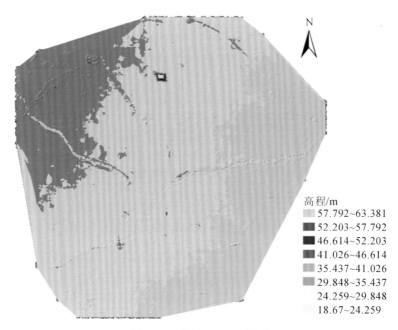

N

高程/m
57.792~63.381
52.203~57.792
46.614~52.203
41.026~46.614
35.437~41.026
29.848~35.437
24.259~29.848
18.67~24.259

图 4-14　案例区 DEM 模型

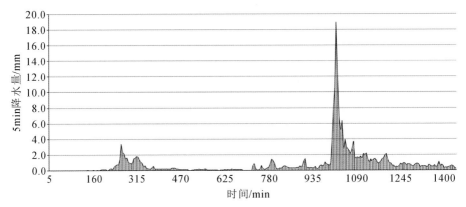

图 4-15　北京市 24h 设计降水过程线($P=10$ 年)

模型,分别模拟重现期为 10、20、50 和 100 年的地表最大淹水状况。模型获得的地表最大淹没水深结果转化为 TIF 格式的栅格文件,栅格精度为 5m×5m,各重现期下的最大淹水计算结果如表 4-4 所示。

表 4-4　不同重现期内涝淹水面积统计重现期

重现期	不同深度范围淹水面积/hm²				总淹水面积/hm²
	0~0.2m	0.2~0.5m	0.5~1m	>1m	
10 年	248.8	50.8	9.6	4.0	313.2
20 年	310.0	68.0	15.6	5.0	398.6
50 年	389.2	97.6	21.0	7.0	514.8
100 年	448.8	121.8	25.4	8.6	604.6

　　内涝模型计算淹水深度结果是内涝损失定量计算的输入条件,反映了不同强度致灾因子的空间分布特征。

　　3)建筑矢量数据

　　建筑矢量数据为 GIS 多边形数据,数据属性包括建筑类型、唯一索引 ID 和建筑面积。建筑矢量数据的空间分布属性及其类型,反映了内涝承灾体经济指标的空间分布差异。案例区建筑数量为 1496 座,按类型分布如图 4-16 所示。

　　4)建筑脆弱性属性

　　建筑脆弱性属性以淹水深度与灾损绝对值的关系曲线进行表征,本项目在 CORFU 项目的支持下,通过对区域不同类型的典型建筑承灾体资产调查和灾害演绎,以英国洪灾损失数据库的相关数据为基础,构建 10 种不同类型的建筑淹水灾损曲线如图 4-17 所示。

图 4-16 案例区建筑类型空间分布

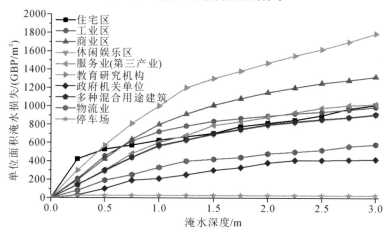

图 4-17 不同类型建筑淹水灾损曲线

2. 损失及风险计算结果

通过水力模型模拟获得建筑物内部的淹没水深,并应用上文所述方法建立单个建筑物尺度不同重现期情景的内涝损失统计如表 4-5 所示。

表 4-5 不同重现期建筑内涝损失统计表

重现期/年	10	20	50	100
降水量/mm	172	197	229	254
损失值/×10⁸GBP	20.1	32.3	49.7	59.0

从表 4-5 可见,建筑内涝损失和降水量大小随降水频率(重现期倒数)的减小逐步递增,建筑内涝风险采用上文所述年期望值进行定量计算如下式:

$$EAD = \sum_{i=1}^{N} (D_{i+1} + D_i)(p_{i+1} - p_i)/2 = 3.08 \times 10^8 \text{ GBP} \qquad (4\text{-}4)$$

第四节 中国城市内涝的防治

根据国际经验调研结果并结合我国目前的发展水平和基础设施水平,我国当前城市发展程度决定了无法学习套用香港模式,按照防洪工程标准建设一套具有防洪、排水和城市内涝防治功能的排水工程。我国的排水工程建设标准太低,也学不了欧洲发达国家建设比较高标准的城市排水工程和城市防洪工程,辅助建设部分城市内涝防治工程设施的方式。但美国和澳大利亚建设三套工程体系的经验值得借鉴。

目前,国家标准《城镇内涝防治技术规范》、新编的《室外排水设计规范》和《城市防洪规划规范》已经明确了我国城市防洪(排涝)、防涝和排水三套系统的格局,并分别制定了对应三套工程体系的三套设计标准,与国外两套标准体系(城市排水标准和城市防洪标准)的惯例不同,我国的城市内涝防治标准介于城市排水标准和城市防洪标准之间,一般高于城市排水标准,但考虑到与下游防洪系统的衔接,防涝标准通常低于城市防洪标准。同时,新编的《室外排水设计规范》中已明确提出了需利用模型技术进行水力计算的规定,但基于模型的设计计算方法以及模型技术应用标准的缺失一直是限制城市内涝防治工程规划设计工作开展的重要因素。

一、防治城市内涝的工程性措施

如果不建设城市内涝防治工程,城市将是非常脆弱的。

城市内涝防治工程是城市基础设施的重要组成部分,是保障城市排水安全的工程设施。城市内涝防治工程是一个复杂的系统工程,从工程建设的角度包括下游的防洪排涝河道、湖泊与海洋等受纳水体,城市排水设施和源头生态工程措施等。

为了科学地建设城市内涝防治工程,应编制城市内涝防治专项规划,编制时需要遵循以下 4 个原则。①城市内涝防治规划范围应与城市国土空间规划一致,汇水范围大于城市总体规划(国土空间规划)范围的,应考虑上游区域汇水流量,处理好流域上下游关系。城市内涝防治规划期限应与城市总体规划(国土空间规划)期限一致。应近远期结合,符合城市远景发展的需要。②城市内涝防治规划应遵循安全第一、标本兼治、因地制宜、综合治理的原则,系统布局、统筹安排。不得将上游洪涝风险转移给下游,也不得将局部地区的内涝风险转移给其他邻近地区。③城市内涝防治规划应贯彻从源头到末端全过程控制的理念,采用源头减排、管渠排水、排涝除险的方法,蓄排结合,削减雨水峰值流量,控制雨水径流流量,降低内涝风险。城市内涝防治规划应符合低影响开发的要求,最大限度地保留和利用原有水系,在削减雨水峰值流量的同时兼顾水质的改善;减少不透水面积的比例,保持开发建设前后区域水文特征不发生大的改变,促进雨水的自然积存、自然渗透、自然净化。④城市内涝防治规划应与城市用地规划、竖向规划相互协调,并与城市排水、道路交通、海绵城市、绿地、水系、景观、防洪、排涝、地下空间等专项规划充分衔接。

(一)城市内涝防治工程系统

防洪排涝河道、湖泊与海洋等受纳水体等工程设施的设计在其他章节中已有论述。

城市排水设施包括大排水系统、小排水系统和调蓄设施等。大排水系统是排除超标降水条件下管道溢流雨水的地表汇流通道,一般由道路组成;小排水系统是常规的雨水管渠系统,可以是地下的暗管、渠和地表的明渠;调蓄设施是雨水流量控制的重要工程;有时候还需要排水泵站提升雨水。

源头生态工程措施就是海绵工程中的低影响开发技术设施。

城市内涝防治系统(大排水系统)工程设施包括雨水收集、输送、调蓄、行泄、处理和利用的天然、人工设施,由管渠系统、超标雨水径流行泄通道、雨水调蓄空间和其他配套设施构成。超标雨水行泄通道应包括天然的城市地表汇流通道、河道、溪流、内河水系,也包括承担地表排水功能的道路和地下隧道等;雨水调蓄空间包括湖泊、水塘、公园绿地、湿地等开敞空间;雨水调蓄设施包括自然的和人工的、地表的和地下的具有调蓄功能的设施;配套设施包括片区大型排涝泵站、雨水排涝泵站等。

城市内涝防治规划包括管渠及泵站系统、调蓄空间、绿地系统和开敞空间利用、城市竖向控制、超标雨水径流行泄通道等排蓄设施的布置和规模计算。超标雨水径流行泄通道规划应包括沟渠、道路、地下隧道等雨水转输系统的规划。

城市应保留必要的蓄滞洪区，不得在蓄滞洪区建设永久性建筑，如果确需在蓄滞洪区开展城市建设活动，应符合蓄滞洪区相关管理法规，但蓄滞总量不得减少。自然排水通道应作为暴雨径流的传输或行泄路径。蓄滞洪区应保留足够的开敞空间的面积，留有洪水通道，并保持畅通。城市内涝防治规划应将超过管渠设计标准的降水径流控制到管网安全排除的量级，并应与受纳水体的防洪标准相匹配。

新建、改建、扩建城区应以不增加雨水外排径流量为目标，外排径流量不得超过开发开状态下相同重现期的径流量，降低暴雨径流汇流速度和污染负荷量。

内涝防治规划应与城市用地规划密切结合，用地规划应有利于雨水的控制、利用和排出。规划应从城市用地及场地竖向的角度对城市总体规划提出反馈意见，对易涝区用地提出控制要求。

（二）上下游工程的相互作用关系

目前城市排水防涝设施与防洪排涝设施设计时采用设计水位标高衔接的原则，排水水位标高应大于河道或水体水位，如果小于下游水位，就处于压力流条件下排水。

由于下游水位高于设计水位造成的排水不畅，会形成城市内涝。当下游水体反流到城市区域，就会形成洪水。由于城市区域排水量太大，也会造成下游河流泛滥，形成下游区域洪水。所以，在进行城市内涝改造工程建设时，应注意因洪致涝和因涝致洪等问题的发生。

另外，源头生态工程措施对城市排水和防涝工程的影响，目前只有定性研究，还没有定量研究成果。

二、城市内涝防御工程的规划任务

为落实国务院办公厅《关于做好城市排水防涝设施建设工作的通知》要求，住房和城乡建设部印发了《城市排水（雨水）防涝综合规划编制大纲》（以下简称《大纲》），要求各城市结合当地实际，参照《大纲》要求抓紧编制各地城市排水

（雨水）防涝综合规划，同时要求各省、自治区、直辖市住房和城乡建设主管部门及时掌握规划编制进展情况。

《大纲》要求，城市排水（雨水）防涝综合规划的编制内容应包括规划背景与现状概况、城市排水防涝能力与内涝风险评估、规划总论、城市雨水径流控制与资源化利用、城市排水（雨水）管网系统规划、城市防涝系统规划、近期建设规划、管理规划及保障措施。

《大纲》在工程系统架构方面填补了我国只有雨水排水系统专项规划没有城市防涝工程专项规划的现实。城市排水（雨水）防涝综合规划与城市的总体规划、竖向高程规划、用地规划、河湖水系规划、绿地规划和交通道路规划等都有相互关系。我国一直采用城市雨水排水系统与受纳水体相衔接的方式构建城市排水系统，没有考虑超过雨水管网排水能力的超标溢流雨水的行泄通道和调蓄问题。在《大纲》中，补充了这一空白。

编制城市排水（雨水）防涝综合规划需要收集必要的资料，并完成以下工作。

（一）规划背景与现状

1. 规划背景

描述：①城市位置与区位条件情况；②城市地形地貌的概况；③城市气候、降水、土壤和地质等基本地质水文情况；④城市人口、经济社会发展等情况；⑤上位规划概要情况，包括城市性质、职能、结构、规模，城市发展战略和用地布局，城市总体规划中与城市排水防涝相关的绿地系统规划，城市排水工程规划，城市防洪规划等内容；⑥相关专项规划概要，包括重点分析城市防洪规划、城市竖向规划、城市绿地系统专项规划、城市道路（交通）系统规划、城市水系规划等与城市排水与内涝防治密切相关的专项规划的内容。

2. 城市排水防涝现状

城市排水防涝系统现状包括：①城市内河（不承担流域性防洪功能的河流）、湖泊、坑塘、湿地等水体的几何特征、标高、设计水位及城市雨水排放口分布等城市水系基本情况；②城市区域内承担流域防洪功能的受纳水体的几何特征、设计水（潮）位和流量等基本情况；③城市排水分区情况、每个排水分区的面积、最终排水出路等；④城市主次干道的道路控制点标高等道路竖向资料；⑤描述近 10 年城市积水情况，积水深度、范围等，以及灾害造成的人员伤亡和直接、间接经济损失等历史内涝情况；⑥城市现有排水管渠长度、管材、管径、管内底标高、流向、建设年限、设计标准、雨水管道和合流制管网情况及城市雨水管渠的运行情况；⑦城市排水泵站位置、设计流量、设计标准、服务范围、建设年限及运行情况；⑧城市雨水调蓄设施和蓄滞空间分布及容量等城市内涝防治设施情况。

（二）城市排水能力与内涝风险评估

1. 降水规律分析与下垫面解析

按照《室外排水设计规范》的要求，对暴雨强度公式进行评估。简述原有暴雨强度公式的编制时间、方法及适用性。

根据降水统计资料，建立步长为 5min 的短历时（一般为 2～3h）和长历时（24h）设计降水雨型，长历时降水应做好与水利部门设计降水的衔接。

对城市地表类型进行解析，按照水体、草地、树林、裸土、道路、广场、屋顶和小区内铺装等类型进行分类，也可根据当地实际情况，选择分类类型。下垫面解析成果应做成矢量图块，为后续雨水系统建模做准备。

2. 城市现状排水防涝系统能力评估

对排水系统进行总体评估，包括：①城市雨水管渠的覆盖程度；②各排水分区内的管渠达标率（各排水分区内满足设计标准的雨水管渠总长度与该排水分区内雨水管渠总长度的比值）；③城市雨水泵站的达标情况（满足设计标准的雨水泵站排水能力与全市泵站总排水能力的比值）；④按照住房和城乡建设部《城市排水防涝设施普查数据采集与管理技术导则（试行）》以及《城镇排水管道检测与评估技术规程等国家有关标准规范的要求，对城市排水管渠现状的评估情况。

对现状排水能力评估。在排水防涝设施普查的基础上，推荐使用水力模型对城市现有雨水排水管网和泵站等设施进行评估，分析实际排水能力。

3. 内涝风险评估与区划

推荐使用水力模型进行城市内涝风险评估。通过计算机模拟获得雨水径流的流态、水位变化、积水范围和淹没时间等信息，采用单一指标或者多个指标叠加，综合评估城市内涝灾害的危险性；结合城市区域重要性和敏感性，对城市进行内涝风险等级进行划分。

基础资料或手段不完善的城市，也可采用历史水灾法进行评价。

（三）规划总论

1. 规划依据

国民经济和社会发展规划、城市总体规划、国家相关标准规范。

2. 规划原则

可根据当地情况表述规划原则,但应包含以下原则。①统筹兼顾原则,保障水安全、保护水环境、恢复水生态、营造水文化,提升城市人居环境;以城市排水防涝为主,兼顾城市初期雨水的面源污染治理。②系统性协调性原则,系统考虑从源头到末端的全过程,雨水控制和管理与道路、绿地、竖向、水系、景观、防洪等相关专项规划充分衔接;城市总体规划修编时,城市排水防涝规划应与其同步调整。③先进性原则,突出理念和技术的先进性,因地制宜;采取蓄、滞、渗、净、用、排结合,实现生态排水,综合排水。

3. 规划范围

城市排水防涝的规划范围参考城市总体规划的规划范围,并考虑雨水汇水区的完整性,可适当扩大。

4. 规划期限

确定规划基准年,规划期限宜与城市总体规划保持一致,并考虑长远发展需求。近期建设规划期限为 5 年。

5. 规划目标

发生城市雨水管网设计标准以内的降水时,地面不应有明显积水。

发生城市内涝防治标准以内的降水时,城市不能出现内涝灾害。各地可根据当地实际,从积水深度、范围和积水时间三个方面明确内涝的定义。

发生超过城市内涝防治标准的降水时,城市运转基本正常,不得造成重大财产损失和人员伤亡。

6. 规划标准

雨水径流控制标准。根据低影响开发的要求,结合城市地形地貌、气象水文、社会经济发展情况,合理确定城市雨水径流量控制、源头削减的标准以及城市初期雨水污染治理的标准。

城市开发建设过程中应最大程度减少对城市原有水系和水环境的影响,新建地区综合径流系数的确定应以不对水生态造成严重影响为原则,一般宜按照不超过 0.5 进行控制;旧城改造后的综合径流系数不能超过改造前,不能增加既有排水防涝设施的额外负担。新建地区的硬化地面中,透水性地面的比例不应小于 40%。

雨水管渠、泵站及附属设施规划设计标准。城市管渠和泵站的设计标准、径流系数等设计参数应根据《室外排水设计规范》的要求确定。其中,径流系数应该按照不考虑雨水控制设施情况下的规范规定取值,以保障系统运行安全。

城市内涝防治标准。通过采取综合措施,直辖市、省会城市和计划单列市(36个大中城市)中心城区能有效应对不低于50年一遇的暴雨;地级城市中心城区能有效应对不低于30年一遇的暴雨;其他城市中心城区能有效应对不低于20年一遇的暴雨;对经济条件较好且暴雨内涝易发的城市可视具体情况采取更高的城市排水防涝标准。

7. 系统方案

根据降水、气象、土壤、水资源等因素,综合考虑蓄、滞、渗、净、用、排等多种措施组合的城市排水防涝系统方案。

在城市地下水水位低、下渗条件良好的地区,应加大雨水促渗;城市水资源缺乏地区,应加强雨水资源化利用;受纳水体顶托严重或者排水出路不畅的地区,应积极考虑河湖水系整治和排水出路拓展。

对城市建成区,提出城市排水防涝设施的改造方案,结合老旧小区改造、道路大修、架空线入地等项目同步实施。

明确对敏感地区如幼儿园、学校、医院等的地坪控制要求,确保在城市内涝防治标准以内不受淹。

推荐使用水力模型,对城市排水防涝方案进行系统方案比选和优化。

(四)城市雨水径流控制与资源化利用

1. 径流量控制

根据径流控制的要求,提出径流控制的方法、措施及相应设施的布局。

对控制性详细规划提出径流控制要求,作为城市土地开发利用的约束条件,明确单位土地开发面积的雨水蓄滞量、透水地面面积比例和绿地率等。

根据城市低影响开发的要求,合理布局下凹式绿地、植草沟、人工湿地、可渗透地面、透水性停车场和广场,利用绿地、广场等公共空间蓄滞雨水。

除因雨水下渗可能造成次生破坏的湿陷性黄土地区外,其他地区应明确新建城区的控制措施,确保新建城区的硬化地面中,可渗透地面面积不低于40%;明确城市现有硬化路面的改造路段与方案。

2. 径流污染控制

根据城市初期雨水的污染变化规律和分布情况,分析初期雨水对城市水环境污染的贡献率;按照城市水环境污染物总量控制的要求,确定初期雨水截流总量;通过方案比选确定初期雨水截流和处理设施规模与布局。

3. 雨水资源化利用

根据当地水资源禀赋条件,确定雨水资源化利用的用途、方式和措施。

(五)城市排水(雨水)管网系统规划

1. 排水体制

除干旱地区外,新建地区应采用雨污分流制。

对现状采用雨污合流的,应结合城市建设与旧城改造,加快雨污分流改造。暂时不具备改造条件的,应加大截流倍数。

对于雨污分流地区,应根据初期雨水污染控制的要求,采取截流措施,将截流的初期雨水进行达标处理。

2. 排水分区

根据城市地形地貌和河流水系等,合理确定城市的排水分区;建成区面积较大的城市,可根据本地实际将排水分区进一步细化为次一级的排水子分区(排水系统)。

3. 排水管渠

结合城市地形水系和已有管网情况,合理布局城市排水管渠。充分考虑与城市防洪设施和内涝防治设施的衔接,确保排水通畅。

对于集雨面积 $2km^2$ 以内的,可以采用推理公式法进行计算;采用推理公式法时,折减系数 m 值取 1。对于集雨面积大于 $2km^2$ 的管段,推荐使用水力模型对雨水管渠的规划方案进行校核优化。

根据城市现状排水能力的评估结果,对不能满足设计标准的管网,结合城市旧城改造的时序和安排,提出改造方案。

4. 排水泵站及其他附属设施

结合排水管网布局,合理设置排水泵站;对设计标准偏低的泵站提出改造方案和时序;有条件的地区,应结合泵站或其他相关排水设施设置雨量自动观测设施。

(五)城市防涝系统规划

1. 平面与竖向控制

结合城市内涝风险评估的结果,优先考虑从源头降低城市内涝风险,提出用地性质和场地竖向调整的建议。

2. 城市内河水系综合治理

根据城市排水和内涝防治标准，对现有城市内河水系及其水工构筑物在不同排水条件下的水量和水位等进行计算，并划定蓝线；提出河道清淤、拓宽，建设生态缓坡和雨洪蓄滞空间等综合治理方案以及水位调控方案，在汛期时应该使水系保持低水位，为城市排水防涝预留必要的调蓄容量。

3. 城市防涝设施布局

推荐使用水力模型，对涝水的汇集路径进行分析，结合城市竖向和受纳水体分布以及城市内涝防治标准，合理布局涝水行泄通道。行泄通道应优先考虑地表的排水干沟、干渠以及道路排水；对于建设地表涝水行泄通道确有困难的地区，在充分论证的基础上，可考虑选择深层排水隧道措施。

优先利用城市湿地、公园、下凹式绿地和下凹式广场等作为临时雨水调蓄空间，也可设置雨水调蓄专用设施。

4. 与城市防洪设施的衔接

统筹防洪水位和雨水排放口标高，保障在最不利条件下不出现顶托，确保城市排水通畅。

（七）近期建设规划

根据规划要求，梳理管渠、泵站、闸阀、调蓄构筑物等排水防涝设施及内河水系综合治理的近期建设任务。

（八）管理规划

1. 体制机制

按照《国务院办公厅关于做好城市排水防涝设施建设工作的通知》及相关要求，建立有利于城市排水防涝统一管理的体制机制，城市排水主管部门要加强统筹，做好城市排水防涝规划、设施建设和相关工作，确保规划的要求全面落实到建设和运行管理上。

2. 信息化建设

按照住房和城乡建设部《城市排水防涝设施普查数据采集与管理技术导则（试行）》，结合现状普查，加强普查数据的采集与管理，确保数据系统性、完整性、准确性，为建立城市排水防涝的数字信息化管控平台创造条件。

直辖市、省会城市和计划单列市及有条件的城市要尽快建立城市排水防涝数字信息化管控平台,实现日常管理、运行调度、灾情预判和辅助决策,提高城市排水防涝设施规划、建设、管理和应急水平;其他城市要逐步建立和完善排水防涝数字化管控平台。

3. 应急管理

强化应急管理,制定、修订相关应急预案,明确预警等级、内涵及相应的处置程序和措施,健全应急处置的技防、物防、人防措施。

发生超过城市内涝防治标准的降水时,城建、水利、交通、园林、城管等多部门应通力合作,必要时可采取停课、停工、封闭道路等避免人员伤亡和重大财产损失的有效措施。

(九)保障措施

将排水防涝设施建设用地纳入城市总体规划和土地利用总体规划,确保用地落实;多渠道筹措资金,加强城市排水防涝设施建设;各地根据实际情况,提出其他有针对性的保障措施。

(十)相关附件

1. 近期建设任务与投资列表

按实际情况编制。

2. 规划附图

包括城市区位图、城市用地规划图、城市水系图、城市排水分区图、城市道路规划图、城市现状排水设施图、城市现状内涝防治系统布局图、城市现状易涝点分布图、城市现状排水系统排水能力评估图、城市内涝风险区划图、城市排水分区规划图、城市排水管渠及泵站规划图、城市低影响开发设施单元布局图、规划建设用地性质调整建议图、城市内河治理规划图、城市雨水行泄通道规划图、城市雨水调蓄规划图等。以上图纸为基本要求,各规划编制单位可以根据实际情况,用更多的图纸来表达规划成果。

由于相应的规划设计规范滞后,加之人才和技术储备不足,城市排水防涝规划完成的质量并不理想,因此有必要对城市排水防涝工程体系进行科学构建,进而服务于工程技术实践。从工程设计和建设的角度区分单项工程,更有利于制定设计规范和编制施工图。

三、城市排水防涝工程体系

(一)构建城市排水(雨水)防涝工程的系统架构的必要性

国务院《关于做好城市排水防涝设施建设工作的通知》为科学防治城市内涝灾害提出了从规划做起的基本要求。2014 年 1 月 1 日颁布的《城镇排水与污水处理条例》为科学防治城市内涝灾害奠定了法律依据。2014 版《室外排水设计规范》为科学防治城市内涝灾害制定了防治标准。在住房和城乡建设部《关于印发城市排水(雨水)防涝综合规划编制大纲的通知》基础上,应用《城镇内涝防治技术规范》的相关技术,全国各地都在积极编制城市排水(雨水)防涝综合规划。海绵城市建设已经将城市排水防涝综合规划的实施提到议事日程。如何将以上精神落实到工程中,定义科学防治城市内涝灾害的设计工况就十分必要。

我国一直采用城市排水工程和城市防洪工程的二元工程体系架构解决城市的洪涝灾害问题。2011 版《室外排水设计规范》首次提出内涝的概念。2012年完成的亚洲发展银行技术援华项目"城市雨水管理与内涝防治"的咨询报告全面分析了我国法律、机构、技术和投资等方面存在的问题及解决建议。2014版《室外排水设计规范》颁布以前,一直将排水标准作为内涝的防治标准,所以,很多人将排水管网提标改造作为解决城市内涝的核心技术。2014 版《室外排水设计规范》从顶层设计角度,建立包括源头控制体系、排水管网系统体系和内涝防治体系的我国城镇排水系统标准体系框架,但是内涝防治体系的定义并不明确。有人提出参考澳大利亚将城市排水、内涝防治和防洪三套工程体系架构一并考虑城市雨水系统的防灾问题。两者的差别是只局限在城市排水的范畴,还是从整个城市雨水系统来构建工程系统。我们要提高现有排水管网设计标准,同时制定出新的内涝防治标准,并且要与城市排水标准和防洪标准相衔接。

目前还存在着源头控制、过程控制和受纳水体控制的关系应进一步明确和准确地确定科学防治城市内涝灾害的设计工况、设计参数等问题,很多基本概念一直困扰着工程技术人员,必须予以澄清。

(二)城市排水(雨水)防涝工程体系的系统架构

城市是一个人工生态系统,它的生态安全、排水安全和防灾安全都依赖于相应的工程设施提供保障。城市排水(雨水)防涝工程体系包括城市雨水管理、排除和防止河水倒灌或泛滥的一整套工程设施,这一整套工程设施是防治城市内涝灾害的重要基础条件。

为了实现城市排水(雨水)防涝工程体系防灾、减灾的目的,并考虑到定量化规划、设计该工程体系,参考发达国家的经验和我国的具体实践,将城市排水(雨水)防涝工程体系划分为 5 个单元工程:源头控制工程(海绵城市建设第一期)、雨水排水管网工程(小排水系统)、内涝防治工程(大排水系统)、排涝工程和防洪工程。5 个单元工程互为上下游关系,定量化共同分担防止内涝灾害发生的责任。

1. 源头控制工程

降落到城市规划区范围以内的降水,在小区或街坊内产生地表径流,产生地表径流的量取决于用地性质和地表覆盖种类。科学地规划建设各种用地性质的雨水径流过程,可以有效地控制进入雨水管网的流量过程线特性。

源头控制工程采用调蓄或增加入渗等低影响开发和典型雨水利用技术,主要设计参数为降水量(mm)。常用的设计调蓄水量为 10～30mm,超过设计值之后该工程失效,将产生向源头以外的排水过程。

从原则上讲,通过工程设施可以将全部的降水都滞蓄在进入雨水管网之前的地表径流阶段,但是从经济性和安全性等角度考虑,在大城市寄希望于通过源头控制工程解决城市内涝问题可能是不经济和不安全的。

2. 雨水排水管网工程

在城市规划范围以内,都要求建设城市雨水管网排除设计重现期以内的暴雨径流,以便解决城市居民在降水期间的方便出行问题。降落在城市规划区内的暴雨,产生地表径流以后,从建筑小区、工厂、学校、单位等区域设计地面流向道路,并通过道路边沟进入设置在路边的雨水口进入地下雨水管网系统,雨水管网收集地表径流以后排向下游受纳水体(排涝工程或防洪工程)。由于城市雨水管网的设计重现期与城市内涝防御工程设计重现期相比比较低,所以北美和澳大利亚等国称城市雨水管网为小排水系统。在我国的规划设计理念中,超过雨水管网排水能力的暴雨径流可以暂时存在地表低洼处,待暴雨过后或管网有富余排水能力时再排出,所以一定会产生城市区域内积水问题。

根据推理公式法设计理论,城市雨水管网的主要设计参数是设计暴雨强度[mm/min 或 l/(s·hm²)],常用的设计重现期为 2～5 年。

3. 内涝防治工程

城市规划区范围以内产生积水问题是一种自然现象,超过城市雨水管网排水能力的暴雨径流聚集在城市低洼区域,造成一定经济或财产损失即产生内涝灾害。城市内涝灾害是一种发生在城市规划区范围以内的新的自然灾害,这是改革开放以后经济快速发展带来的,确定城市内涝防治标准、建设城市内涝防御工程是保护市民财产和保证城市快速、安全运行的需求。在我国的规划设计理论中没有包含城市内涝灾害防治的内容,所以内涝防治工程规划建设是一种新的需求。为了科学构建城市内涝工程防灾体系,2014 版《室外排水设计规范》给出了城市内涝综合防治标准,设计重现期为 20～100 年,远远高于城市雨水管网设计标准。美国、日本、欧洲等国家均对内涝设计重现期做了明确规定。我国在此之前没有专门针对内涝防治的设计标准,2014 版《室外排水设计规范》修订增加了控制地面积水方面的内容,并规定了内涝防治系统设计重现期和积水深度标准,用以规范和指导城市内涝防治工程的设计。

发达国家和地区均建有城市内涝防治系统,北美和澳大利亚等国称之为大排水系统,其主要包含大雨水明渠、坡地、道路、河道和调蓄设施等所有雨水径流可能流经的区域。

由于我国行政管理和专业分工与国外的差异,排涝工程由水利部门负责,城市排水由城市建设部分负责,城市规划区范围以内的城市内涝防治工程也由城市建设部门负责。城市内涝防治工程部分包括行泄通道和调蓄设施,其中行泄通道由道路和大排水通道组成,将超过排水管网排水能力的地表径流排入下游水体。

城市区域内规划设计的道路除了保障交通运输的任务以外,还应承担排除雨水的任务,即排除自身产生的暴雨径流、排除上游和周边区域产生的暴雨径流以及作为输送超标雨水排除的行泄通道。雨水口和检查井都设置在道路之上,源头区域产生的地表径流只能通过道路才能进入雨水管网,超标的暴雨径流一般都汇集在道路之上,只能通过科学合理地设计道路的坡度和断面才能及时排除。因此,道路设计方法的改进和创新是构建城市内涝防治工程体系的关键。

4. 排涝工程

城市排涝工程是保证城市运行安全的工程设施,是城市雨水管网和城市内涝防治工程的下游排水通道,由河道和排涝泵站等工程设施组成,是保证城市雨水排水工程和城市内涝防治工程正常工作的重要工程设施。

城市排涝工程采用与设计暴雨强度相关的排涝模式进行设计,设计重现期一般为 20 年,设计依据一般为城市或区域的水文手册。

排涝工程的设计水位超过城市雨水管网和城市内涝防治工程的下游设计水位标高,就会对城市雨水管网和城市内涝防治工程造成顶托,影响排水能力。如果水位过高就会通过城市雨水管网和城市内涝防治工程设施倒灌进城市规划区范围以内,形成严重内涝灾害。

目前城市排涝工程的设计方法是从农田排涝发展而来,排水时间等设计参数还应该从城市的需求来考虑,模型技术的推广应用也应予以重视。

5. 防洪工程

城市防洪工程是保障城市安全的工程设施,是保证城市免受洪水灾害的工程设施。它是城市排水、防涝和排涝工程的下游排水通道,对城市内涝防治的作用非常重要。

城市防洪工程一般采用设计流量作为设计参数,设计重现期一般为 50 年以上,设计流量通过对观测河流的洪峰流量进行数理统计的方法确定,设计水位是城市排水、防涝和排涝工程的重要设计参数。城市防洪工程超过设计洪水位以后,所有的排水设施,包括城市排水、防涝和排涝工程都会失效,将产生严重洪涝灾害。

(三)城市排水(雨水)防涝工程系统各个组成部分的相互关系

源头控制工程、雨水排水管网工程(小排水系统)、内涝防治工程(大排水系统)、排涝工程和防洪工程这 5 个单元工程共同分担防止内涝灾害发生的责任,5 个单元工程缺一不可,目前我国内涝灾害频发和认识混乱的根本原因是内涝防治工程缺失。

城市排水(雨水)防涝系统的规划建设涉及城市防洪排涝、内涝防治、城市排水、低影响开发、雨水利用和合流制改造等多个研究领域,与水利工程、市政工程和环境工程密切相关。目前由于各个领域的交叉和衔接等问题混杂不清,造成很多概念混淆,为保证我国排水(雨水)防涝系统的规划建设领域工程实践沿着正确的方向发展,通过学习国外发达国家的先进经验,结合我国的实际技术经济条件,提出建设 5 个单元工程体系,结合中国国情构建城市排水(雨水)

防涝系统规划建设的体系架构。

城市排水(雨水)防涝系统包括城市洪水灾害的安全处置、城市内涝灾害的安全处置和城市排水安全。城市化发展过程中片面追求发展速度和地上、地下不和谐的发展倾向,导致了近年来中国城市区域内涝灾害频发,不仅严重影响城市居民的正常生活,对城市的安全运行和可持续发展提出了挑战。在我国,城市防洪由水利部门负责,经过几十年的建设已经形成比较完善的体系。城市内涝灾害防治和城市排水由城建部门负责,已经建设的雨水排水管网只能排除小重现期条件下的降水径流,能够应对高重现期条件下内涝灾害防御体系几乎是空白。雨水排水标准普遍偏低,虽然已经制定了城市内涝防灾标准,但是由于缺乏相应的工程体系建设经验、预警机制不够健全、部门之间缺乏协调联动等,暴露出了城市内涝风险管理体系的不完善。

由源头控制工程、雨水排水管网工程、内涝防治工程、排涝工程和防洪工程共同组成应对城市水灾的工程体系,应明确它们之间的边界条件,以便分清责任。

(1)雨水排水管网工程的边界条件是保证在小重现期暴雨(一般地区 2~5 年)的条件下,城市区域不产生严重积水,不影响城市的正常运行。主要由地方政府的城建部门(或水务局)、住房和城乡建设部负责规划、建设、运营和管理。

超过雨水排水管网排水能力降水产生的地表径流进入城市内涝防治工程,所以雨水排水管网排水的设计标准是城市内涝防治工程的上游边界条件。

(2)内涝防治工程的边界条件是保证在大重现期暴雨(一般 20~100 年)的条件下(与内涝防治工程设计标准有关),城市区域不产生内涝灾害,不影响城市的正常运行。内涝防治工程的上游边界条件是雨水排水管网工程,下游边界条件是防洪工程(排涝工程),建设排除或蓄存城市区域超过雨水排水管网工程排水能力、小于内涝防治工程建设标准的暴雨径流的工程设施,保证城市在发生内涝防治工程建设标准以下的暴雨事件时不发生内涝灾害。建议由地方政府的城建部门(或水务局)、住房和城乡建设部负责规划、建设、运营和管理。

(3)排涝工程是城市防洪工程的重要组成部分,城市排涝工程的设计标准是保证排除城市涝水的设计水平,是城市区域降水径流可能排入受纳水体的限制性条件。

城市河流水系等能够接纳城市区域的降水径流水量是城市内涝防治工程

的下游边界条件。

(4)防洪工程的边界条件是保证城市的过境河流和水系不泛滥成灾,即防止外洪威胁城市的安全,从流域层面应保证河流行洪通道通畅、蓄滞洪区工作正常;从城市层面应保证城市安全,防止外部洪水泛滥进城。主要由地方政府的水利部门和水利部负责,国家和地方的防汛抗旱指挥部负责协调防汛、抢险和救灾事项。

源头控制工程、雨水排水管网工程、内涝防治工程、排涝工程和防洪工程这5个单元工程体系构成一个完整的应对城市区域洪、涝灾害的工程系统,它们相互联系、互相影响,是一个有机的整体,缺一不可。

(四)规范标准的衔接问题

源头控制工程、雨水排水管网工程、内涝防治工程、排涝工程和防洪工程这5个单元工程体系的设计标准的表述方式不同,可以分为3类:①源头控制工程采用降水量;②雨水排水管网工程、内涝防治工程、排涝工程采用降水强度,用重现期表示设计标准;③防洪工程采用观测洪峰流量的重现期。源头控制工程只能计算出总调蓄水量,没有数理统计的重现期设计标准概念,也无法计算出设计流量,因此对于高重现期极端暴雨事件的应对能力应慎重对待。2014版《室外排水设计规范》已经推荐采用年最大值法采集暴雨样本资料,为协调雨水排水管网工程、内涝防治工程、排涝工程这3个工程的设计标准奠定了基础;如果采用相同的基础暴雨资料,应采用相同的资料整理方法,则相同设计标准条件下的设计暴雨强度值应该相同的。防洪工程的设计标准与其他工程的标准不同,没有对应关系。

根据年最大值法采集暴雨样本资料的方法,设计工况条件下假设有充沛的前期降水,源头控制工程设计总调蓄水量对雨水排水管网工程、内涝防治工程和排涝工程的影响有限。

防洪工程、排涝工程与雨水排水管网工程、内涝防治工程的设计标准衔接可以简单地处理成设计工况的水位衔接。将来可以采用流量演算的方法进行流量通行能力的衔接。

为了科学构建城市排水防涝工程体系,根据现行的规范标准体系,提出了5个单元工程体系架构的设想,并探讨了5个单元工程的组成、应分担的任务、相互关系和设计标准衔接问题。在此,应注意以下问题:①源头控制工程以调蓄降水量为设计参数,无法与雨水排水管网工程的设计暴雨强度相衔接;②雨水排水管网工程、内涝防治工程和排涝工程都采用设计暴雨强度和设计暴雨作为设计参数,并且采用相同的年最大值采样分析方法,设计标准和设计计算方法应进行协调,以便保证系统的安全性和可靠性;③在总体框架下,应科学划分5个单元工程的任务和上下游边界条件,各个单元工程应完善其设计计算方法,并建立完善的监管体制,明确产生城市内涝的工程原因。

在5个单元工程中,除内涝防治工程是新的工程以外,其余4个单元工程都有比较完善的设计规范标准和技术方法,所以建立排除或蓄存超过雨水排水管网排水能力的暴雨径流的内涝防治工程的规范标准和技术方法体系是当前的重点和难点,应多专业合作协调,在技术经济评价的基础上,合理利用资源和资金,共同构建具有中国特色的城市排水防涝工程体系。

四、城市排水防涝工程管理

(一)排水防涝管理中的工程规划与施工建设

1.加强城市排水防涝工程的规划设计管理

没有科学的系统规划,就不会有完善的工厂系统。在健全规范标准体系的基础上,必须严格执行规范,对各地区编制的城市排水防涝规划进行严格审查,确保整个系统的完善。

2.加强城市排水防涝工程的施工建设质量管理

重视城市排水防涝工程的建设施工质量,建立完善的质量保障体系,健全施工验收程序,建立完善的视频验收和监管体系。

(二)排水防涝管理中的体制机制建设

1.增强城区防涝与水利防汛的分工和协作

就城市的排水防涝工作而言,城建、市政部门和水利部门是最主要的参与者。几个部门之间沟通的顺畅性、协作的有效性直接影响到城区的防汛排涝工作。然而,由于种种原因,目前由城建、市政部门主导的城区防涝与水利部门主导的水利防汛之间的衔接并不尽如人意。因此,建议由上级部门召集和协调,各排水防涝相关单位共同参与,对目前的职能分工进行进一步的明晰,一家牵头,其他单位紧密配合,共同完成排水防涝的各项工作。

2.加强城区排水与内河控污及景观建设的协调与平衡

目前城区排水与内河控污、景观建设也存在一定的矛盾,主要体现在内河水体污染控制与管网最顺畅排水之间的矛盾以及内河河道美观与防汛安全之间的矛盾。前者主要聚焦在截污闸门的开启问题,后者主要为河道景观的建设问题。

建立明确的机制,协调短期防汛安全与长期环境保护之间的冲突:在极端天气截污闸门提前开启,短期服从排水需求,而在平时则紧闭截污闸门,保护内河水体。对于内河河道的景观布置,则应以堤岸为主,适当考虑非主干行洪河道,并在条件允许时设置多级堤岸,兼顾防汛安全和市民对景观的需求。

3. 加强对内河水位的调控,建立水位调控和预降方案

为加强对内河水位的调控,建议在进一步理顺和明晰职能分工的前提下,针对不同内河河道采取"一河一策"的方法,因地制宜地制订相应的水位调控方案,确定在不同边界条件下(例如预报降水情况、实际降水情况、外围水位、外海潮位等)内河水位的预降方案和调度细则。尤其是河网分布密集的南方城市,应当充分利用这一优势,深度挖掘内河河道的调蓄和输送能力。

4. 修订现有防汛应急预案,完善排水相关制度条例

针对城市防汛防台预案中存在的问题,应当尽快组织修订相关条款,加强不同预警等级下的应急响应的层次性和递进性,增加对遗漏的部分相关单位的防汛职责界定,并建立专家库,进一步提升城市排水防涝的科学化管理水平。

5. 加强对现有排水设施、媒介的管理养护,提供充足的资金保障

对于部分尚未建立起日常清淤、养护制度的城市,应当借鉴巴黎、东京、上海等国内外城市在管道养护方面的先进经验,建立起管道的日常清淤和养护制度;同时设立专项资金,加强排水管网等市政基础设施的资金投入。

对于内河水系较为发达的城市,应当对所有内河进行集中梳理、系统规划,建立日常的清淤制度,充分挖掘内河的行洪能力及调蓄能力。

6. 建立公众的宣传和教育机制

纵观国内外排水防涝先进城市的成功经验,可以发现,对于公众的宣传教育,尤其是针对如何合理地应对灾情,实现自我保护,并减少人员、财产损失等的宣传教育十分重要。美国、法国、英国、日本等发达国家均十分重视对公众的防灾宣传教育,其中巴黎还设立了下水道博物馆,普及下水道与城市排水知识。我国北京、上海等城市也在逐渐推进类似的防灾宣传教育。2013 年,北京市防汛抗旱指挥部发布了致广大市民的一封信《安全度汛、人人参与》,通过宣传提高了公众的自我防护意识和对排水防汛工作的理解认可度,效果良好。

（三）排水防涝管理中的信息搜集与运用

1. 有效整合各类信息，完善排水防涝预警预报体系

预警预报信息的准确性直接关系到不同应急响应等级的启动和最终的排水防涝效果。建议从以下 3 个方面入手，加强信息收集，完善排水防涝预警预报体系。

（1）气象部门对目前的气象监测点进行系统评估，进一步完善气象监测网络，同时配备一定比例的机动气象监测车，便于在极端气象灾害中及时、稳定地搜集和发布各类预警预报信息。

（2）健全完善排水防涝预警预报体系时，加强对遥感、物联网、地理信息系统技术等新技术手段的吸纳，通过与气象预报技术密切结合，提高对降水信息预判的准确性和可靠性。

（3）气象信息与城市雨水排水管网、河网水系的动态信息结合，及时掌握各类排水防涝设施及河网水系的运行状况，并针对性地采取雨水管网、调蓄池预抽空、河道水位预降等措施，有效降低洪涝灾害的损失。

2. 加强信息化建设，尽快建立排水防涝信息化管控平台

加强排水设施信息化建设，通过构建可靠的无线信息传输网络大力推进"智慧排水""智慧城市"的建设。

第五节　国内外内涝防治经验

一、美国的内涝防治规范概述

与世界上许多国家不同，美国目前没有一部全国统一的"国家性"排水设计标准或规范。各类排水设施的规划设计以及日常运行管理活动需要遵循或参照各州政府颁布的多部法律法规和政策规定。一般而言，美国的城市排水系统是按照大排水系统和小排水系统分别进行规划建设。

图 4-18 为美国排水设计手册中对大排水系统和小排水系统的概念以及功能的解释。其内容可以译为"完整的雨水排除系统设计应该囊括对大排水系统和小排水系统的考虑。小排水系统也称为'便捷系统'，由城市雨水系统典型组

成部分所构成,包括闸阀、边沟、雨水口、检查井、圆管和其他管渠、明渠、水泵、滞洪区以及水质控制设施等。小排水系统一般用于排除重现期 10 年以及 10 年以内的降水事件。""大排水系统用于排除超过小排水系统设计排水能力时的地表内涝径流,通常该系统建设的目的在于应对小概率的降水事件,如重现期为 25 年、50 年甚至 100 年的降水事件。大排水系统由地表排水路径组成,包括人为设置的地表路径和自然形成的地表路径,通过地表排水路径,城市内涝积水最终向自然或人工的受纳渠道排放,例如城市的大小河道。设计者应当选择小概率的降水事件进行设计或校核(通常校核时选择 100 年重现期降水),且至少在总规阶段确定排水通道的布局以及相应的水深和流速"。

2.6.2 Major vs. Minor Systems

A complete storm drainage system design includes consideration of both major and minor drainage systems. The minor system, sometimes referred to as the "Convenience" system, consists of the components that have been historically considered as part of the "storm drainage system." These components include curbs, gutters, ditches, inlets, access holes, pipes and other conduits, open channels, pumps, detention basins, water quality control facilities, etc. The minor system is normally designed to carry runoff from 10-year frequency storm events.

The major system provides overland relief for stormwater flows exceeding the capacity of the minor system. This usually occurs during more infrequent storm events, such as the 25-, 50-, and 100-year storms. The major system is composed of pathways that are provided - knowingly or unknowingly -for the runoff to flow to natural or manmade receiving channels such as streams, creeks, or rivers.[12] The designer should determine (at least in a general sense) the flow pathways and related depths and velocities of the major system under less frequent or check storm conditions (typically a 100-year event is used as the check storm).

图 4-18 美国 *Urban Drainage Design Manual* 对两套雨水排除系统的规定

根据美国丹佛市的排水设计规范,大、小排水系统分别采用不同的设计标准建设,其各自的设计暴雨重现期如表 4-6 所示。

表 4-6 大、小排水系统设计暴雨重现期(美国丹佛市)

土地使用类别	小排水系统/年	大排水系统/年
居民区	2	100
商业区	5	100
工业区	5	100
城市空地	2	100
城市下洼区	5	100

关于排水系统的设计流量计算方法,美国排水设计规范 ASCE/EWRI45-05 中条款 4.1.6 的规定如图 4-19 所示。

图 4-19 中的条款可以译为"合理化方法(推理公式法)是美国常用的针对

4.1.6 Rational Method

The Rational Method is a common procedure used in the United States for determining a peak discharge for a given area. The rational equation is expressed as follows:

$$Q_P = KCIA \qquad \text{(Eq. 4-3)}$$

where

Q_p = peak discharge in cfs (m³/s)
C = runoff coefficient
I = rainfall intensity in inches per hour (mm/hr)
A = drainage area in acres (ha)
K = conversion factor = 1.0 (cfs-hr/ac-in) or in the SI system = 0.00278 (m³/s/ha-mm/hr)

The designer should use the method with caution. The method applicability is questionable for large watersheds, and its use should be limited to areas *less than* 200 acres (80 ha).

图 4-19　美国 ASCE/EWRI 45-05 排水设计规范 4.1.6 条款

特定区域计算峰值流量的方法。但设计者应该谨慎使用该方法,该方法对于大面积汇水区的应用是存在问题的,其使用范围应该限制在 200 英亩(80hm²)之内。"

针对推理公式法的应用不足,ASCE 规范还规定了另外 3 种可行的设计计算方法,包括单位洪水过程线法、美国自然资源保护服务局开发的 curve number 法(也称 SCS 法)以及基于模型的设计方法。

二、欧盟的内涝防治规范概述

欧盟部分发达国家,如英国和德国等,作为最早进入工业化时代的国家,也是较早拥有现代意义的城市排水系统的国家。直到今天,英国的大部分排水管道仍然为 19 世纪时建设的。欧盟发达国家通常采用在常规城市排水管渠设计规范基础上增加"洪涝设计频率"的标准规定,从而达到减少城市内涝灾害发生风险的目的。

欧盟 EN752-4 排水设计规范中关于管渠系统设计暴雨频率和设计洪涝频率的相关规定如表 4-6 所示。

表 4-6　欧盟 EN752-4 排水设计规范规定

设计暴雨频率	位置	设计洪涝频率
1 年一遇	乡村地区	10 年一遇
2 年一遇	住宅区	20 年一遇

设计暴雨频率	位置	设计洪涝频率
2年一遇	城市中心/工业区/商业区 ——有洪灾校核 ——无洪灾校核	30年一遇
10年一遇	地下铁/地下通道	50年一遇

注:对于这样的设计暴雨,不会发生超载。

EN752-4 规范通常是作为欧盟国家的最低标准规范实施,大部分国家和地区均在最低标准的基础上提出了更高的规范要求。如德国设计标准 ATV-A118 在 EN752-4 规范的基础上采用了超载频率而非洪涝频率的概念,进行更高的管网系统建设要求规定。"洪涝""超载"是欧盟排水规范中出现的两个新的概念。这两个概念反映了国外对排水管网系统设计新的认识,能够更为科学地描述排水设计中的水力状态,有利于预防城市内涝灾害的发生。

在欧盟规范中,"洪涝"为污水或雨水径流不能进入城市排水管渠,从而滞留于地面或进入建筑物的状况。"超载"为重力流管渠中,雨水、污水处于压力流状态,但尚未溢出地面造成洪涝灾害的水力状况。排水管渠系统增加了"设计洪涝频率""设计超载频率"的规范要求,实质上是提高了管渠系统的设计要求,使城市排水管渠系统成为内涝灾害防治的主要工程。

英国排水管网的设计洪涝标准采用 30 年一遇,并辅助可持续城市排水系统的设计理念(SUDS)对城市内涝灾害进行综合防治。一套完整的 SUDS 排水系统设计理念可以分成上游、中游和下游三个控制环节,每个环节都有相应的排水设施或工艺。上游环节主要针对私有的住宅或办公楼等产生径流的区域;在该区域,典型的 SUDS 工艺包括绿色屋顶、渗水坑等。中游环节针对位于上游地区和雨水的最终受纳水体之间雨水可能流经的所有区域,包括城市道路和各种雨水截留、渗透和处理设施;这些设施包括道路行泄通道、透水性路面、渗透沟等。SUDS 的下游环节针对雨水的最终受纳水体,如露天的、人工建造的雨水贮存池、人工湿地和天然水体等。

对排水流量的水力计算方法,EN752-4 规范中规定对于大型排水系统设计,尤其是城市重要的和地形坡度变化较大的区域,推荐采用计算机模型技术对管渠水力状况进行模拟计算,以保证设计达到规定的洪灾频率。

三、澳大利亚的内涝防治规范概述

澳大利亚的内涝防治与美国类似,同样采用了大排水系统和小排水系统共同承担城市降水的排除任务。澳大利亚排水设计手册中的相关规定如图 4-20 所示。

> ### 6.2   DESIGN STANDARDS
>
> Drainage design shall adopt the principles of major/minor drainage system in accordance with the publication Australian Rainfall and Runoff (AR&R). Other prominent source reference material, such as from the Department of Housing, the Concrete Pipe Association of Australasia, or the Queensland Road Drainage Manual may be used, with acknowledgement.
>
> All calculations must be carried out by competent persons, qualified and experienced in hydrologic and hydraulic design, utilising drainage models that are accepted as current industry standards.
>
> The major system shall provide safe overland flow conveyance for large storm events, whilst the minor system shall be capable of conveying runoff from minor storm events. Preliminary concurrence of design concepts may be sought from Council prior to submission.

图 4-20   澳大利亚排水设计手册对大、小排水系统设计规定

图 4-20 是设计手册中对排水系统设计原则的规定,上述内容可翻译如下文。

(1)"排水设计应当遵循大排水系统和小排水系统共同设计的原则。大小排水系统设计时应当参考澳大利亚降水和径流设计手册以及其他部门的相关规定,包括住房部门、澳大利亚混凝土管道协会和昆士兰道路排水设计手册的规定,并与上述规定保持一致或得到认可。"

(2)"设计时,所有的计算均必须由在水文和水力设计方面有足够经验和相应资格的设计人员完成,并采用符合当前行业标准的排水模型技术。"

(3)"大排水系统应当提供安全的行泄路径排除较大降水事件,小排水系统应当有足够的能力排除小降水事件产生的地表径流。"

澳大利亚排水设计标准通常采用年平均重现期或可能最大洪水的指标表示,这两个指标定义了排水系统必须应对的设计降水事件的大小。

澳大利亚排水设计规范中对大、小排水系统设计标准做出了规定,其中可能最大洪水是指研究区域实际可能发生的最大洪涝事件,代表了极端罕见的设计降水事件。其规定内容见表 4-7 和表 4-8。

表 4-7   大排水系统设计标准规定(澳大利亚)

大排水系统	年平均重现期
地表行泄通道和大型渠道排水系统	100 年
设施最大能力和最小灾害损失设计	可能最大洪水
城市洼地且无自然出口区域	可能最大洪水

表 4-8   小排水系统设计标准规定(澳大利亚)

小排水系统	年平均重现期/年
城市住宅区	10
乡村居住地区	5
商业和工业区	10
公园和休闲娱乐区	1~10
乡村-纵向排水	5
乡村-低穿越涵洞	20
干线道路交叉区域	20

值得注意的是,澳大利亚排水设计规范中将城市道路作为大排水系统行泄通道的重要组成部分,并对其设计水深和设计稳定系数(水深和流速的乘积)做了详细规定。

四、中国香港的内涝防治规范概述

香港位处全球热带气旋的寻常路径,每年的平均降水量达 2400mm,是太平洋周边地区降水量最高的城市之一。香港在 1989 年成立渠务署之前,同样遭遇了非常严重的城市内涝问题,经过 10 年的全港土地排水及防洪防涝策略研究,以及西九龙排水改善研究(1994—1995)和雨水排放整体计划研究(1994—2004),现在已经形成了集城市排水、防涝和防洪功能为一体的城市综合排水防洪体制。在该体制下,城市排水系统采用防洪标准进行规划建设,与传统的国外小排水系统和我国大陆的排水管渠系统概念已经有所区别,香港的城市排水系统包括了大型的排水隧道和蓄洪池等工程,与国外大排水系统的概念更为接近,设计标准同样远高于其他国家和地区,其相应的设计标准规定如表 4-9所示。

表 4-9 香港排水系统设计标准规定

排水系统类别	设计重现期/年
市区排水干渠系统	200
市区排水支渠系统	50
主要乡郊集水区防洪渠	50
乡村排水系统	10
密集使用农地	2～5

五、法国巴黎的排水系统

巴黎经常下雨,但从未发生因下雨积水导致交通堵塞。巴黎的下水道系统是一个绝世的伟大工程,这里没有黑水横流的垃圾,也没有臭气熏天的各种腐烂物体。事实上,自从雨果在《悲惨世界》中介绍冉阿让背负自己的未来女婿穿过了一段危险又深邃的下水道流沙泥之后,巴黎的下水道系统又经过了无数次的改进,现在,巴黎人甚至将其开发成了下水道博物馆,向世人介绍他们的成就。

巴黎的下水道均处在巴黎市地面以下 50m,水道纵横交错,密如蛛网,总长2347km,规模远超巴黎地铁。

巴黎每年从污水中收回的固体垃圾有 1.5 万 m^3,巴黎地区现有 4 座污水处理厂,日净化水能力为 300 多万 m^3,净化后的水排入塞纳河,而每天冲洗巴黎街道和浇花草的 40 万 m^3 非饮用水均来自塞纳河。

六、日本东京的排水系统

东京的地下排水系统主要为避免受到台风雨水灾害的侵袭而建。这一系统于 1992 年开工,2006 年竣工,是世界上最先进的下水道排水系统,其排水标准是 5～10 年一遇,由一连串混凝土立坑构成,地下河深达 60m。

东京的雨水有两种渠道可以疏通。靠近河渠地域的雨水一般会通过各种建筑的排水管,以及路边的雨水口直接流入雨水蓄积排放管道,最终通过大支流排入大海;其余地域的雨水,会随着每栋建筑的排水系统进入公共排水管,再随下水道系统的净水排放管道流入公共水域。

七、英国伦敦的排水系统

1700 年的时候,伦敦已经是一个拥有 57 万人口的欧洲超级大都市,但城市的排水系统极其糟糕。1ft(1ft＝0.3048m)多深的明渠中塞满了灰烬、动物尸体,甚至粪便。糟糕的排污系统将街道变得肮脏不堪、臭气熏天。1842 年,大不列颠帝国派出考察队去罗马和巴黎参观供排水系统,发现古罗马的排水系统比起维多利亚时代的英国要先进得多、卫生得多。为了改善下水道,英国政府成立了一个皇家委员会。

1856 年,巴瑟杰承担设计伦敦新的排水系统的任务。他计划将所有的污水直接引到泰晤士河口,全部排入大海。他最初的设计方案是,地下排水系统全长 160km,位于地下 3m 的深处,需挖掘土 350 万 t,但这个计划连续 5 次被否决。1858 年夏天,伦敦市内的臭味达到有史以来最严重的程度,伦敦市政当局在巨大的舆论压力下,不得不同意了巴瑟杰的地下排水系统改造方案。

1859 年,伦敦地下排水系统改造工程正式动工。1865 年工程完工,实际长度超过设计方案,全长达 1700km 以上。当年伦敦的全部污水都被排往大海。

八、国内外排水系统设计的经验总结

通过对国内外排水系统设计规范的分析,排水管渠系统国外一般称之为小排水系统,与我国雨水管渠系统规划概念基本一致,只是排水标准略高于我国。不同之处在于,部分发达国家的排水管渠系统设计中明确了"超载"的概念,对管渠系统设计时的"暴雨重现期"和"超载重现期"分别进行了规定。

前述排水系统设计中明确了推理公式法的应用范围,并对模型技术在较大汇水面积排水系统设计中的应用形成了强制性的条文规定。它们的内涝防治对策可总结归纳为以下 3 种抵御城市内涝的工程建设模式。①香港模式。特点是将大、小排水系统和防洪系统归为一套系统建设。香港通过规划地下巨型排水隧道,以防洪标准建设排水系统,使城市排水问题、内涝灾害和城市防洪均得到有效防治,并可以有效抵御台风灾害。②欧洲模式。特点是建设高标准的城市排水系统,辅助投入相对较少的内涝防治工程设施共同承担城市内涝灾害设防任务。③美国和澳大利亚模式。特点为相对低标准的小排水系统(2～10年一遇)和高标准的大排水系统共同组成城市内涝灾害防治的综合工程体系。

对于城市内涝防治体系的设防标准,大多数发达国家和地区基本采用与防洪体系一致的设计标准,保障在没有发生洪灾的条件下,同样不会发生城市内涝灾害。而我国系用排水、防涝、排涝和防洪四套标准,共同抵御城市洪涝灾害。

参 考 文 献

[1] 白海玲,黄崇福.自然灾害的模糊风险[J].自然灾害学报,2000,9(1):47-53.

[2] 北京城市规划设计研究院.城市防洪防涝理论体系研究报告[R].2014.

[3] 车伍,杨正,赵杨,等.中国城市内涝防治与大小排水系统分析[J].中国给水排水,2013,16:13-19.

[4] 葛全胜,邹铭,郑景云,等.中国自然灾害风险综合评估初步研究[M].北京:科学出版社,2008.

[5] 胡晓静,吴敬东,叶芝菡.北京"2012.7.21"暴雨洪灾调查与影响因素分析[J].中国防汛抗旱,2012,22(6):1-3,30.

[6] 黄崇福.自然灾害风险分析与管理[M].北京:科学出版社,2012.

[7] 刘子龙.基于模型的城市内涝灾害防治理论与技术研究[D].北京:北京工业大学,2015.

[8] 权瑞松.典型沿海城市暴雨内涝灾害风险评估研究[D].上海:华东师范大学,2012.

[9] 任伯帜.城市设计暴雨及雨水径流计算模型研究[D].重庆:重庆大学,2004.

[10] 施国庆.洪灾损失率及其确定方法探讨[J].水利经济,1990(2):37-42.

[11] 史培军.四论灾害系统研究的理论与实践[J].自然灾害学报,2005,14(6):1-7.

[12] 王磊.基于模型的城市排水管网积水灾害评价与防治研究[D].北京:北京工业大学,2010.

[13] 谢映霞.城市排水与内涝灾害防治规划相关问题研究[J].中国给水排水,

2013,17(29):105-108.

[14] 尹占娥.城市自然灾害风险评估与实证研究[D].上海:华东师范大学,2009.

[15] 张继权,冈田宪夫,多多纳裕一.综合自然灾害风险管理:全面整合的模式与中国的战略选择[J].自然灾害学报,2006,15(1):29-37.

[16] 中华人民共和国住房和城乡建设部,中华人民共和国国家质量监督检验检疫总局.室外排水设计规范:GB 50014—2006[S].北京:中国建筑工业出版社,2014.

[17] 周玉文.排水管网理论与计算[M].北京:中国建筑工业出版社,2000a.

[18] 周玉文.城市排水管网非恒定流模拟技术的实用意义与应用前景[J].给水排水,2000b,5:14-16.

[19] 周玉文.构建三套工程体系 确保城市洪涝安全[J].给水排水动态,2011(4):12-14.

[20] 周玉文,赵洪宾.城市雨水径流模型研究[J].中国给水排水,1997,13(4):4-6.

[21] 住房和城乡建设部.关于城市排水系统排涝情况的调研报告[R].2010.

[22] ARNELL N W. Expected annual damage and uncertainties in flood frequency estimation [J]. Journal of Water Resources Planning and Management,1989,115(1):94-107.

[23] BENITO G,LANG M,BARRIENDOS M,et al. Use of systematic,palaeoflood and historical data for the improvement of flood risk estimation,review of scientific methods[J]. Natural Hazards,2004,31:623-643.

[24] DJORDJEVI S,BUTLER D,GOURBESVILLE P,et al. New policies to deal with climate change and other drivers impacting on resilience to flooding in urban areas:The CORFU approach[J]. Environmental Science & Policy,2011(14):864-873.

[25] DOWNING TE,BUTTERFIELD,R E,COHEN S,et al. UNEP vulnerability indices:Climate change impacts and adaptation[J]. UNEP Poliey Series,2001:3.

[26] DUTTA D,TINGSANCHALI T. Development of loss functions for ur-

ban flood risk analysis in Bangkok[C] //Proceedings of the 2nd International Symposium on New Technologies for Urban Safety of Mega Cities in Asia,ICUS. The University of Tokyo,2003:229-238.

[27] GREIVING S,FLEISCHHAUER M,LÜCKENKÖTTER J. Methodology for an Integrated Risk Assessment of spatially relevant hazards[J]. Journal of environmental Planning and management,2006,49(1):1-19.

[28] KAPLAN S,GARRICK B J. On the quantitative definition of risk[J]. Risk Analysis,1981,1:11-27.

[29] KIBLER D F. Model choice and sacle in urban drainage design[J]. Proc. ASCE Engineering Hydrology Symposium,1987:156-160.

[30] MERZ B,KREIBICH H,SCHWARZE R,THIEKEN A. Assessment of economic flood damage[J]. Natural Hazards and Earth System Sciences, 2010,10:1697-1724.

[31] MESSNER F,MEYER V. Flood risk management:Hazards,vulnerability and mitigation measures[M] //Schanze J, Zeman E, Marsalek J. NATO Science Series,Heidelberg:Springer Publisher,2006:149-167.

[32] MORGAN M G,HENRION M. Uncertainty:A guide to dealing with uncertainty in quantitative risk and poliey analysis[M]. London:Cambridge University Press,1990.

[33] NOTT J. Extreme events:A physical reconstruction and risk assessment [M]. Cambridge:Cambridge University Press,2006.

[34] PENNING-ORWSELL E, VIAVATTENE C, PARDOE J, et al. The benefits of flood and coastal risk management:A handbook of assessment techniques[R]. London:Flood Hazard Research Centre,2010.

[35] RENÉJ R,MADSEN H,MARK O. A methodology for probabilistic real-time forecasting:An urban case study[J]. Journal of Hydroinformatics, 2013:751-762.

[36] SMITH D I. Flood damage estimation:A review of urban stage damage curves and loss functions[J]. Water SA,1994,20:231-238.

[37] SU M D,KANG J L,CHANG L F,et al. A grid based GIS approach to

regional flood damage assessment[J]. Journal of marine science and technology,2005,13(3):184-192.

[38] TANAVUD C,YONGCHALERMCHAI C,BENNUI A,et al. Assessment of flood risk in Hat Yai Municipality,Southern Thailand,using GIS [J]. Journal of Natural Disaster Science,2004,26(1):1-14.

[39] TOBIN G A,MONTZ B E. Natural hazards:Explanation and integration [M]. New York:The Guilford Press,1997.

[40] UN/ISDR. Living with Risk:A Global Review of Disaster Reduction Initiatives 2004 Version[M]. Geneva:United Nations,2004.

[41] WILSON R,CROUCH E A C. Risk Assessment and Comparison:An introduction[J]. Science,1987,236(4799):267-270.

[42] ZHOU Q,GAO L,LIU R,et al. Network robustness under large scale Attack[M]. New York:Springer Publishing Company,2013.

[43] ZHOU Q,KAR S,HUI L,et al. Distributed estimation in sensor networks with imperfect model information:An adaptive learning based approach[J]. IEEE International Conference on Acoustics,Speech,and Signal Processing(ICASSP). 2012(03):3109-3112.

第五章　水库与防洪安全

第一节　中国水库及其管理

一、中国水库基本情况

水库作为水利工程体系的重要组成部分,具有防洪、发电、灌溉、供水、航运、养殖、旅游、生态等多种功能,在水资源时空调节与优化配置、洪水调控与管理中通过拦、排、滞、分、引、泄等不同调度运用方式,发挥着除害兴利、化害为利的重要作用,是国民经济的重要基础设施。中国有着 2500 多年的筑坝史,是人类筑坝历史最悠久的国家之一,也是当今世界拥有水库数量最多的国家。

根据第一次全国水利普查数据,截至 2011 年底,我国 10 万 m³ 及以上的已建和在建水库工程有 98002 座(未含港、澳、台地区,下同),总库容 9323.12 亿 m³。其中,大型水库(库容≥1 亿 m³)756 座,总库容 7499.85 亿 m³;中型水库(1000 万 m³≤库容<1 亿 m³)3938 座,总库容 1119.76 亿 m³;小型水库(10 万 m³≤库容<1000 万 m³)93308 座,总库容 703.51 亿 m³。全国不同规模水库数量与总库容汇总成果如表 5-1 所示。全国不同规模水库数量与总库容比例如图 5-1 和图 5-2 所示。

表 5-1　全国不同规模水库数量与库容汇总

水库工程	合计	大型		中型	小型	
		大(1)	大(2)		小(1)	小(2)
数量/座	98002	127	629	3938	17949	75359
总库容/亿 m³	9323.12	5665.07	1834.78	1119.76	496.38	207.13

我国水库总库容,相当于全国河川年径流总量的 1/3。水库供水的灌溉总面积达 2.9 亿多亩,约占全国有效灌溉面积的 1/3。全国水电装机容量达 1.28 亿 kW,约占全国总装机容量的 1/5,其中农村水电装机容量累计达 0.53 亿 kW,约占全国水电装机容量的 41.4%。这些水电站为工农业生产和国民经济发展提供了可靠的能源保证。据统计,水库工程供水能力为 2400 亿 m³,占全国水利工程实际供水能力的 36.5%,每年约向城市供水 200 亿 m³,有效地缓解了城市水资源的短缺。我国的许多重要城市,如大连、青岛、沈阳、长春、石家庄、西安、乌鲁木齐、深圳、香港等城市的工业和居民生活用水主要来自水库,水库已成为这些城市经济社会发展的重要保障。

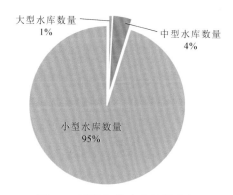

图 5-1 不同规模水库数量比例   图 5-2 不同规模水库总库容比例

水库数量分布从省级行政区来看,主要分布在湖南、江西、广东、四川、湖北、山东和云南七省,占全国水库总数量的 61.7%。总库容较大的是湖北、云南、广西、四川、湖南和贵州六省(自治区),共占全国水库总库容的 47%。各省(直辖市、自治区)水库数量及库容占全国总数量及总库容比例如表 5-2 所示。

表 5-2 各省(直辖市、自治区)水库数量及库容占全国总数量及总库容比例表

省(直辖市、自治区)	湖北	广西	湖南	广东	浙江	贵州
水库数量比例/%	6.7	4.7	14.4	8.6	4.4	2.4
水库库容比例/%	14.8	8.0	5.9	5.9	5.3	5.1
省(直辖市、自治区)	河南	云南	辽宁	四川	吉林	安徽
水库数量比例/%	2.7	6.2	0.9	8.3	1.7	6.0
水库库容比例/%	5.0	4.4	4.3	4.3	4.0	3.8

省(直辖市、自治区)	湖北	广西	湖南	广东	浙江	贵州
水库数量比例/%	0.2	11.1	1.2	6.6	1.1	3.7
水库库容比例/%	3.7	3.6	3.2	2.6	2.4	2.4
省(直辖市、自治区)	新疆	重庆	海南	甘肃	内蒙古	陕西
水库数量比例/%	0.7	3.1	1.1	0.4	0.6	1.1
水库库容比例/%	2.2	1.4	1.3	1.2	1.2	1.0
省(直辖市、自治区)	山西	北京	江苏	西藏	天津	宁夏
水库数量比例/%	0.6	0.1	1.1	0.1	0.0	0.3
水库库容比例/%	0.8	0.6	0.4	0.4	0.3	0.3

水库数量分布从水资源一级区来看,北方六区(松花江区、辽河区、海河区、黄河区、淮河区、西北诸河区)共有水库工程 19818 座,总库容 3042.85 亿 m^3,分别约占全国水库数量和总库容的 20.2% 和 32.6%;南方四区(长江区、东南诸河、珠江区、西南诸河区)共有水库工程 78184 座,总库容 6280.27 亿 m^3,分别约占全国水库数量和总库容的 79.8% 和 67.4%。

二、水库管理体制

中国的水库管理实行从中央到地方分级负责的管理体制。管理职责大致可分为行政管理和运行管理两部分,分别由水行政主管部门和水库管理机构负责履行。

水利部会同有关主管部门,行使全国水库大坝安全管理的行政管理职能,对水库大坝安全实施监督。负责拟定有关水库管理的法律、法规、规章及技术标准并监督实施;负责监督检查全国水库大坝的管理养护和安全运行;组织对国民经济有重大影响的水资源综合利用及跨流域(全国七大流域)引水等工程的建设与管理。

国务院水行政主管部门在国家确定的重要江河、湖泊设立的七个流域管理机构:长江水利委员会、黄河水利委员会、淮河水利委员会、海河水利委员会、珠江水利委员会、松辽水利委员会及太湖流域管理局,在所辖范围内,依照授权行使对水库的行政管理职能。

县级以上地方人民政府水行政主管部门会同有关主管部门,行使本行政区域内水库大坝安全管理的行政管理职能,对水库大坝安全实施监督。

水利部大坝安全管理中心,参与拟订水库大坝安全管理法规与规章,编制大坝安全技术标准;归口管理全国水库大坝注册登记和安全鉴定资料,收集管理全国水库大坝基础数据;组织大坝安全检查,指导大坝安全评价与鉴定,核查病险水库鉴定成果;指导大坝安全监测和资料整编分析,开展大坝安全管理信息化建设;参与大坝安全突发事件应急处置或重大调查研究活动,开展大坝安全管理技术研究,为水库大坝安全管理提供技术支撑;承担大坝安全管理技术的行业培训等。

我国大中型水库和重要小型水库都设置了专门的运行管理机构;而部分小型水库,尤其是农村集体经济组织所属的小(2)型水库,则由业主或承包人进行日常运行管理。水库运行管理机构按照有关水库管理的法规制度与技术标准,具体负责水库日常安全管理、调度运营、维修养护,以及执行防汛指挥机构的调度指令等。为了加强对小型水库的管理,2010 年 5 月 31 日,水利部印发了《小型水库安全管理办法》。其明确规定,小型水库安全管理实行地方人民政府行政首长负责制;小型水库安全管理责任主体为相应的地方人民政府、水行政主管部门、水库主管部门(或业主)以及水库管理单位;农村集体经济组织所属小型水库安全的主管部门职责由所在地乡、镇人民政府承担。

三、水库大坝运行管理法规与技术标准

(一)大坝运行管理法规

我国水库大坝运行管理,在 20 世纪 70 年代末以前,主要是以各种行政文件作为水库管理的依据,尚未上升到法规的层面;70 年代末 80 年代初,相继制定了《水库工程管理通则》《土坝观测资料整编办法》《混凝土大坝安全监测技术规范》等规范性文件。

水库大坝运行管理从我国国家法律层面讲,以《水法》《防洪法》为基础,涉及《水土保持法》《水污染防治法》《环境保护法》《环境影响评价法》《防震减灾法》《安全生产法》《土地管理法》等相关法律。其中,《水法》是 1988 年 1 月 21 日主席令第 61 号公布,2002 年 8 月 29 日修正,主席令第 74 号公布,2002 年 10

月 1 日起施行,是水库管理遵循的最高位法;《防洪法》是 1997 年 8 月 28 日主席令第 88 号公布,1998 年 1 月 1 日起施行,是一部专门调整、防治洪水,防御、减轻洪涝灾害方面的法律。《水法》颁布施行后,我国水法规体系建设进入了一个快速发展的新时期,水库管理法规与技术标准体系建设也不例外。

从行政法规层面讲,水库大坝安全管理的专门法规是 1991 年 3 月 22 日国务院令第 77 号发布的《水库大坝安全管理条例》,该条例是大坝安全管理的专门法规,是水库管理法规体系的核心;其次是以国务院令第 86 号发布于 1991年 7 月 2 日并开始施行的《防汛条例》,该条例根据《国务院关于修改〈中华人民共和国防汛条例〉的决定》制定,于 2005 年 7 月 15 日以国务院令第 441 号公布施行;此外,重要的法规性文件还有《水利工程管理体制改革实施意见》《国家突发公共事件总体应急预案》《国家防汛抗旱应急预案》等。

从部门规章层面讲,水利部制定了《水库大坝注册登记办法》《水库大坝安全鉴定办法》《水库降等与报废管理办法(试行)》《关于加强水库安全管理工作的通知》《关于加强小型水库安全管理工作的意见》等一系列重要规范性文件。

(二)水库大坝运行管理技术标准

技术标准与法规虽然都是规范和约束水库大坝运行管理行为的规则,但二者在制定机关、制定程序、颁布以及法律责任的设定等方面有着明显的区别。

在水库综合管理方面,水利部制定了《水库工程管理通则》《水库工程管理设计规范》《中国水库名称代码》《水库工程管理设计规范》《中国水库名称代码》《水利水电工程等级划分及洪水标准》《已成防洪工程经济效益分析计算及评价规范》等一系列技术标准;在水库实际运行管理方面,制定了《水库洪水调度考评规定》《防汛储备物资验收标准》《防汛物资储备定额编制规程》《大中型水电站水库调度规范》《土石坝安全监测技术规范》《混凝土大坝安全监测技术规范》《土石坝安全监测资料整编规程》《大坝安全自动监测系统设备基本技术条件》等技术标准;在水库及其相关设备维修养护方面,制定了《土石坝养护修理规程》《混凝土坝养护修理规程》《水工钢闸门和启闭机安全检测技术规程》《水利水电工程闸门及启闭机、升船机设备管理等级评定标准》《水工金属结构防腐蚀规范》等相关技术标准。

水利行业制定的一系列技术标准比较完整且适用对象较为广泛。此外,电力行业也有较为体系化的大坝安全技术标准,适用于电力行业的水电站大坝。

截至目前,我国已初步形成了以《水法》《防洪法》等为基础,《水库大坝安全管理条例》为骨干,一系列规章、规范性文件和技术标准为辅助的较为完备的水库管理法规与技术标准体系,为水库管理的法治化、规范化奠定了基础。

四、水库管理制度

依据有关法律法规,我国建立了一系列行之有效的水库大坝安全管理制度。

(一)水库大坝注册登记制度

根据国务院 1991 年 3 月 22 日发布的《水库大坝安全管理条例》第 23 条的规定,为加强水库大坝的安全管理和监督,全面掌握水库大坝的基本状况,作为水库管理的一项基础性工作,水利部建立了水库大坝注册登记制度,并制定了《水库大坝注册登记办法》,该办法于 1995 年 12 月 28 日发布实施,并于 1997 年 12 月 25 日修订后重新发布。

水库大坝注册登记制度实行的是水库大坝注册登记分部门分级负责制。省一级或以上各大坝主管部门负责登记所管辖的库容在 1 亿 m^3 以上大型水库大坝和直管的水库大坝;地(市)一级各大坝主管部门负责登记所管辖的库容在 1000 万～1 亿 m^3(不含 1 亿 m^3)的中型水库大坝和直管的水库大坝;县一级各大坝主管部门负责登记所管辖的库容在 10 万～1000 万 m^3(不含 1000 万 m^3)的小型水库大坝。国务院水行政主管部门负责全国水库大坝注册登记的汇总工作。国务院各大坝主管部门和各省、自治区、直辖市水行政主管部门负责所管辖水库大坝注册登记的汇总工作,并报国务院水行政主管部门。

(二)水库大坝安全鉴定制度

为加强水库大坝安全管理,完善水库鉴定制度,及时准确掌握水库大坝的安全状况,以及采取切实有效的除险加固措施,确保水库大坝安全运行,水利部建立了水库大坝安全鉴定制度,并制定了《水库大坝安全鉴定办法》和《水库大坝安全评价导则》。

水库大坝安全鉴定的范围主要包括大型水库、中型水库、小(1)型水库,小(2)型水库可参照执行。安全鉴定中所指的"大坝"包括永久性挡水建筑物以及与其配套使用的泄洪、输水、发电和过船建筑物(与水库安全密切相关者)。大坝安全鉴定的审定部门,原则上按分级管理负责制度执行。

(三)水库降等运用与报废制度

因建设上的先天不足和运行上的疏于管理,以及库容淤积、各类灾害破坏、设计寿命到期等原因,我国现有大量水库尤其是小型水库需要降等(简称降等)运用或报废。为进一步加强水库安全管理,规范水库降等与报废工作,根据《水法》和《水库大坝安全管理条例》,建立了水库降等运用与报废制度,并制定了《水库降等与报废管理办法》。该办法由水利部于 2003 年 5 月 26 日发布,2003年 7 月 1 日实施。

降等是指因水库规模减小或者功能萎缩,将原设计等别降低一个或者一个以上等别运行管理,以保证工程安全和发挥相应效益的措施。报废是指对病险严重且除险加固技术上不可行或者经济上不合理的水库以及功能基本丧失的水库所采取的处置措施。县级以上人民政府水行政主管部门按照分级负责的原则对水库降等与报废工作实施监督管理。水库主管部门(单位)负责所管辖水库的降等与报废工作的组织实施;乡镇人民政府负责农村集体经济组织所管辖水库的降等与报废工作的组织实施。水库降等与报废,必须经过论证、审批等程序后实施。

(四)水库管理目标考核制度

为推进水利工程管理规范化、法治化、现代化建设,提高水利工程管理水平,确保水利工程运行安全和充分发挥效益,2003 年水利部颁布了《水利工程管理考核办法(试行)》及其考核标准,初步建立了水库管理目标考核制度。2008年 6 月,水利部对考核办法做了修订并发布。

该办法适用于大中型水库,其他水库等工程参照执行。考核制度要求水库管理单位每年要根据考核标准对水库的安全管理、运行管理、经营管理和组织管理等状况进行自检,并将自检结果报上一级水行政主管部门。各级水行政主管部门按照分级负责的原则进行考核。考核结果达到水利部验收要求的,可自愿申报水利部验收。通过水利部验收的水管单位,由水利部通报。各级水行政主管部门及流域管理机构可对通过水利部验收的水管单位给予奖励。

(五)水库管理人员培训制度

为了提高我国水库管理人员的素质和专业化水平,以适应水库管理规范化、法治化、现代化建设目标的需要,自 20 世纪 70 年代以来,实施水库管理人员培训制度,坚持组织开展各种形式和层次的水库管理人员培训活动。目前,正在探索水库重要管理岗位人员资格管理制度,通过专门培训和考试,实行持证上岗。同时,为了学习和借鉴国外先进的水库大坝管理技术和经验,先后多次组织水库管理人员赴英、美、法、加、日等国家进行培训和考察。通过培训,有效地提高了水库管理人员的素质。

第二节　水库防洪调度

一、水库防洪调度概述

水库不仅是调节流域天然径流、存储水资源的工程手段,也是江河防洪工程体系的重要组成部分;而水库防洪调度则是科学运用洪水风险分析及洪水预报、预警和优化调度系统等技术手段,充分发挥水库在防洪工程体系中的作用,达到除害兴利的目的。其主要任务是在优先保证水库本身和下游防洪安全的前提下,根据水库设计防洪标准、下游河道安全泄量等要求,结合工程现状、洪水特性及洪水风险分析等基础资料,兼顾水库的其他功能需求,拟定合理的防洪调度方式、调度规则与控制指标;据此在汛期基于雨情、水情、工情、险情、灾情等实时监测、预报、预警信息对防洪形势做出基本分析和判断,形成可实施的水库防洪调度方案。

科学合理的水库防洪调度方式是防洪减灾、提高洪水资源利用率的重要基础。如辽宁省大伙房水库与大连理工大学联合研究出"应用降水二级分辨预报、洪水总量预报信息的防洪预报调度方式",可将沈阳和抚顺两市的防洪标准分别提高到 300 年和 100 年一遇,汛期限制水位由 126.4m 提高到 127.8m,年平均增加工业供水 4300 万 m^3,水库流域遭遇 1995 年特大洪水时应用此调度方法削峰 50%,保护了沈阳和抚顺两大城市的防洪安全,初估减灾效益 75 亿元;河北省岗南水库在科学调蓄洪水资源防洪调度思想的指导下,自 1959 年运行以来共调蓄洪水总量 100 多亿 m^3,不仅经受了 1963 年、1988 年、1996 年、1999年等特大洪水的考验而且最大限度缓解了 1984—1987 年、1990—1994 年以及1997 年 3 次连续干旱年份的抗旱供水压力,充分发挥了该水库防洪减灾与兴利的双重效益。

水库防洪调度基本指导思想、调度方法的研究确实能够为水库综合功能的发挥提供重要的技术支撑。然而,在水库防洪调度的有关科研及实践工作中,不同利益相关者对其基本概念存在理解和使用上的偏差,加之法治化、科学化的决策程序尚有待建立健全,以致水库工程管理和调度工作常常难以准确把握。

二、水库防洪调度重要基本概念

水库防洪调度所涉及的基本概念主要有水库设计的各特征水位及相应库容、防洪调度原则、防洪调度方式、防洪调度规则及防洪调度方案。

(一)水库设计的特征水位、库容及其作用

根据水库的防洪与兴利任务,一般设计如下一些特征水位和库容(图 5-3)。

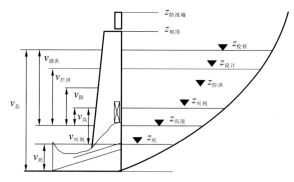

图 5-3　水库特征水位与库容示意图

1. 死水位($z_死$)和死库容($v_死$)

水库正常运用情况下,允许水库消落的最低水位,称为死水位,该水位以下的库容即死库容。它不参与调节径流,用于防淤或维持鱼的生命最低要求,蓄水量一般不动用。

2. 正常蓄水位($z_兴利$)和兴利库容($v_兴利$)

水库正常运用情况下,为满足设计的兴利要求,在设计枯水年(或枯水段)开始蓄水时应蓄到的水位,称为正常蓄水位,又称正常高水位或设计兴利水位。它与死水位之间的库容即兴利库容(或调节库容)。

3. 防洪限制水位($z_汛限$)

水库在汛期允许蓄水的上限水位,称为防洪限制水位。可根据洪水特性和防洪兴利要求,对汛期不同时期分段拟定。把防洪限制水位定在正常蓄水位以

下时,则两水位之间的库容称为共用库容($v_{共}$),从而可减少专用防洪库容。

4. 防洪高水位($z_{防洪}$)和防洪库容($v_{防}$)

遇下游防护对象的设计洪水时水库为控制下泄流量而拦蓄洪水,这时坝前达到的最高水位称为防洪高水位。该水位与防洪限制水位的库容称为防洪库容。

5. 设计水位($z_{设计}$)和拦洪库容($v_{拦洪}$)

遇大坝设计标准洪水时,水库在坝前达到的最高水位,称为设计洪水位。该水位与防洪限制水位的库容称为拦洪库容。

6. 校核洪水位($z_{校核}$)和调洪库容($z_{调洪}$)

遇大坝校核标准洪水时,水库在坝前达到的最高水位,称为校核洪水位。该水位与防洪限制水位的库容称为调洪库容。

7. 总库容($v_{总}$)和有效库容($v_{有效}$)

校核洪水位以下全部静库容称为总库容;死水位以上静库容称为有效库容。校核洪水位以上,按设计规范另加相应的安全超高,即定出大坝的坝顶高程。

(二)防洪调度原则

防洪调度原则是指水库规划的校核、设计洪水频率标准,上下游防洪任务、上下游防洪标准、河道安全泄量及保护对象的主次关系等,如板桥水库的防洪调度原则是百年一遇洪水标准设计、可能最大洪水校核、设计洪水位117.5m、校核洪水位119.38m、20年一遇标准洪水保遂平县城、京广铁路桥、107国道、京港澳高速以及汝河河道两岸城镇和农田不被淹。

(三)防洪调度方式

防洪调度方式是指在保证水库本身及上下游防洪保护对象安全的原则(防洪调度原则)下,经过规划设计选定的泄洪设备(如水库闸门)及其泄流量的时程变化形式,也称泄流方式,如固定泄流调度方式、考虑下游防洪任务的补偿调节调度方式、预报调度方式等;防洪调度方式的研究要在完成必要性与可能性分析的基础上,建立并选择与调度方式相对应的调度规则。

(四)防洪调度规则

防洪调度规则是根据选定的防洪调度方式,以给定的汛期防洪限制水位为起调水位来调节各典型洪水对应的各种设计频率洪水,在满足防洪调度原则的前提下,归纳出以何种判别指标来判断何时改变泄流量的准则;实际上,每座水库都有多个可行防洪调度规则,因此,规程式的调度规则必须通过简化综合评判法等方法从可行的防洪调度规则中选定一个满意的防洪调度规则。

(五)防洪调度方案

防洪调度方案是指在实时防洪调度中,如果面临时刻的库水位刚好达到设计的防洪限制水位,并且遭遇典型设计洪水过程,则可以采用规划设计的防洪调度方式及相应的调度规则调节洪水,然而,客观上每次实际洪水前的状况并非与设计阶段完全一致,此时就应该根据实时的雨情、水情、工情,拟定一些可供选择的水库泄流形式,即可行防洪调度方案。从各可行防洪调度方案中选择一个满意的调度方案指导实时防洪调度,是调度方式与调度方案的区别。

三、水库防洪调度分类

水库防洪调度按其研究阶段和目的的不同,分为调度规划设计和实时防洪调度两个阶段。上述防洪调度方式的选择、防洪调度规则的制定均属调度规划设计阶段的任务;而防洪调度方案选择与实施则属实时防洪调度的范畴。①防洪调度规划设计阶段的主要任务是在对原设计洪水统计参数进行复核的基础上,选择调度方式、初拟调度规则调节各频率标准设计洪水,并对可行调度规则进行综合评判比较选定满意调度规则。一般来说,水库防洪调度方式在原建库设计阶段已有原则性的规定,然而随着水文系列资料的积累及工程情况的变化,原有的防洪调度方式不一定能够适合水库当前实际情况,在编制水库防洪调度规则前,一般应对现阶段水库选择何种防洪调度方式进行研究;此外,随着社会经济的高速发展,水库承担的防洪兴利任务越来越重,各主管部门对防洪兴利的要求也越来越高,因此,在调度规划设计阶段利用遥测、遥控、预报系统等先进手段来改进原有的防洪调度方式亦成为水库管理工作的客观需要。而根据防洪特征水位、防洪调度方式及判别标准编制的防洪调度规则应当是一个整体,即需要其对各种可能出现的洪水情况都要适用,这样才能确保防洪安全。②实时防洪调度阶段的主要任务是针对实际洪水情况不可能与设计频率标准完全一致的问题,收集实时雨情、水情、工情、险情与灾情信息,制订满足水库本身安全、上下游防洪安全的可行水库防洪调度方案,并从中选择满意的调度方案用以指导防洪实时调度。

(1)按是否考虑预报信息,水库防洪调度可分为常规防洪调度和防洪预报调度。常规防洪调度一般采用洪水形成、发展过程中的实际库水位、实际入库流量作为判断洪水量级大小及相应泄量的判别指标。防洪预报调度一般采用洪水预报信息中的累积净雨量、入库洪水流量作为判断洪水量级大小及相应泄量的指标。对水库防洪调度的两个研究阶段而言,若在规划设计阶段采用防洪预报调度方式,利用洪水预报信息提前判别洪水频率标准,决定是否预泄来调节各设计频率洪水,则可以减少防洪库容、调洪库容,从而达到降低设计洪水位、校核洪水位或抬高汛期限制水位的目的;若在实时防洪调度中利用实时洪水预报信息进行实时预泄调度,则可以腾空部分防洪库容,使水库的抗洪能力提高或削减洪峰,最大限度保护下游防护点的防洪安全。当然,水库流域水情自动测报系统的稳定性、洪水预报方案的精确度与可靠性等,是实施防洪预报调度的先决条件。

(2)按水库所承担防洪任务的不同,水库防洪调度可分为无下游防洪任务和有下游防洪任务两种类型。当水库未承担下游防护控制点防洪任务时,防洪调度的唯一目的是保证水库大坝本身的防洪安全;以保证水库大坝安全为出发点,此类水库一般采用固定泄流调度方式,即遭遇一定频率标准洪水时即开启相应泄流设备进行泄流,库水位超过某一设定安全数值时即敞开泄流的调度方式。当水库需承担下游防洪任务时,如果水库距离下游防洪控制点较近且区间来水较小时,则可以采取固定泄量的调度方式;若水库距离防洪控制点有一定距离或区间洪水一般较大时,则采用补偿调节调度方式,即区间来水大的时候水库少泄流,区间来水小的时候水库多泄流,调控二者的组合流量不超过防洪控制点的允许安全泄量;当区间洪水预报精度达不到要求时,也可以根据水库本身及下游特征适当选用经验调度方式。

(3)按调度方法所引用的理论,水库防洪调度可分为常规防洪调度、防洪优化调度和防洪模糊优化调度三种方法。其中,常规防洪调度方法是根据历史实测资料,应用水文学、径流调节等理论,绘制水库调度图、编制调度规则来指导水库的调度运行。防洪优化调度方法则是以系统工程学为理论基础,利用动态规划、遗传算法、层次分析法等最优化方法,寻求满足水库防洪调度原则的最优调度方式或规则。防洪模糊优化调度方法将模糊集合论与常规调度原理、优化调度技术相结合,克服了水库调度过程中模糊信息及模糊现象较难处理的问题。

四、水库防洪调度需要关注的问题

(一)汛期防洪限制水位调控问题

对水库防洪而言,汛限水位调控得越低,防洪库容越大,对防洪安全就越为有利。传统的水库防洪调度方法亦按照规划设计阶段的要求,假定每年汛期发生设计频率标准洪水的概率相等,在汛期严格控制库水位不超过设计的汛限水位,导致相当一部分水库经常出现汛期受汛限水位约束发生弃水、汛后又无水可蓄的局面。近年来随着社会经济的高速发展,各用水部门对水库的供水保障提出了更高的要求,水库的防洪与兴利矛盾不断加剧。针对这种现象,专家学者们对汛期防洪限制水位调控方法进行了探索与研究,如分期抬高汛限水位控制法、预蓄预泄法等,但这类方法仍是严格静态控制设计的分期汛限水位。

近年来气象预报水平、洪水预报水平与技术的迅猛发展,使得水库管理工作中调度技术人员所掌握的基本信息资料与建库初期设计阶段相比已不可同日而语。许多大型水库建立了雨水情遥测、现代观测与监视系统,大多数水库的洪水预报方案可达到《水文情报预报规范》规定的甲级水平,且数字通信、计算机网络等技术的发展与利用使水文气象预报的预见期更长、预报精度更高,因此水库调度运行控制的方法也愈加广阔和灵活。在这种新的环境下,利用实时调度阶段的各种信息,建立汛期防洪限制水位动态控制的新理念是很有必要的。由于汛期防洪限制水位动态控制是水库实时调度阶段的内容,因此如何利用水库流域实时的中短期天气预报信息、累积净雨预报信息、入库洪水流量预报信息、水库工情信息是汛期防洪限制水位动态控制研究的关键问题。目前水库汛期防洪限制水位动态控制研究的主要方法有实时预蓄预泄法、综合信息推理模式法、耦合于防洪预报调度系统的汛限水位动态控制值优选法、综合信息汛限水位动态控制决策支持表法、评价决策法、补偿调度法等。

在水库调度人员实时动态控制汛期防洪限制水位时,需要根据水库流域特征、水库洪水预报方案精度、水库流域降水定性分级预报精度、水库闸门启闭灵活性等具体情况选定适合的汛期防洪限制水位动态控制方法。

(二)水库防洪调度风险

水库防洪调度涉及设计洪水典型选择、洪水来水过程、水库实际调度操作、水库泄流能力等不确定性因素,防洪预报调度还要涉及洪水预报不确定性、降水预报不确定性因素。众多不确定因素的存在,导致水库防洪运用过程中均有可能出现泄量超过下游河道安全泄量、水库水位超过某一防洪标准对应的防洪特征水位等风险。因此,若要在保证水库防洪安全的前提下,增加水库有效蓄水量,充分发挥其防洪与兴利的综合效益,则需对水库在各种不确定性因素影响下防洪调度中可能出现的风险进行分析,以便为水库优选防洪调度规则及相应的泄流方式提供参考依据,也便于调度人员及时采取有效调度决策降低或减轻防洪系统风险。

综合国内外各防洪调度风险分析方法,其主要步骤包括:①风险源识别,包括入库洪水、水库泄流能力、调度操作、洪水预报误差和降水预报误差等;②风险主体识别,即防洪调度过程风险源导致的潜在风险承载体,包括水库大坝本身、水库上下游等;③建立防洪调度风险分析模型,到目前为止,科研界对防洪调度风险尚无一致定义,风险分析模型亦无统一应用标准,一般从调洪最高水位超过防洪特征水位的可能性、可能经济损失等方面进行评估;④调度方式变化或者汛限水位调整前后风险变化分析。

水库防洪调度风险问题自20世纪80年代初就已经引起我国的重视,经过30多年的研究,取得了一些可喜的成果。比较有代表性的如下:①王本德等针对水库下游防护断面遭遇超标准洪水或水库遭遇超标准洪水按规划调度原则泄量将超过下游防护断面安全泄量的情况,建立了一种水库减免下游洪灾损失的防洪实时风险调度模型,供实时选择水库泄量时使用,为决策者提供有依据的信息;②黄强等以水库调度定量风险分析方法中的概率与数理统计分析方法、模拟分析法、马尔科夫过程分析法和模糊数学分析法为基础,探讨了不同的风险决策方法;③朱元甡等依据现代防洪的理念,建立了基于风险分析的规划设计防洪减灾体系程序,全面考虑所有可能发生的事件引发的灾害后果,既包括低于设计标准的常遇事件,也包括超标准的稀遇事件;④姜树海按照防洪工程漫顶失事的逻辑过程提出了防洪风险率的定量计算方法,引入了人员伤亡预测的经验公式,讨论了制定允许风险标准问题。但是由于水库防洪调度涉及影响因素众多,一般风险分析方法都是只考虑单一因素或者几个因素,造成风险分析的结论缺少客观实用性。因此,在今后的研究中应着眼于多风险因素的综合影响,使风险分析的结果能更适合于指导水库的实际调度工作。此外,调度决策中专家经验判断等主观因素的影响也应成为风险研究考虑的影响因素。

第三节　水库防洪应急预案编制

一、水库防洪应急预案编制目的及依据

为提高水库突发事件应对能力,切实做好水库遭遇突发事件时的防洪抢险调度和险情抢护工作,力保水库工程安全,最大程度保障人民群众生命安全,有效防止和减少灾害损失,需要预先制订科学合理、可操作性强的抢险救灾应急预案。应急预案的编制应以确保人民群众生命安全为首要目标,体现行政首长负责制、统一指挥、统一调度、全力抢险、力保水库工程安全的原则。

水库防洪应急预案的编制依据是《防洪法》《防汛条例》《水库大坝安全管理条例》等有关法律、法规、规章以及有关技术规范、规程和经批准的水库汛期调度运用计划。

二、水库防洪应急预案编制主要内容

水库防洪应急预案编制,其主要内容一般包括水库大坝概况,突发事件分析,应急组织体系,预案运行机制,应急保障,宣传、培训、演练(习)等。

(一)水库大坝概况

水库大坝概况主要包括流域和社会经济概况、工程和水文概况、水情和工情监测系统概况、历次病险及处置情况。

流域和社会经济概况主要包括与大坝安全有关的流域自然地理、水文气象、水利工程等基本情况,水库上下游的社会经济基本情况,特别是当突发事件发生后可能受影响的居民居住区位置、人口、重要交通干线、重要设施、工矿企业等情况。

工程和水文概况主要包括水库水文基本情况(水库流域暴雨、洪水特征、设计洪水及其过程等)和水库大坝工程情况(工程特性表、水库工程等级、防洪标准、建筑物基本情况、库容曲线、泄流曲线、工程效益范围概况描述、工程运行管理条件、水库运行及洪水调度方案等)。

水情和工情监测系统概况主要包括水库水情监测系统(水库流域水文测站分布和观测项目、报汛方式和洪水预报方案、预见期、预报精度及实际运用效果等)、水库大坝安全监测系统(大坝安全监测项目、测点布置、监测仪器有效性、大坝巡视检查情况、安全监测资料分析中发现的仪器问题和工程隐患,特别要说明隐患的位置和严重程度)、闸门监控系统(监控项目、仪器设备、闸门监控系统的有效性)。

历次病险及处置情况主要包括发生过的危及大坝安全的工程病险及处理、发生过的大洪水事件以及应对措施、地震及地质灾害情况等。

(二)突发事件分析

突发事件分析包括工程安全现状分析、水库大坝可能突发事件类型分析、突发洪水事件及其后果分析、突发水污染事件及其后果分析、其他突发事件及其后果分析。

工程安全现状分析应根据最近一次大坝安全鉴定结论,总结大坝存在的主要工程隐患。如果鉴定意见为"三类坝",应说明除险加固和加固质量情况、竣工验收结论、大坝目前仍存在的工程隐患。对尚未完成大坝安全鉴定工作的水库,可以通过专家现场检查等方式,结合实际运行情况,总结存在的主要问题和工程隐患。

水库大坝可能突发事件类型可分为自然灾害类事件、事故灾害类事件、社会安全类事件和其他突发事件分析,可能突发事件应由不同专业的专家在现场检查基础上结合大坝安全评价结论综合确定:①根据流域洪水特点、环境变化、工程地质条件,分析判断是否存在自然灾害类突发事件及其可能性大小;②根据工程安全现状分析结果、水库运行管理条件和水平及水库功能,分析判断是否存在事故灾难类突发事件及其可能性大小;③根据水库地处位置、社会经济发展环境与动态,分析判断是否存在社会安全事件类突发事件及其可能性大小;④对其他突发事件发生的可能性进行分析。

突发洪水事件应包括各种原因导致的溃坝或超标准泄洪事件。溃坝洪水分析应符合如下要求:①针对可能发生的溃坝事件,进行溃坝模式分析,计算大坝溃口流量等水力参数和过程线,选择最大溃口流量作为溃坝下泄洪水;②土石坝应选择逐步溃决模式,重力坝和拱坝应选择瞬时全溃或瞬时局部溃决模式。洪水演进分析应符合如下要求:①演进计算应包括洪水向下游演进时的沿程洪水到达时间、水流速、历时和淹没深度;②溃坝或超标准泄洪洪水演进计算可采用数学模型法,对于小型水库,可采用简化分析法和经验公式法;③溃坝洪水淹没范围及严重程度分析,应依据不低于 1∶10000 的地形图,进行绘制淹没范围及其严重程度图,作为人员应急转移依据;④在统计淹没区基本情况的基础上,估算突发洪水事件后果,并作为突发事件分级与确定应急响应级别的依据。

突发水污染事件及其后果分析应根据水库功能和供水对象,分析可能发生的水污染事件影响范围和严重程度。估算突发水污染事件对正常调度运行可能造成的后果,并作为突发水污染事件分级与确定应急响应级别的依据。分析确定可能发生的水污染事件对生命、经济和社会环境的影响。

其他突发事件主要包括地震和地质灾害突发事件,以及水库遭遇恐怖袭击、战争等突发事件。这类突发事件后果分析所致重大工程险情甚至溃坝的后果分析可参照突发洪水事件后果分析的相关规定执行。

(三)应急组织体系

应急组织体系包括应急组织体系框架、应急指挥机构、专家组、应急抢险与救援队伍。

应急组织体系框架包括建立水库大坝突发事件应急组织体系和绘制预案应急组织体系框架图。建立的水库大坝突发事件应急组织体系应与当地突发公共安全事件总体应急预案及其他有关应急预案组织体系衔接。绘制的预案应急组织体系框架图应明确政府及相关职能部门与应急机构、水库管理单位与主管部门等相关各方在突发事件应急处置中的职责与相互之间的关系。

按照"分级负责、属地管理"的原则,成立水库大坝突发事件应急指挥机构,并明确应急指挥长、副指挥长及成员。确定应急指挥机构的主要职责,以及指挥长、副指挥长与成员的职责分工。应急指挥机构应在指挥长的领导下,负责预警信息发布与指挥预案实施,发布预案启动、人员撤离、应急结束等指令,调动应急抢险与救援队伍、设备与物资。应急指挥机构的组成单位、责任人、联系方式、职责与任务应以表格形式列示。对突发事件影响范围大、应急处置工作复杂的水库,可在应急指挥机构下设日常办事机构,负责联络及相关信息与指令的传输、处理和上报。

成立水库大坝突发事件应急处置专家组,为应急决策和应急处置提供技术支撑。专家组应由熟悉工程设计、施工、管理等的专家组成。必要时,可请求上级机构派出专家指导。专家组组长与成员的姓名、单位、专业、联系方式应以表格形式列示,主要负责收集技术资料,参与会商,提供决策建议,必要时参加突发事件的应急处置,一般由水利、气象、卫生、环保、通信、救灾、公共安全等不同领域的专家组成。

成立水库大坝突发事件应急抢险与救援队伍,明确抢险队伍的组成、任务、设备需求、负责人及联系方式。应急抢险队伍应负责水库大坝工程险情抢护,应急救援队伍应负责组织人员撤离转移、遇险人员救助以及撤离转移过程中的救援工作。应急抢险与救援队伍队长与下设小组组长的姓名、单位、专业、联系方式、具体任务应以表格形式列示,并应报应急指挥机构备案。

(四)预案运行机制

水库防洪应急预案运行机制主要包括预测与预警、应急响应、应急处置、应急结束、善后处理五部分。

1.预测与预警

应根据水库大坝工程实际与突发事件分析结果,建立必要的水情测报、工程安全监测与报警设施,并结合人工巡视检查,建立突发事件预测与预警系统。水情测报与工程安全监测的各类仪器设备需明确责任人、监测部位、监测及测报内容和方式、监测及测报频次、通信方式等。预案中应明确警报信号的发布条件,警报信号特别是人员撤离转移信号应事先约定,纳入预案,并向社会公众发布。预警级别应根据水库大坝突发事件级别划分为Ⅰ级(特别严重)、Ⅱ级(严重)、Ⅲ级(较重)、Ⅳ级(一般),分别用红色、橙色、黄色和蓝色表示。应急指挥机构应及时汇总分析突发事件隐患和预警信息,必要时应组织专家组进行会商,对发生突发事件的可能性及其可能造成的影响进行评估。预警级别应根据事态的发展适时调整并重新发布,当事实证明不可能发生突发事件或者危险已经解除时,应立即宣布解除警报,终止预警期,并应解除已经采取的有关措施。

2.应急响应

突发事件警报和预警信息发布后,应在规定的时间内启动相应级别的应急响应,并立即实施应急响应措施。应急响应级别应根据突发事件预警级别确定,响应级别分为Ⅰ级响应(红色预警)、Ⅱ级响应(橙色预警)、Ⅲ级响应(黄色预警)、Ⅳ级响应(蓝色预警)。在水库防洪应急预案中,应确定不同级别应急响应的启动条件、启动程序和相应措施。应急响应启动条件应根据突发事件和预警级别确定,当应急响应条件变化时,应及时调整应急响应级别。一般情况下,Ⅳ级、Ⅲ级响应由应急指挥机构或由其授权启动,Ⅱ级、Ⅰ级响应由应急指挥机构启动。

3.应急处置

水库防洪应急预案中应急处置应包括信息报告与发布、应急调度、应急抢险与处理、应急监测与巡查、人员应急转移和临时安置。水库防洪应急预案中应确定负责险情、灾情信息报告的单位及责任人姓名、联系方式,以及报告对象、内容、方式、时间与频次要求,确定突发事件信息发布的授权单位与发布方式、发布原则,并规定险情、灾情信息报告的记录要求。编制的应急调度方案应根据突发事件分析结果,制订各种紧急情况下的应急调度方案,确定应急调度权限以及调度命令下达、执行的部门与责任单位及责任人。

4.应急结束

水库防洪应急预案应规定应急响应和处置结束的条件。一般情况下,险情得到控制并且警报解除、风险人口全部撤离并且安置完毕、洪水消退或水污染得到控制时可宣布应急结束、解除紧急期。水库防洪应急预案亦应确定发布应急结束指令的责任单位或责任人,应急结束指令。编制的应急调度方案,应根据突发事件分析结果,制订各种紧急情况下的应急调度方案,确定应急调度权限以及调度命令下达、执行的部门与责任单位及责任人。

5.善后处理

水库防洪应急预案中善后处理应包括调查与评估、水毁修复、抢险物料补充、预案修改与完善等,防洪应急预案中应确定善后处理各项工作的相关责任单位与责任人。

(五)应急保障

应急保障包括应急抢险与救援物资保障、交通通信及电力保障、经费保障及其他保障。

1.应急抢险与救援物资保障

根据应急抢险与救援工作的需要,应储备必要的抢险与救援物资设备;确定负责应急抢险与救援物资储备的责任单位与责任人;确定应急抢险与救援物资的存放地点、保管人及联系方式。

2. 交通通信及电力保障

制订水库枢纽区交通保障计划,并确定责任单位与责任人,确保应急处置过程中的交通畅通与运输保障,其中交通运输工具可临时征用,应制订征用方案和确定责任单位与责任人。根据突发事件应急处置需要,制订应急通信保障计划,并确定责任单位与责任人,确保应急处置过程中的通信畅通;制定应急电力保障措施,并明确责任单位与责任人,确保应急处置过程中的电力供应。

3. 经费保障

应急经费包括用于应急抢险与救援的物资和设备的购置和保管、预案培训和演练以及应急处置等费用,水库防洪应急预案中应明确应急经费筹措方式。

4. 其他保障

水库防洪应急预案中应确定应急处置过程中负责解决应急转移人员基本生活问题的责任单位和责任人;确定应急处置过程中负责筹措医疗与卫生防疫用品的责任单位与责任人;确定承担洪水淹没区或水污染影响区警戒与治安维护任务的责任单元及责任人。

(六)宣传、培训与演练

定期对水库防洪应急预案进行宣传、培训和演练,确定防洪应急预案宣传的内容和方式以及组织实施单位、责任人,制订水库防洪应急预案培训、演练的方案和计划,并确定培训、演练的组织实施单位、责任人。

三、水库防洪应急预案启动与结束

水库发生以下任意一项险情,即可考虑启动水库防洪应急预案。①超标准洪水:当水库发生洪水标准大于20年一遇的洪水时,根据发生的雨情、汛情和会商后的洪水预报方案,预报水库流域可能发生20年一遇以上的洪水。②工程隐患:大坝产生严重裂缝、脱坡、沉陷、库岩崩塌、洪水漫顶、泄洪及放水设备出现故障影响行洪、坝体坝基严重渗漏等危及大坝安全,可能导致垮坝的险情。③地震灾害:发生超过设防标准的地震,进而危及大坝安全的险情。④地质灾害:水库岸坡及库区发生的地质灾害危及大坝安全的险情。⑤上游洪水冲来的大体积漂浮物对大坝撞击造成的险情。⑥战争或恐怖事件:上级宣布进入紧急战备状态或发生人为破坏等危及大坝安全的恐怖事件。⑦其他不可能预见的突发事件及大坝安全和审批部门需要启动预案的紧急情况(如卫星发射的火箭助推器残害落体、陨石落体等事件,致使坝体渗漏、坍塌滑坡、裂缝、缺口、非正常位移、漫坝、溃坝,损毁泄洪设施,坝基下游、坝肩、岸坡、库区产生坍塌、滑坡危及大坝安全等险情。

水库防洪应急预案结束一般由水库所在地防汛抗旱指挥部门根据各种险情的降低程度下达结束预案通知。

第四节　水库汛期水位动态控制

一、水库汛期水位动态控制研究成果

我国多数大中型水库具有防洪与兴利的双重任务。大多数水库兴建于20世纪50—70年代,受当时的发展水平、技术条件、水文设计资料系列短缺的限制,不少水库的设计和运用存在不尽合理的现象,未能结合当地暴雨洪水的季节性变化规律,对汛期进行合理划分,水库在整个汛期采用固定的汛期限制水位度汛,其结果往往造成水库汛期不敢蓄水且弃水较多、汛后却难以蓄满的现象。这种现象在北方地区尤为普遍,如海河流域的岳城水库建库40多年来每年的最高水位均未达到防洪高水位;水库在防洪调度中,未能充分利用气象、水文信息对水库进行动态调度,水库防洪调度和水资源综合利用关系协调不够,以至于洪水资源得不到合理利用,造成不必要的弃水,这在一定程度上影响了水库综合利用效益的发挥。

"十五"以来,我国开展了大规模的水文基础设施建设,江河水文站网的覆盖范围不断增加,水库入库洪水的水文测报能力显著提升。同时,我国相继成功发射了"风云"系列气象卫星,随着气象预报技术的不断发展,江河洪水预报的精度和水平不断提高,洪水调度方案不断完善,在确保水库自身和防护对象防洪安全的前提下,通过调节汛期洪水,为提高洪水资源的利用率创造了有利条件。

为提高洪水资源利用率与水库的蓄满率,有效发挥现有水库工程的综合利用效益,2001年底国家防总布置开展了水库汛期运行水位设计与运用专题研究。通过各研究方的共同努力,基础理论研究取得了一定突破,研究系统总结了我国水库汛期运行水位设计与运用的理论与实践经验,初步形成了我国水库汛期分期与分期洪水设计方法、洪水预报调度规划设计、分期汛期运行水位确定、汛期运行水位实时动态调度运用等相关领域的部分实际运用成果,也获得了较好的社会与经济效益。2005年国家防总为规范水库汛期运行水位动态控制试点工作,确保水库防洪安全,于当年5月批复下发了《水库汛期运行水位动态控制试点工作意见》,在该工作意见的指导下,试点水库调度研究取得了丰硕的成果。目前,水库汛期运行水位动态控制研究试点应用已实施了两批,第一批试点水库12座,第二批试点水库11座,第一批和第二批试点水库分布位置分别如图5-4和图5-5所示。

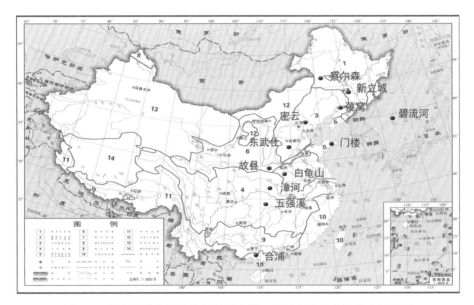

图5-4 水库汛期水位动态控制研究第一批试点水库位置分布示意图

第一批、第二批试点水库关于汛期水位动态控制的研究主要集中于洪水预报信息、降水预报信息的可利用性及其在动态控制实时调度中的应用。用洪水预报、降水预报等信息进行汛期水位动态控制时,预报信息的不确定性以及决策者对水库汛期水位动态控制中风险因素的认识与处理的局限性,使得水库汛期水位动态控制的决策过程不可避免地存在风险。虽然一系列试点水库汛期水位动态控制研究在汛期水位动态控制风险评估方面进行了基本理论和实践,但仍处于初步探索阶段。汛期水位动态控制风险问题仍是汛期水位动态控制技术推广应用的瓶颈问题。因此,水利部国际合作与科技司(简称国科司)于

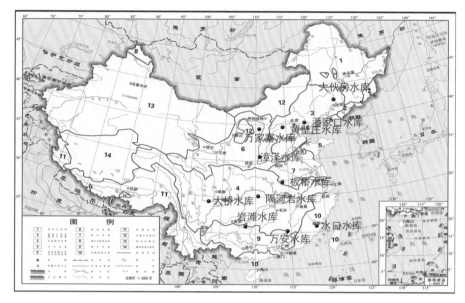

图 5-5 水库汛期水位动态控制研究第二批试点水库位置分布示意图

2007 年设立了公益性行业科研专项"水库汛限水位调整风险评估与控制研究"。经过研究,提出汛期水位动态控制风险指的是由于水库调度过程中自然、人为等不确定因素的影响,水库系统(包括水库工程、水库上下游)在实施汛期水位动态控制前后的风险变化,且提出了风险因子分类与辨识理论方法,并建立了汛期水位动态控制风险评估模型,利用 java、jsp、flex 技术,hiberbate 数据库访问技术,ssh 系统架构,extjs 等计算机技术设计并开发了标准通用的水库汛限水位调整风险评估系统,形成了一整套降低动态控制风险的措施。

经过此公益性行业专项的研究,汛期水位动态控制风险研究成果日趋完善。但由于水库汛期水位动态控制的复杂性和不确定性,水库汛期水位动态控制论证的内容、深度和风险评估等缺乏统一的技术要求和标准,给水库汛期水位动态控制方案的审批和水库运行管理工作带来了一定的困难。因此,为规范水库汛期水位动态控制方案的技术管理,水利部国科司于 2012 年组织开展了公益性行业科研专项"水库汛期水位动态控制方案编制关键技术研究",对汛期水位动态控制方案编制涉及的几项关键技术进行了系统研究,提出了汛期分期设计洪水的分期划分原则、分期设计洪水计算方法、气象及洪水预报信息可利用性评价方法、动态控制风险评估指标体系及可接受风险标准,并与原有理论方法结合,编制完成了《水库汛期水位动态控制方案编制技术导则》,对水库汛期水位动态控制论证的主要内容和技术要求从必要性及可行性分析、洪水复核、分期洪水、水文气象预报可利用性评价、方案设计、风险与效益综合分析等方面进行了详细规范，以期为全国大中型水库汛期水位动态控制方案编制的技术管理工作提供技术支撑。

综上所述，汛期水位动态控制的技术理论基础已经完善，相信随着未来预报技术水平的发展，汛期水位动态控制将会运用在全国更多的水库尤其是北方的水库。

二、水库汛期水位动态控制关键问题及发展趋势

汛期运行水位动态控制研究作为顺应现代科技发展与社会经济需求的前沿技术，目前正在实践中不断发展和完善。由于影响汛期运行水位动态控制方案的因素较多，如水库技术经济水平、流域水文气象特性、水库的主要运行功能和水库历史资料及积累经验多少。因此采用何种方法制定汛期运行水位方案要根据具体情况而言，但所有方法的实施都要求水库的预报信息可靠性较高、闸门控制能力较好。随着预报科学技术的进步，预见期增长、预报精度提高、可用的信息增加。在未来实践中还需要对以下几方面的关键问题进行研究。

（1）目前确定汛期运行水位动态控制方案时仍只是考虑短期降水预报的预见期，且降水预报仅利用中雨及以下量级预报信息，可利用信息较少。在今后的研究中，可对更长预见期预报信息的可利用性分析加深研究。对利用更长预见期的降水预报信息的可靠性分析理论加深研究，为汛期运行水位动态控制方案研究奠定基础。

（2）进一步研究汛期运行水位动态控制的新方法、汛期运行水位动态控制满意方案优选方法及汛期运行水位动态控制满意方案实施规程。

（3）近年来大规模水电开发形成了诸多梯级水库及水库群，多目标的调度需求、多座水库的联合调度使水库汛期运行水位动态控制域的确定及动态控制方案编制面临更为复杂的局面，因此，将单库的汛期运行水位动态控制方法扩展到水库群的应用中，使其更符合实际工程运行环境，是新形势下水库汛期运行水位动态方法研究的新热点。

第五节　病险水库除险加固

一、全国病险水库除险加固基本情况

我国水库大部分建于 20 世纪 50—70 年代,为保证水库正常运行,从 1976 年开始,国家陆续开展了病险水库除险加固工作。1998 年大水后,国家加大了投资力度;1999 年和 2001 年,水利部确定一、二批中央补助项目用于 3458 座水库;截至 2006 年底,国家累计下达投资计划 462 亿元,已安排中央补助资金 244 亿元用于全国 2002 座病险水库(水闸)除险加固工程建设;另外,各地自筹资金也加固了一批病险水库。

2006 年中央提出用 2～3 年时间基本完成全国大中型和重点小型病险水库除险加固任务;2007 年水利部编制形成《全国病险水库除险加固专项规划》。该专项规划确定实施年限为 3 年;实施项目 6240 座,其中一、二批中央补助未实施项目 1759 座,增补项目 4481 座;总投资 510 亿元,其中大中型投资 285 亿元,小型投资 226 亿元。

针对病险水库除险加固项目特点,到 2008 年 2 月底,国务院、国家计划委员会(简称国家计委)(国家发改委)、财政部、水利部等相关部门共颁布有关病险水库除险加固工程的法规文件 20 余份。其中,1989—2002 年,国务院颁布安全管理条例 1 份,国家计委和水利部联合颁布建设管理办法 2 份,水利部颁布标准规程 5 份;2003—2008 年 2 月底,国家发改委和水利部联合颁布建设管理办法 2 份,财政部和水利部联合颁布建设管理办法各 1 份,水利部颁布建设管理办法 8 份。典型的法规文件有《防洪标准》《水库大坝安全鉴定办法》《大型重点险库项目除险加固建设管理办法》《水利水电建设工程验收规程》《病险水库除险加固工程项目建设管理办法》《水库大坝安全鉴定办法》《关于切实做好病险水库除险加固工作的通知》《病险水库除险加固工程项目建设管理办法》《关于进一步加强病险水库除险加固工程管理有关问题的通知》《关于加强水库安全管理工作的通知》《水利工程建设项目验收管理规定》《重点小型病险水库除险加固项目财政专项补助资金管理暂行办法》《重点小型病险水库除险加固项目管理办法》《水利部病险水库除险加固工作方案》《关于进一步做好病险水库除险加固工作的通知》等。

从法规文件的制度体系看,病险水库除险加固项目有以下特点。

(1)病险水库除险加固原则上是按基本建设程序进行管理。因此,除部分特殊规定外,有关基本建设的相关法律法规均适用。

(2)针对病险水库除险加固项目的有关规定大致可分为两个阶段:1998—2003 年一个阶段;2004 年以后一个阶段。

(3)2007 年以前,列入一、二批中央补助的大中小型病险水库除险加固项目,都是纳入国家投资计划的中央预算内专项资金补助项目。从 2008 年开始,列入《全国病险水库除险加固专项规划》的重点小型病险水库项目直接由财政部采取财政转移支付的方式进行专项补助。因此,部分管理规定有所不同。

二、病险水库标准及主要病险问题

三类坝标准:水利部水管〔1995〕86 号文和水建管〔2003〕271 号文规定的三类坝标准大致相同。水建管〔2003〕271 号文规定:实际抗御洪水标准低于部颁水利枢纽工程除险加固近期非常运用洪水标准,或者工程存在较严重安全隐患,不能按设计正常运行的大坝(或者工程存在严重的质量问题影响大坝安全,不能正常运行的大坝),鉴定为三类坝。部颁水利枢纽工程近期非常运用《水利枢纽工程除险加固近期非常运用洪水标准的意见》(简称《近期标准》)与国家《防洪标准》对比如表 5-3 所示。

表 5-3　水利枢纽工程近期非常运用洪水标准与国家《防洪标准》对比表(单位:年)

标准名称	建筑物	建筑物等级				
		1	2	3	4	5
《近期标准》	土石坝	2000	1000	500		
	砼坝	1000	500	300		
《防洪标准》	土石坝	可能最大洪水或 10000～5000	5000～2000	2000～1000	1000～300	300～200
	砼坝	5000～2000	2000～1000	1000～500	500～200	200～100

注:《水利水电工程等级划分及洪水标准》(SL252－2000)的洪水标准与 GB50201－94 的相同。

重点小型病险水库标准:《重点小型病险水库除险加固项目管理办法》规定,重点小型病险水库是列入《全国病险水库除险加固专项规划》的小型病险水库,1990 年以后建成和 1998 年以来中央已补助投资完成除险加固项目的不包括在内。主要包括中部地区影响建制镇以上城镇安全、西部地区影响建制镇或人口密集村屯安全的小型水库,危及下游重要交通干线以及国家大型厂矿企业和重要军事、通信设施的小型水库。

水库大坝的主要病险问题包括以下 7 种。①水库防洪标准低。因水文系列变化或水库运用方式改变,导致水库防洪标准降低,大坝坝顶高程不满足规范要求,水库泄洪能力不足。②抗震标准低。按照《中国地震动参数区划图》及现行水工抗震规范复核,很多水库抗震标准低于现行规范要求。③大坝稳定性差。许多水库大坝坝体断面不足、坝坡或坝体抗滑不稳定、坝体裂缝等。④坝体、坝基渗漏严重。大坝,尤其是土石坝,存在坝基渗漏、绕坝渗漏、接触冲刷破坏、散浸、沼泽化、流土、管涌等严重问题,危及大坝安全。⑤输、放水及泄洪建筑物老化、破坏较为普遍。许多水库存在输、放水建筑物裂缝、断裂、露筋、剥离、冲蚀、漏水等问题,严重影响建筑物结构的整体性,特别是遇坝下埋管时,极易导致接触冲刷破坏,危及坝体安全。多数水库存在泄洪建筑物结构裂缝、失稳、破坏;溢流面和泄槽未衬砌或质量差、冲蚀;无消能工或消能工不完善;基础淘刷、泄洪洞结构裂缝、露筋、无衬砌、无检修设施等。⑥金属结构和机电设备不能正常运转。金属结构和机电设备老化、锈蚀严重、止水失效、正常运转非常困难,严重影响水库安全。⑦管理设施、观测设备等不完善。多数病险水库的水文测报、大坝观测系统不完善,特别是中小型病险水库大部分没有水文测报及大坝观测系统;许多水库的管理设施陈旧落后,防汛公路标准低,甚至没有防汛道路。⑧水库淤积、山体滑坡、蚁害等。

三、全国病险水库除险加固关键问题

病险水库除险加固项目关键问题主要有前期和设计工作、建设管理、资金使用与管理、工程验收五个方面。

(一)前期和设计工作

前期和设计工作包括大坝安全鉴定,大坝安全鉴定核查,可研报告与初步设计报告的编制、复核和审批。

1.大坝安全鉴定

大坝安全鉴定主要包括安全评价、技术审查和鉴定意见审定。

1)安全评价

安全评价工作主要由大坝主管部门(单位)负责组织所管辖大坝的安全鉴定工作,水库管理单位做好安全鉴定的有关协助工作。

2001—2003年相关管理办法规定,安全评价工作必须委托有相应资格的单位承担,水利部《关于公布水利水电建设工程蓄水安全鉴定单位名单的通知》中公布的一、二级蓄水安全鉴定单位可以承担。2004年以后规定,大型水库和影响县城安全或坝高50m以上中型水库,由具有水利水电勘测设计甲级资质的单位或者水利部公布的有关科研单位和大专院校承担;其他中型水库和影响县城安全或坝高30m以上小型水库由具有水利水电勘测设计乙级以上(含乙级)资质的单位承担;其他小型水库的大坝安全评价由具有水利水电勘测设计丙级以上(含丙级)资质的单位承担;上述后两类项目也可以由省级水行政主管部门公布的有关科研单位和大专院校承担。

安全评价组织单位负责委托安全评价承担单位对大坝安全状况进行分析评价,并提出大坝安全评价报告和大坝安全鉴定报告书。

技术审查和鉴定意见审定工作一般由技术审查单位成立大坝安全委员会(小组),主持召开大坝安全鉴定会,组织专家审查大坝安全评价报告,通过大坝安全鉴定报告书,审定并印发大坝安全鉴定报告书。

2)技术审查和鉴定意见审定

技术审查和审定工作实行分级负责制,省级水行政主管部门负责大型水库和影响县城安全或坝高50m以上中型水库;市(地)级水行政主管部门负责其他中型水库和影响县城安全或坝高30m以上小型水库;县级水行政主管部门负责其他小型水库;流域机构负责其直属水库;水利部负责部直属水库。

2. 大坝安全鉴定核查

2001—2002年相关管理办法规定,中央补助投资的病险水库,必须将安全鉴定成果报水利部大坝安全管理中心进行核查,由其确认并出具核查认定书。

2003年水利部水规计〔2003〕545号规定,第二批中央补助投资的病险水库安全鉴定成果应报水利部大坝安全管理中心及相应的核查承担单位,加强现场核查力度,由核查承担单位核查后提出安全鉴定成果核查意见,经水利部大坝安全管理中心确认后印送地方。

2004年以后的相关管理办法要求,安全鉴定成果核查意见必须具体指出大坝病险的部位、程度和成因,不得涉及与大坝安全无关的内容。

对于重点小型病险水库,财政部、水利部财建〔2007〕1025 号规定,省级水行政主管部门负责对全省重点小型水库安全鉴定成果进行核查。

3. 可研报告和初步设计报告的编制

2001—2003 年相关管理办法规定,大中型水库除险加固的勘察、设计任务,要由具有甲级或乙级资质的单位承担;2004 年以后要求,大型水库必须由甲级单位承担。

财政部、水利部财建〔2007〕1025 号规定,重点小型病险水库的勘察、设计任务,必须委托具有相应资质的单位承担。

2003 年以前,对各类病险水库除险加固项目要求编制初步设计,但未要求编制可研。

2004 年发改投资〔2004〕2907 号《管理办法》规定:总投资 2 亿元(含 2 亿元)以上或总库容在 10 亿 m³(含 10 亿 m³)以上的项目,必须编制可研报告。

初步设计要严格按照经批准的可研报告所确定的建设规模和内容编制,初步设计的建设内容要与安全鉴定成果核查意见指出的问题相对应,超出安全鉴定成果核查意见的建设任务,一律不得列入初步设计的建设内容。

4. 可研报告和初步设计的复核与审批

2003 年水利部水规计〔2003〕12 号要求,总库容 10 亿 m³ 以下且总投资在 2 亿元以下 3000 万元及以上的项目,其初步设计由所在流域机构进行审查,由地方政府有关部门按基本建设程序审批;总投资在 3000 万元以下的项目,其初步设计必须经所在流域机构复核,由地方有关部门按基本建设程序审批。复核意见主送有关省(区、市)水利(水务)厅(局),并抄报水利部。

2004 年发改投资〔2004〕2907 号《管理办法》要求,总投资在 3000 万元以上(含 3000 万元)或库容大于 1 亿 m³(含 1 亿 m³)的项目,初步设计报告由水利部组织审批;总投资在 3000 万元以下且总库容介于 1000 万 m³ 和 1 亿 m³ 之间(含 1000 万 m³)的项目和单位库容(每立方米)建设投资大于 4 元的项目,初步设计报告需经所在流域机构进行复核,并抄报水利部备案。

2005 年国家发改委和水利部〔2005〕806 号《管理办法》要求,总投资 2 亿元(含 2 亿元)以上或总库容在 10 亿 m³(含 10 亿 m³)以上的项目,可研报告由水利部提出审查意见后报国家发改委审批。初步设计报告在其概算经国家发改委核定后,由水利部审批,总投资 2 亿元以下且总库容在 10 亿 m³ 以下的大中型和单位库容(每立方米)建设投资大于 4 元的小型项目,可直接编制初步设计报告。其中,初步设计报告由省级水行政主管部门提出初步审查意见,经流域机构复核后,由省级发展改革部门审批,抄送水利部和国家发改委备案。其他病险水库除险加固工程的审批程序,由省级发展改革部门和省级行政主管部门协商确定。

2007 年财政部、水利部财建〔2007〕1025 号要求,省级水行政主管部门会同财政等部门对初步设计及概算进行审查并批复。

(二)建设管理

病险水库除险加固工程,必须实行项目法人责任制、招标投标制、工程监理制等各项制度,严格执行《工程建设项目招标范围和规模标准规定》中的有关规定。

1. 项目法人责任制

病险水库除险加固项目,原管理单位基本具备项目法人条件的,原则上由原管理单位作为项目法人或以其为基础组建项目法人。大中型项目要求:法人代表应为专职人员;技术负责人应具有高级职称;大型项目法人人员结构中高级职称占 10%、中级占 25%、各类专业技术职称的占 50%;有适应工程需要的组织机构。地方项目由县级以上人民政府或其委托的同级水行政主管部门负责组建项目法人并报上级人民政府或其委托的水行政主管部门审批。

2. 招标投标制和工程监理制

2001—2003 年水利部相关制度规定,病险水库除险加固工程各阶段工作必须实施严格的资质管理,大中型水库除险加固的施工和监理任务,要由具有甲级或乙级资质的单位承担。2004 年以后规定,大型水库的施工和监理任务必须由甲级资质的单位承担。所有的施工和监理工作均需要通过招标要约和合同的形式,对专业技术、设备和人员结构提出具体要求,以满足工程建设特点的需要。

3. 除险加固责任制

水利部水建管〔2008〕49 号规定,各省级水行政主管部门要督促市(地)、县(市)全面建立以各级政府行政首长负责制为核心的病险水库除险加固责任制。要按照隶属关系和分级管理的原则,逐库明确地方政府责任人、主管部门责任人和项目建设单位责任人,并以适当方式公布。

4.对于重点小型病险水库的特殊规定

财政部、水利部做了如下特殊规定:各省、自治区、直辖市人民政府,新疆生产建设兵团对本省(区、市或兵团)重点小型病险水库除险加固工程负总责,地方各级人民政府负责本行政区域内(或所管辖)的小型病险水库除险加固工程,并组织有关主管部门做好项目的实施工作。各地要严格按照有关规定和程序组建和完善项目建设管理机构,选择符合任职条件的人员担任项目法人代表和技术负责人,严格按照工程项目等级、重要性和技术复杂程度确定建设管理人员的数量、质量,各地可根据实际积极探索集中建设管理模式。地方财政、水行政主管部门要加强对招标投标行为的监督管理,维护招标投标秩序;要严格按照有关规定进行招标,规范招标、评标和定标行为,严格控制邀请招标,严禁转包和违法分包;监理单位必须具备相应的监理资质;要通过公开招标的方式确定监理单位;要选配足够的、符合要求的监理力量承担小型病险水库项目的监理任务;确定难以落实监理单位的,应采取多座小型水库监理业务打捆发包的方式确定监理单位;监理人员必须全部持证上岗。

(三)资金使用与管理

大坝安全鉴定工作所需费用,由鉴定组织单位负责筹措,也可在基本建设前期费、工程维修等费用中列支。

对于重点小型病险水库,财政部、水利部财建〔2007〕1025号和财政部财建〔2007〕619号规定:中央财政专项资金通过财政转移支付方式下拨,财政部下达预算时会签水利部。专项资金拨付到省级财政部门后,省级财政部门应会同省级水行政主管等部门做好相关工作,落实具体实施项目,按有关规定及时将资金拨付到位。省级财政部门在收到专项资金后,会同省级水行政主管部门在两个月内将资金落实到具体项目,并将具体项目清单报财政部、水利部备案。地方财政部门应会同水行政主管部门积极筹措地方配套资金,确保地方配套资金及时、足额到位。国家扶贫开发重点县及新疆维吾尔自治区南疆等地方配套资金全部由省级财政部门会同省级水行政主管部门负责解决,不得将地方配套任务压给县级及县以下。

小型病险水库除险加固项目要严格按照《基本建设财务管理规定》(财建〔2002〕394号)和《国有建设单位会计制度》(财会字〔1995〕45号)及补充规定进

行管理和核算,并按照规定编报竣工财务决算。专项资金由地方包干使用。具体项目结余资金由地方财政部门会同水利部门在规划确定的项目间调剂使用。专项资金主要用于规划内小型病险水库项目的大坝稳定、基础防渗、泄洪安全等主体工程建设,任何单位和个人不得截留挪用。

(四)工程验收

(1)项目法人、监理、设计及施工单位要按照有关规定,建立健全工程质量管理和监督体系,各单位要严把质量关,确保工程质量和按期完工。

(2)水利部对全国病险水库除险加固实施统一监督管理;县级以上地方人民政府水行政主管部门对本行政区域内的病险水库除险加固实施监督管理。

(3)各级质量监督机构要严格按照质量监督有关规定的要求,对参建单位的质量管理体系和质量控制措施进行监督检查,对重要的阶段验收和竣工验收进行认真的监督并提出质量鉴定报告,确保工程建设质量。

大型重点除险加固项目竣工以后,首先由省(自治区、直辖市)计划、水行政主管部门联合组织初验,并写出初验报告,上报国家发改委和水利部,国家发改委和水利部在初验基础上,组织专家进行竣工验收。

病险水库除险加固工程完工后,严格按《水利水电建设工程验收规程》组织竣工验收,上报水利部和国家发改委。项目竣工验收后,要及时办理交接手续。病险水库除险加固项目竣工验收按分级管理的原则,大型及重点中型水库、投资规模在3000万元以上的一般中型水库、省直管工程的除险加固项目,由省级水行政主管部门组织竣工验收;流域机构验收其直管工程项目;其他项目各地根据本地实际情况,由省级或地市级水行政主管部门组织验收。验收的有关程序和要求要严格按照《水利水电建设工程验收规程》的规定执行。工程竣工后要及时组织验收。

参 考 文 献

[1] 任明磊,何晓燕.对水库防洪调度的认识与探讨[J].人民长江,2011,42(S2):58-60,103.

[2] 水利部,国家统计局.第一次全国水利普查公报[M].北京:中国水利水电

出版社,2013.

[3] 王本德,周惠成,张改红.水库汛限水位动态控制方法研究发展现状[J].南水北调与水利科技,2007,5(3),43-46.

[4] 王明福.浅析中小型水库运行管理中存在的问题[J].甘肃农业,2014(4):49-50.

[5] 吴钢,刘磊,李皓.浅谈当前中国水库运行管理中存在的主要问题及对策建议[J].水利建设与管理,2017(11):96-98,36.

[6] 徐永田.中国的水库管理[EB/OL].(2010-12-31)[2020-7-8].https://wenku.baidu.com/view/59a27469011ca300a6c39094.html.

[7] 杨启贵,高大水.我国病险水库加固技术现状及展望[J].人民长江,2011,42(12):6-11.

[8] 赵素桥,牛淑金,李爱华.推行工程精细化管理全面提升工程管理整体水平[J].海河水利,2011(2):26-27.

[9] 中华人民共和国水利部.水利部关于修订印发水利工程管理考核办法及其考核标准的通知[EB/OL].(2019-2-13)[2020-7-8].http://www.mwr.gov.cn/zw/tzgg/tzgs/201902/t20190220_1108158.html.

[10] 中华人民共和国水利部.水库大坝安全管理应急预案编制导则:SL/Z 720-2015[S/OL].(2019-2-13)[2020-7-8].http://www.nssi.org.cn/nssi/front/88123523.html.

[11] 中华人民共和国水利部.水库降等与报废管理办法[EB/OL].(2003-5-26)[2020-7-8].http://www.calaw.cn/article/default.asp?id=3240.

[12] 中华人民共和国水利部.小型水库安全管理办法[J].中华人民共和国水利部公报,2010,3:18-19.

[13] 周武,李端有,王天化.水库大坝安全应急管理与应急指挥调度技术初探[J].长江科学院院报,2009,26(S1):135-139.

第六章　中小河流治理

第一节　我国中小河流洪涝灾害及其特点

一、我国中小河流的基本情况

关于中小河流的定义,迄今并无明文规定。根据相关研究,凡是具有独自流域的自然河流,如其长度短于 1000km,流域面积小于 10 万 km^2,均属中小河流。我国流域面积在 50km^2 及以上的河流有 45203 条,总长度为 150.85 万 km;流域面积在 100km^2 及以上的河流有 22909 条,总长度为 111.46 万 km;流域面积在 1000km^2 及以上的河流有 2221 条,总长度为 38.65 万 km;流域面积在 10000km^2 及以上的河流有 228 条,总长度为 13.25 万 km。

从河流水系关系来讲,河流分为大江大河及其支流、内陆河流和独流入海河流;绝大多数河流分布在我国东部及西南部气候湿润多雨的东南季风区。西北内陆气候干燥少雨,河流较少。从地形条件来看,山区河流约占 3/4,平原地区河流约占 1/4;正因为中小河流多位于山区,在河道形态上与大江大河不同,河道横断面形态多为"U"形或"W"形,横断面形式随河段的类型不同而异,顺直型河段,其横断面多为抛物线型或矩形,蜿蜒型河段弯顶部分为不对称三角形,纵向坡降较大;平原河流的纵剖面与山区河流不同,没有明显的台阶变化,但深槽、浅滩交替,是有起伏的平缓曲线,其平均纵比降较为平缓。

我国中小河流的显著特点:①源短流急,洪水暴涨暴落,汇流快,历时短,易发生洪涝和泥石流等自然灾害;②防洪设施薄弱,防洪标准较低,洪涝灾害损失严重;③许多中小河流水质污染严重,水生态系统遭到了严重破坏;④地质、地貌和水文情势差异大,治理目标各有侧重;⑤中小河流地质地貌、水文、水质和水生态系统等基础数据匮乏,治理难度大。

二、我国中小河流洪涝灾害特征

我国有防洪任务的城市有 639 座,其中 567 座位于江河支流及其他中小河流流域内,随着城市化进程的加快,这些城市的防洪安全成为中小河流治理的重要目标。另外,在我国已建成的 9.8 万多座水库中,大多数都是库容小于 1000 万 m³ 的小型水库,这些小型水库一般都坐落在中小河流上。由于一些病险水库的存在,也对中小河流的防洪安全提出了严峻挑战。同大江大河相比,中小河流洪水灾害有其自身特征,具有暴雨集中、产流汇流迅速、峰高量小、洪水过程短等特点,且多存在急弯卡口和险滩,使得中小河流易发生较为严重的洪涝灾害。

近年来,在大江大河防洪体系基本形成、防洪能力得到明显提高的情况下,每年汛期洪涝灾害造成的经济损失,大多集中在江河支流和中小河流流域。对于一般年份,我国每年汛期中小河流和山洪地质灾害造成的死亡人数占全国水灾死亡人数的 70% 以上;中小河流水灾损失约占全国水灾损失的 80%。近年来,随着社会经济的增长,灾区单位面积上的人口和财产价值增加,在相同的灾害强度下,损失愈来愈大,中小河流的防洪标准与经济发展不相适应的矛盾凸显。汛期洪水灾害造成人口死亡和失踪,这与中央提出的科学发展要求和以人为本的理念有较大差距。

此外,我国许多城市河流和农村河流大多属于中小河流,不仅承担着区域行洪、排涝、灌溉、供水等任务,还与区域生态环境、城镇和农村人居环境密不可分,在生态环境、城市景观、文化美学等方面承担着重要作用。但是,在以资源和环境为代价的社会经济高速发展过程中,当前许多中小河流出现了水资源短缺、水质污染严重、水生态系统衰退等诸多问题,农村河道缺乏有效的治理和管护,其状况更为严重。

因此,相对大江大河来说,中小河流治理在考虑防洪工程以及加强监测预警、应急响应和洪水管理等非工程措施的同时,还应兼顾河流在水生态、水环境、水文化、水景观等方面的综合效益,治理时遵循河流的自然规律,注重发挥河流的综合服务功能,实施综合治理。

三、我国中小河流存在的突出问题

我国中小河流洪水灾害问题量大面广,与其相关联的广大乡村与中小城镇是防洪管理体系建设的薄弱环节。我国城镇化速度加快,而且是以与水争地、与山争地、与农争地为代价进行的。城市化进程中如何将防洪减灾与经济发展紧密联系起来,是当前面临的重要问题。与大江大河的情况相比,中小河流有其特殊性,存在的突出问题主要有以下 5 个方面。

(1)中小河流治理已成为防洪与河流管理的薄弱环节。目前,我国绝大多数中小河流尚未进行过有效治理,防洪标准低,防洪基础设施比较薄弱、治理滞后,常遇洪水下就可能发生较大洪涝灾害,对我国城乡尤其重要城镇和农业主产区的防洪安全构成了严重威胁。约有 2/3 的中小河流达不到规定的防洪标准,许多中小河流防洪标准仅为 3~5 年一遇,有的甚至没有设防,加之一些中小河流流域管理缺位,水土流失严重,拦河设障、向河道倾倒垃圾、侵占河道等现象十分严重,造成河道萎缩,常遇洪水下就可能发生较大洪涝灾害,多数中小河流处于"大雨大灾、小雨小灾"的局面。特别是近年来极端天气事件增多,中小河流流域常发生集中暴雨,对我国城乡尤其重要城镇和农业主产区防洪安全构成了严重威胁。

因此,加快中小河流治理是提高江河整体防洪能力的重要举措,是完善我国江河防洪体系的重要内容;从江河治理规律的内在要求来看,加快中小河流治理势在必行。

(2)中小河流治理工程欠账多。我国中小河流治理属于地方项目,按照谁受益、谁负担的原则,主要由地方负责筹集治理所需的资金。20 世纪 50—80 年代,群众投劳对许多中小河流沿岸的县城、乡镇和农田保护区进行过一些防洪工程建设和简单整治,工程标准低,先天不足,年久失修,防洪问题十分突出。特别是农村河道,其行洪、排涝、灌溉、供水、航运等基本功能已经被大大削弱,不但对所在地区防洪安全构成极大威胁,而且严重影响农业生产和农村生态环境。

随着"两工"(即农村义务工和劳动积累工)政策取消,群众投劳的农田水利投入机制和组织方式发生很大变化,这就造成国家和地方政府的资金顾不上,农民的投入跟不上,对中小河流的治理日趋减少。在这种群众投工投劳大幅度减少,而政府主导的河道疏浚投入机制和管理体制未及时建立和健全的情况下,许多中小河道淤积严重、河道萎缩,行洪能力逐步降低。

此外,中小河流上的大量水库存在年久失修问题,严重限制了防洪排涝能力的发挥。当前国内多数水库都建造于 20 世纪 70 年代左右,虽然长期运行,但一直处于失修状态,部分主要建筑结构已毁坏非常严重,抗御洪水能力难以满足现实之需。此外,现役许多中小河流地处偏远山区,交通非常不便,加之地质条件限制,治理工作难以充分开展。

(3)中小河流基础资料缺乏,治理技术难度大。首先,中小河流的相关信息欠缺,有些小型河流甚至完全没有水文资料,给洪水管理带来很大困难,大部分中小河流没有建设水文站点,没有实施河势观测活动,缺少必要的水文测验基础资料;其次,中小河流所处地貌环境复杂,一般河道坡降大,洪水演进速度快,洪水灾害种类较多,包括山洪、泥石流等,工程减灾技术、预警预报技术等防灾减灾技术更加复杂。再次,相当一部分中小河流位于经济欠发达地区,包括人员素质和经济条件在内的整体防洪减灾能力基础较差,增加了实施洪水管理的技术难度。这些不足之处给中小河流治理工程的前期设计带来了许多不确定因素,防洪工程平面只能以现状河道堤防走向为参考进行布置,建筑物高程设计也是在理论结合经验的条件下进行的,与实际洪水流量和洪水位有一定的出入,影响设计精度。

(4)中小河流管理较弱,洪水风险意识淡薄。长期以来,由于中小河流管理力度不够,缺乏必要的监管,使得很多中小河流受到人为侵占。近年来,我国中小河流人为加重灾害风险的问题日益突出。河沙乱采乱挖,导致河势紊乱,危及堤防安全;围河围湖造田,缩小行洪面积,降低行洪能力;河道层层筑坝壅水,降低行洪排涝能力,洪水来临时,坝体土方全部淤积在河道内部,加重河道淤积;山区道路修建、大量弃土弃渣推入河道,导致河床淤积、行洪能力萎缩;山区盖房破坏山体稳定性,缺少必要的固坡防滑措施;人水争地,在行洪河道上盖房屋、种植林木等。

同时,全民洪水风险意识淡薄也是当前防洪减灾面临的重大问题。一些地区由于多年不发洪水,年年防汛不见汛,防灾意识淡薄,存在麻痹思想和侥幸心理。有些干部、群众防灾避灾知识匮乏,缺乏必要的防御洪水的抗洪抢险技术和实践经验,发生灾害时往往束手无策,易造成较大的损失。

(5)环保意识较差,水体污染严重。中小河流沿岸资源条件较为优越,且人口聚集较密,分布着很多的城镇、工业区以及村庄,会产生大量的工业废水、生活污水以及固体废弃物等,有些会直接排泄入河,严重污染河流水质,对流域健康造成威胁。大多数中小河流分布在较为落后的山区,受地形条件的限制,随着经济发展城乡居民修建房屋或其他建筑物时便倾向于侵占河道,同时将生活垃圾向河道倾倒使河流遭受污染。一些工矿企业沿河弃渣,新修厂房时首选沿河广阔平坦的滩地。农业生产过程中的各种农药、化肥也对中小河流造成了严重污染。

此外,中小河流往往平时流量较小,自净能力较差,很容易造成水体的富营养化,对水生生物的生存也构成一定的威胁。

由于以上问题的存在,导致中小河流水环境治理缺乏长效机制。另外,中小河流的污染会引起大江大河和下游水库的污染,影响人畜饮水安全和水生态环境安全,在治理过程中需要引起充分重视。

第二节　我国中小河流治理情况

一、中小河流防洪标准

中小河流洪水是大江大河及其支流洪水的来源,中小河流治理应符合流域防洪规划,其防洪标准除应考虑本身的洪水及灾害特点,更应注意与大江大河及其支流的防洪标准相协调。①中小河流治理应服从流域防洪规划,要从流域整体防洪安全的角度确定治理标准。如果在流域防洪规划中已明确其防洪治理标准的,一般复核后直接采用,原则上不得随意提高或降低。②要统筹协调好河道上下游、左右岸以及干支流的治理标准,充分考虑下游河段和干流洪水承受能力,避免洪水风险转移。对于跨界河流,应严格按照防洪规划确定的标准建设,不得任意提高或改变防洪标准,避免水事纠纷与矛盾。③可以分区设防的,根据各分区内保护对象和经济发展水平情况,宜采取不同的防洪标准。

我国《防洪标准》规定,中小河流一般防洪标准应达到 $10\sim30$ 年一遇洪水。

其中,对于保护县城及乡镇人口集中的地区,如人口大于 50 万人,耕地面积大于 100 万亩,防洪标准为 30～50 年一遇;对于保护农村居民点及农田防洪的工程,人口在 20 万～50 万人之间、耕地面积在 30 万～100 万亩之间的情况,防洪标准为 20～30 年一遇;保护人口小于 20 万人,耕地面积小于 30 万亩的情况下,防洪标准为 10～20 年一遇;对于人口密集、农作物高产的重要地区可以适当提高防洪标准,地广人稀或淹没损失较小的乡村防护区可适当降低防洪标准。对于超标准洪水要制定防灾减灾措施。

二、中小河流防洪体系

中华人民共和国成立以来,中共中央、国务院一直高度重视防洪建设。针对洪灾频发的特点,我国政府采取了多方面措施减轻洪水灾害损失。特别是 1998 年以来,国家加大水利投入,长江、黄河、淮河等大江大河干流堤防建设明显加快,三峡水利枢纽工程、小浪底水利枢纽工程等一批控制性工程建成使用,开展了大规模大中型和重点小型水库除险加固,主要江河防洪能力显著提高,基本形成了大江大河干流防洪减灾体系。

中小河流是我国防洪减灾体系的重要组成部分,是维系流域水生态安全的重要基础。基于对以上当前我国中小河流治理中存在的问题分析,中小河流的治理宜采取综合措施,将工程措施与非工程措施相结合,确保行洪安全,恢复河道自净能力,考虑水流景观,保障鱼类等水生物生存。

(一)工程措施

中小河流治理的工程措施是指兴建水库、堤防、涵闸等水利工程,以调节洪量,削减洪峰或分洪、滞洪等,改变洪水自然运动状况,调控洪水过程,达到减少损失的目的。

近几年,我国实施的中小河流治理主要以河道治理为主。河道治理要因势利导,调整、稳定河道主流位置,改善水流、泥沙运动和河床冲淤部位,扩大河床过水断面,以适应防洪、供水、排水等需求。护岸工程主要用以控制河床横向变形向外扩张,稳定水流边界条件,并引导控制水流向有利方向发展。

在河流平面和断面布置方面,尽量保持河道的自然状态,确保其占地面积,坚持宜弯则弯、宜宽则宽的理念,保持河道稳定,避免平面形式规则化、断面形式单一化和建筑材料硬质化。应尽可能维持河道断面原有的自然形态和断面形式。河道纵向剖面规划设计应保护河道与河道、河道与湖塘之间的连通性，不设或少设挡水建筑物及构筑物。人工河道断面可分为复式、梯形、矩形、双层和混合型断面，平原地区中小河流治理采用较多的为梯形、矩形和复式断面。农村中小河流治理多采用梯形断面；城镇等人口密集地为节省土地或受地形所限，河段常采用矩形断面；城镇内河，考虑到安全性和亲水性宜采用复式断面。

在河道堤防与护岸工程方面，堤（岸）线应顺河势，尽可能保留河道的天然形态。顺直型及弯曲型河道维持河槽边滩交错的分布；游荡型河道在采取工程措施稳定主槽的基础上，尽可能保留其宽浅的河床。护岸工程应有利于岸滩稳定，易于维护加固和生态保护。护岸工程按形式可分为坡式护岸、坝式护岸、墙式护岸，从材料和结构方面可分为块石护岸、柳石护岸、石笼护岸、沉排护岸、土工织物护岸、生物护岸。一般在河道滩宽流缓河段，可选植物护岸，起到减缓冲刷、固滩保堤效果。植树可做持续式或带状式布置，形成河流条状绿化带，这样做不仅保护了岸坡，还保护、美化了生态环境。

（二）非工程措施

非工程措施是指通过法律、行政、经济手段以及直接运用防洪工程以外的其他手段减少洪灾损失的措施。非工程措施一般包括防洪法规、洪水预报、防洪调度、洪水警报、洪泛区管理、河道清障、超标准洪水防御措施、洪水保险、洪灾救济及防洪宣传教育与培训等。这些措施对中小河流防洪减灾发挥着巨大作用。

（1）防洪法规是防止或减轻洪水灾害损失，由国家制定或认可的有关法律、法令、条例等。

（2）洪水预报是根据前期和现时的水文、气象等信息，揭示和预测洪水的发生及其变化过程的应用科学技术。它是防洪非工程措施的重要内容之一，直接为防汛抢险、水资源合理利用与保护、水利工程建设和调度运用管理及工农业的安全生产服务。

（3）防洪调度是运用防洪工程或防洪系统中的设施，有计划地安排，以达到防洪最优效果。防洪调度的主要目的是减免洪水为害，同时还要适当兼顾其他综合利用要求，对多沙或冰凌河流的防洪调度，还要考虑排沙、防凌要求。

（4）洪水警报是当出现或可能发生某些严重洪水时，为尽可能避免损害而发出的报警告急手段。

(5)洪泛区是尚无工程设施保护的洪水泛滥所及的地区。国务院和有关的省、自治区、直辖市人民政府可以制定洪泛区、蓄滞洪区安全建设管理办法以及对蓄滞洪区的扶持和补偿、救助办法。

(6)河道清障是对河道范围内的阻水障碍物,按照"谁设障、谁清除"的原则,由河道主管部门提出清障计划的实施方案,由防汛指挥机构责令设障者在规定的期限内清除。

(7)超标准洪水防御是当洪水超过防洪工程的设计标准或超过防洪体系的设计防御能力时,为确保防洪保护区内城市、重要工矿企业、重要交通铁路干线等重点保护对象或大部分地区的防洪安全,所采取的超常规应急对策。

(8)洪水保险是为配合洪泛区管理,限制洪泛区不合理的开发,减少洪灾的社会影响,对居住在洪泛区的居民、社团、企事业等单位实行的一种保险制度。对洪水灾害引起的经济损失所采取的一种由社会或集体进行经济赔偿的办法。

三、中小河流防洪规划

我国的中小河流普遍存在着防洪能力低、污染严重、水资源短缺等问题,从长远来看,这将会严重制约流域经济社会发展。中小河流的问题清楚地,引起社会各界的关注,国家也出台了一系列的政策法规引导中小河流治理工作的开展,并提供各方面的支持。从 2008 年开始,每年中央一号文件都强调要"加强中小河流治理",同样从 2008 年起,水利部、财政部联合启动了《全国重点地区中小河流近期治理建设规划》编制工作,针对有防洪任务的 8600 多条中小河流,按照轻重缓急,将保护人口和耕地多、洪涝频繁的 2209 条重点河流纳入规划,总投资 500 亿元。在此基础上,2013—2015 年,继续安排治理 2800 条左右中小河流的重点河段,治理河长约 3.45 万 km,到 2015 年累计治理河长 6万 km。

2010 年,国务院出台了《关于切实加强中小河流治理和山洪地质灾害防治的若干意见》,明确要力争用 5 年时间,基本完成流域面积 200km² 以上有防洪任务的重点中小河流治理;力争用 10 年时间,基本完成重点中小河流重要河段的治理任务,着力提高中小河流重点河段的防洪能力。要求各地区、各部门进一步加大中小河流治理力度,由此中小河流治理全面提速;2011 年,国务院常务会议审议通过《全国中小河流治理和病险水库除险加固、山洪地质灾害防御和综合治理总体规划》。

四、中小河流治理进展和成效

2008 年中央一号文件明确提出加强中小河流治理以来，按照中共中央、国务院的部署，财政部、水利部共同编制规划，研究相关政策并提出了管理办法，加快推进项目实施。全国重点中小河流治理，以保障人民群众生命财产安全为根本，重点对洪涝灾害易发、保护人口密集、保护对象重要的中小河流重要河段进行治理。各级水利、财政部门共同努力，采取有力措施，加强建设管理，大力推进项目建设。

已完成治理项目提高了所在河段的防洪标准，有力保障了人民群众的生命财产安全和农业生产活动。同时，在治理过程中，各地强化生态治理理念，注重与改善周边环境的相关项目和措施相结合，人居环境得到了明显改善，发挥了显著的综合治理效益。

（1）从防洪效益看，中小河流治理项目的实施，使中小河流重点河段的防洪能力从现状的 5 年一遇或不设防提高到 10～20 年一遇，到 2015 年使约 750 个县城、9000 个乡镇、约 2 亿人口和 2.5 亿亩农田得到保护，使 1.8 亿亩农田排涝得到受益。

（2）从社会效益看，中小河流治理范围主要在县城、乡镇和人口集中居住的村庄，规划的实施提高了农村广大地区包括贫困地区、少数民族地区的防洪能力，减轻了洪涝灾害损失，有利于社会稳定，促进区域经济协调发展、城乡统筹发展和社会主义新农村建设。

（3）从生态环境效益看，通过对重点地区、重点河段的治理，可改善所在区域生态环境。在平原易涝区改善土地利用结构和农业生态环境；在血吸虫病疫区，结合水利血防措施，可减少钉螺扩散、血吸虫病蔓延的概率。山丘区可减轻河道冲刷，有利于区域植被恢复和改善，控制水土流失，对山洪灾害的防治具有积极的作用。

五、中小河流治理需重点关注的问题

从当前中小河流治理情况来看，尚存在以下 7 个方面的问题。

（一）治理任务仍然艰巨

现阶段中小河流治理工作已经在提高防洪安全、改善水生态环境和提高人居环境质量方面发挥了重要作用,但是当前的治理成果还只是阶段性的,后续的治理任务还很艰巨。

首先,我国中小河流数量多,洪涝灾害范围广,各省上报有治理任务的中小河流达 8616 条,而列入规划内的河流仅为 60%,而且平均每条河流也仅治理了约 13km 的河长。

其次,随着社会经济的快速发展和城镇化进程加快,人口和社会资产越来越集中,暴露于洪水风险的区域越来越多。加之不透水面积的增加以及极端天气增多,导致洪涝灾害风险逐年增加。这就要求中小河流治理的重点和治理模式也必将随着形势发展而不断调整,治理的要求也需不断提高。

这些因素决定了当前的中小河流治理还仅仅处于起步阶段,中小河流治理必须持续推进下去,后续的治理任务还很艰巨。

(二)系统观念尚需加强

尽管各省在中小河流治理上始终坚持全面规划、统筹兼顾的原则,但是其治理的系统性仍待加强。有些河段仍存在过度治理倾向;部分治理项目对河流的生态、景观功能和亲水性仍考虑不足;中小河流治理尚未与水环境整治很好结合,有些治理河段尚存在比较严重的生活面源污染问题。随着改革进程的推进,中小河流治理与城镇化建设和国土空间开发的统筹协调的要求将会更高,而且随着中小河流治理广度和深度的增加,其与流域整体防洪形势的协调性问题也将更加突出和重要,这些都对治理的系统性提出了更高的要求。

后续治理工作要综合考虑城镇化进程和新农村建设,要结合国土空间开发保护和主体功能区定位,从多角度提高治理的系统性。从流域角度,要统筹考虑水系河网的关联性,统筹考虑上下游、干支流的防洪关系;从河流功能角度,要统筹兼顾防洪、水资源、水环境、水生态、水景观、水文化的综合效益;从时间角度,要注意协调中小河流的治理重点和范围与社会经济发展状况的适应性,以谋求长远利益和持续发展。

(三)防洪措施仍较为单一

当前中小河流治理仍以修建堤防和河道疏浚为主要措施,手段较为单一。受我国城镇化进程和全球气候变化影响,洪水风险将会逐年增加,水库、堤防、蓄滞洪区及预警预报等多措并举将是未来河流治理的必然趋势,不仅能有效提高地区防洪能力,而且对减少中小河流治理对大江大河的防洪压力也具有重要作用。

（四）建后管护尚待完善

尽管各地都在积极探索有效的长效管护机制，但是部分项目仍存在不同程度的管护不足问题，甚至某些竣工验收不久的项目即在河道中出现堆放建筑弃土废渣的现象，给防洪安全带来隐患，各地仍需狠抓建后管护落实问题。要在落实管护主体、管护责任、管护人员和工作经费四方面尽快出台符合地方实际的指导性政策和办法。充分利用市场在资源配置上的决定作用，引入市场机制，逐步建立符合现代市场体系的长效管护机制。

（五）征地拆迁仍存难度

在中小河流治理过程中，各地普遍反映治理项目征地拆迁量大，涉及群众广、部门多，征地拆迁工作推进困难。究其原因，一是宣传动员不够，部分群众抵触情绪大；二是地方自筹资金压力大；三是各地用地指标受到严格总量控制，指标不能及时落实。在后续项目规划和实施过程中可考虑将用地指标和征地补偿经费支出作为前置条件，以保证项目的顺利实施。

（六）科技支撑和宣传教育力度亟待加强

从当前的治理情况看，各省在中小河流治理过程中已普遍重视河流生态系统的保护，也涌现出许多的生态治理措施，但是各地的河流情况千差万别，这些技术措施在不同类型河流上适用性差别很大，而且一些技术尚缺乏行业标准，无论是在具体应用还是工程验收上，都造成一定的难度；此外，各地技术水平存在差异，一些地区明显存在技术力量不足的问题，也在一定程度上影响了治理成效。在河流综合治理技术方面亟待开展以下几方面工作。①开展中小河流治理模式的基础性研究。我国地域广阔，各地气候、地质、地貌、水文、动植物状况各异，不同治理技术在不同类型河流上的适用性及其对当地生态环境的影响差别很大。亟须根据河流功能需求和治理目标，研究中小河流的分类方法和标准，在此基础上研究不同类型典型河流的水生态保护与修复技术，提出不同类型河流的近自然、多目标综合治理模式。②结合国内外案例，开展相关研究，抓紧制定、出版河流生态治理技术和材料的技术标准、工程规范和设计施工图集。③开展河道、堤防、护岸、堰闸、监测设施等的管护技术和监测巡检方法研究，尽快出版中小河流治理工程管护技术手册，为地方管护人员提供技术指导。④还应加强科普宣传，调动受益群体参与建设和管护的积极性，为中小河流治理创造良好的外部条件。

（七）做好当前治理工程的评估工作

为了总结治理效果,对下一阶段的治理工作提出指导意见,应尽快开展一系列中小河流治理的评估工作,如开展中小河流动植物栖息地恢复和保护状况的跟踪调查,对中小河流治理工程的生态环境效应进行评估;开展中小河流治理对流域防洪影响研究,定量评估中小河流治理对大江大河的防洪形势影响;建立中小河流治理工程的综合效益评价方法,开展中小河流治理的综合效益评估等。

第三节　中小河流综合治理

近些年来,我国水务管理部门和专家学者们越来越重视河流综合治理,引进和发展了许多先进的治河理念与技术,在"三河三湖"等大江大河及一些城市河湖的污染治理、生态修复方面开展了很多工作,积累了不少经验。但是,就中小河流的综合治理而言,目前尚缺乏系统的理论指导和技术支持。中小河流治理主要以工程手段和经验为主,以防洪为主要目标,较少兼顾河流自然演变规律和注重发挥其水资源、水环境、水生态、水景观和水文化等综合功能,尚未能做到综合治理。这种仅仅注重河流防洪或开发利用等单一目标的治理往往造成河流其他功能的破坏,使河流治理事倍功半,增加了河流综合治理的难度。因此,考虑我国城市化和新农村建设的要求,在充分认识我国中小河流特点和需求的基础上,应从防洪减灾、河道整治、水生态环境保护与修复、水景观建设等多目标出发进行中小河流系统综合治理。

一、中小河流治理基本理念

（一）健康河流的基本特征

联合国 2001 年启动了千年生态系统评估(millennium ecosystem assessment,MA)项目,是由世界卫生组织、联合国环境规划署和世界银行等机构组织开展的国际合作项目,大约有来自 100 个国家和地区的 1500 名专家和非政府组织的代表参加,历时 4 年完成,首次对全球生态系统进行了多层次综合评估,旨在评估全球生态系统所面临的威胁。千年生态系统评估项目将生态系统服务功能定义为

"人类从中获得的效益"，包含供给、调节、支持和文化四项功能，如表 6-1 所示。

表 6-1　生态系统服务功能

功能	内容
供给功能	淡水资源、水力发电、航运、水产品、基因资源
调节功能	水文和气候调节、河流输送、水质和空气净化
支持功能	土壤形成与保持、光合产氧、氮和水的循环、提供生境
文化功能	文化、教育、美学、娱乐

淡水生态系统是地球八大生态系统（含城市生态系统）之一，而河流生态系统又是淡水生态系统的重要组成。从表 6-1 中的生态系统服务功能来看，健康的河流生态系统需能够为人类社会供给资源，提供和调节生存环境，并具备文化、教育、美学、娱乐等作用。可见河流生态系统对于人类社会的存在和发展是至关重要的。健康的河流应该具备有健康的水生态系统生命的水体和有魅力的滨水空间，能够充分发挥河流生态系统的各种服务功能，使人们从中获益的同时，实现人与自然的和谐共存。

具体而言，河流的健康与否主要体现在防洪安全、水资源、水质、水生态、水景观和水文化六个方面。①从防洪安全角度讲，健康的河流应该可以调蓄和畅泄雨洪，河流两岸洪水风险得到有效管理；②从水资源角度讲，健康的河流应该有丰沛的水量，能够满足社会用水需求和维系生态系统健康；③从水质角度讲，健康的河流应该有自净能力，水质清洁，没有污染；④从水生态角度讲，健康的河流应该为生物提供栖息地，生物多样性丰富；⑤从水景观角度讲，健康河流的滨水空间应该有水景观和亲水空间，给人以美感，并能给居民提供休闲、娱乐场所，便于人水相亲；⑥从水文化角度讲，健康的河流能反映本土独特的文化风貌，将历史、文化、宗教、民俗融于滨水景观，充满文化、艺术氛围。

进行河道综合治理就是要兼顾上述六个方面，实施"六水"共治，也就是保护和修复河流的生态系统服务功能。

（二）生态文明建设背景下的中小河流治理基本理念

2015 年 5 月中共中央、国务院先后印发《关于加快推进生态文明建设的意见》和《水污染防治行动计划》，明确了生态文明建设的总体要求、目标愿景和重点任务，要求尊重自然、顺应自然、保护自然，实现全面的绿色转型。

生态文明的内涵是处理好人与自然的关系，水生态文明就是正确处理人与水的关系,使经济社会发展建立在水资源能支撑、水环境能容纳、水生态受保护的基础上。在生态文明思想的指导下,对于河流的治理不应仅仅只关注防洪、污染等某一方面的单一治理,也不仅仅是对河流自然环境的单纯保护,而是兼顾防洪安全、水资源、水质、水生态、水景观、水文化的综合系统治理。基于该理念,河流治理应该是统筹考虑河流的社会要求和自然属性,在实施必要的防洪抗旱和水资源开发工程和措施的同时,充分考虑河流治理、水资源开发工程与河流自然规律、动植物栖息环境的协调性,对于生态功能受损的河流有针对性地逐步进行修复,同时兼顾滨水空间的营造和水文化的挖掘与展现,最大限度地发挥河流生态系统服务功能,实现人与自然和谐共存。

二、中小河流治理目标

党的十八大之后中国特色社会主义事业总体布局由经济建设、政治建设、文化建设、社会建设"四位一体"拓展为包括生态文明建设的"五位一体"。在这个背景下,中小河流治理的重点虽是防治洪涝灾害,但也要重视生态文明,文明施工,保护生态环境,走可持续发展道路。

河道的基本功能是行洪排涝,但仅满足其基本功能是远远不够的。合理的解决途径是以生态功能为基础,以人类需求为导向,建设近自然的河流。平原地区中小河流治理的目标可概括为"水清、流畅、岸绿、景美"。按河道功能可分解为以下4个目标:①服务于自然方面的水循环、排泄洪水(防洪、排涝)等目标;②服务于经济方面的灌溉、供水、交通运输和水力发电等目标;③服务于社会方面的景观、文化、教育和休闲、娱乐等目标;④服务于生态方面的栖息地地貌、水文、自净、形态、结构等目标。

《全国重点地区中小河流近期治理建设规划工作大纲》中明确提出了近期中小河流治理的目标:通过重点地区中小河流的近期治理,使洪水威胁严重、洪涝灾害较频繁、损失较大、严重影响区域经济社会发展的重点中小河流和重点河段的防洪能力得到增强,重点地区中小河流所涉及的主要城镇、基础设施、基本农田等防洪保护对象的防洪标准有较大提高,重点地区中小河流流域或区域内人民生命财产和经济社会发展的防洪安全保障问题得到初步解决。这一治理目标也适用于非重点地区中小河流的治理。

三、中小河流综合治理技术

中小河流治理应从流域的角度出发,结合其自身特点,综合考虑防洪安全、水资源可持续利用、水生态环境保护、水景观与水文化的保护等方面的需求,提出科学合理的治理模式和治理方法。

(一)治理原则

(1)保护、恢复多样化的河流形态。河流整治要避免简单的裁弯取直和梯形断面,应最大限度地保持河流自然蜿蜒和深浅变化的河道形态,保护河滩地和河边防护林带。在土地资源相对富裕的地方,在河槽两边预留一定的河滩地,还河流以空间,最大限度地利用河流的自然恢复能力,保护和恢复河流多样化的生物栖息生存环境。

(2)确保生物迁移通道的连续性。河流水生动物经常在河流上下游、干支流、河流与湖泊之间迁移,此外还有一些生物属水陆两栖或依植被迁移,为了不妨碍这些生物的迁移,在堰、闸等横向水工建筑物,以及干支流汇合处等容易截流的地方,要确保上下游以及横向生境的连续,确保河流与周边环境之间通道的连续。

(3)保护、恢复河流特有的生物栖息生存环境。要重视保护、恢复重要物种或稀有物种。对浅滩、深潭、湾叉、湿地、河漫滩、河边防护林等,要着眼于在这些特殊河流环境中栖息生存的动植物,特别是要保护、恢复特有物种的栖息生存环境。护岸护坡要突出"安全实用、便于维护、生态亲水"的原则,尽量避免对河流自然面貌和生物栖息生存环境的破坏。

(4)确保地表与地下水循环通畅。河流水体与地下水有着密切的关系,地下水位对河流植被的生长也有一定的影响。此外,河里的涌泉清澈且水温稳定,会局部形成与干流不同的环境,是增加河流环境多样性的重要因素。因此要避免不透水的护岸、护堤形式,确保水边区域的透水性,保证河水与周边环境的水循环。

(5)重视表土和就地取材。当地表土是由微生物和各种生物在漫长岁月的过程中形成的松软且富含营养成分的土壤,不仅是本土植被生长的基础,而且是食物链的重要一环。土地一旦失去表土,肥力将很难恢复。因此在进行治理时,需将挖掘的岸坡表土保存起来,作为将来的覆土。同时,为了保持河流原来的面貌,实施治理时,尽可能使用当地的石块、木材等自然材料,在进行滨岸带绿化时,也要尽量使用当地植物。

(6)保护和建设美丽的河流自然景观。美丽自然的河流景观体现的是舒适的人居环境和多样化的生物栖息状态,河流治理中要注意保护和建设自然美丽的河流景观,要求自然、生态、富于变化,而且需要注意与当地风土人情、周边环境的一致性和协调性。

(二)综合治理技术

开展中小河流综合治理,主要有以下几项关键技术措施:①通过河道清淤疏浚、堤防加固等措施,使河道保持水流通畅,河势与岸坡稳定,防洪排涝能力明显提高;②通过水系连通工程,改善河道水动力条件,维护河流的整体性、连续性和流动性;③通过建设植物护坡,清除岸边垃圾,结合农村环境治理保护,使河道环境状况明显改善;④通过河道两岸废污水处理、垃圾集中清运等措施,达到水面清洁,水质明显改善;⑤通过建设滨水景观、打造亲水空间,营造有利于居民休闲娱乐、青少年健康成长的亲水环境。

从以下7个方面介绍综合治理技术操作。

(1)清淤疏浚。对河道内阻水的淤泥、沙石、垃圾等进行清除,恢复和提高行洪排涝能力,增强水体流动性,同时消除内源污染,改善水质。为保护原有生态系统,不宜将底泥全部挖除或挖除过深,在清淤疏浚前应基于防洪和生态保护的需要进行施工规模的论证。清出的淤泥应妥善处理、脱水固化,避免产生二次污染,同时尽量实现底泥的资源化利用,如用于加固堤防或制成建筑材料等。

(2)护岸工程。护岸工程包括岸线梳理、护岸修整和建设、护脚加固等。应因地制宜地选择岸坡形式,在河流受冲刷影响大的河段合理采用硬质护岸,其余应尽可能以生态护岸为主,尽量保持岸坡原生态。对人口聚居区域,应考虑护岸工程的亲水和便民。应尽量维护河流的自然形态,尽量避免裁弯取直,防止人为侵占河道和使河道直线化,保护河流的多样性和河流水生物栖息地的多样性。

(3)水系连通。水系连通工程是为打通断头河、连通邻近宜连河道而实施的短距离连接段及涵闸工程,可有效增强水体流动性,提高水体自净能力和抵抗水旱灾害能力。水系连通工程应注重与土地利用规划、乡镇建设等相关规划相衔接,尽量减少新挖沟渠和占用土地。对河湖水系连通方案要科学论证和严格把关,规避洪水转移、污染转移、生态退化、地方病转移等连通风险。

(4)堤防加固。堤防加固工程是按照相关技术标准对防洪堤采取防渗、加高、加宽等加固措施。选取安全、经济、合理的加固方案,应重点考虑堤防的险工段,避免过度加固,防止渠化河道。必要的新建堤防要进行充分论证,确定合理的行洪断面,并符合相关规划,严禁占用水域和缩小河道断面。

(5)拓宽整治。拓宽整治工程是指为恢复河道行洪除涝能力,采取清除河道内障碍物以及侵占河道或岸坡的废弃物,包括拓宽后对必要的跨河生产生活设施的恢复重建。河道拓宽时,断面形状应参照原生态断面来设计,使河流原来的面貌和风景得以保全。尽量避免用梯形断面进行河流整治,避免形成水深较浅的单一水流,避免平坦的河床,尽量保持或恢复河床的自然化。

(6)水污染治理。依据源头减排、过程阻断、末端治理和生态修复的步骤实施,对河流的污染治理。根据不同地域的污水特点、处理规模以及当地的实际条件,采取有针对性的治理措施。

在有效控源的同时,在有条件的地区,尤其是新建城区实施雨污分流,实现污水的有效收集和处理,老城区也要结合城市发展规划逐步推进实施,建立城市集中高效污水收集处理系统。

农村社区污水可以选择处理效果稳定、工程投资低、运行管理便利的污水处理工艺,建设小型污水处理站;散居村落及用户的生活污水适合采用氧化塘、人工湿地和沼气处理等分散式污水处理技术。

对黑臭河渠整治需首先摸清其污染源和排污口情况,截断污染源头,同时开展水质原位净化治理。

针对农田退水污染,实施生态截留沟建设,既不占用土地,又便于维护。根据太湖流域生态拦截型沟渠系统对农田非点源污染控制效果的实验结果,沟渠系统对农田径流中氮、磷的去除效果分别达到48.36%和40.53%。按照相关标准要求,其密度一般为每公顷农田建设100m生态沟渠。

河岸缓冲带是保护河流水质的一道天然屏障,主要通过一定宽度的各类植被带发挥减缓渗透、过滤、吸收、滞留等作用,有效截留地表和地下径流中的沉积物和污染物,从而发挥净化入河径流的作用。植被缓冲带的拦截作用随宽度的增加而增加,研究表明当缓冲带宽度达到12m以上时,对农田径流中氮、磷的去除率可达到80%左右。河岸缓冲带的建设可结合河道水生态修复工程、滨水景观工程、生态拦截沟工程等实施。

（7）河流景观建设。其内容包括岸线形状、护岸形式、护岸材料、滨岸带植被、休闲亲水活动空间等。滨水景观和绿化布局的风格要与地域风格相协调，景观设计应符合回归自然、重现河流自然美原则和要求。景观设计要满足河流综合功能的需求，依据河流景观理论进行设计，同时展现本土文化特征。在保存历史水文化的同时，还应当将现代技术、文化、观念引进现代水利建设中来，创造现代水文化。

四、中小河流治理工程管护

仅依赖治理工程只能在短时间内起到治理效果，要保护和维持河流的持续健康，需要建立起有效的河流管护机制。

目前我国许多地区已经开始积极探索农村河道的长效管护机制，并取得了一定的效果，主要有以下成功经验值得借鉴和推广。

（1）出台政策，建章立制。许多地方政府根据《水法》《防洪法》《水污染防治法》《河道管理条例》等法律、法规，结合本地实际出台了相关政策性文件，明确河道管理的责权义务，限制不合理生产建设活动，同时把农村环境管理的具体要求，纳入村规民约，规范居民的涉水行为，既为农村河流的治理和保护创造良好的实施环境，又能对落实管护责任、减少人为破坏起到重要作用。

（2）落实责任，创新管理。国家已全面推行河长制，由党政领导担任河长，依法依规落实地方主体责任，协调整合各方力量，有力促进了水资源保护、水域岸线管理、水污染防治、水环境治理等工作，在河流长效管护方面取得了显著成效，是完善水治理体系、保障国家水安全的制度创新。

（3）强化考核，严格奖惩。在考核方面，一些地区由镇级政府成立专门的河流管护工作考核小组，将管护工作列入年度考核的主要内容，制定考核细则，并将考核结果向社会公布。对于按标准完成任务的单位或个人，给予表彰和奖励，未完成任务的，按规定对相关责任人问责。

（4）市场主导，加强监管。鼓励市场在河道管护机制建设中发挥主导作用。一些地区通过招商引资鼓励有能力的企业搞好影响厂区防洪安全、生态环境的河道管护工作，带动社会各界投资，做好与切身利益相关的配套建设；或是通过公司化运作向受益居民、企业和个体工商户收取保洁费用；或通过政府投资向社会发包，通过市场竞争机制确定工程管护单位；"以河养河"也是值得探索的市场为主导的管护新模式,如通过规范采沙管理,对河沙进行拍卖,筹集河道养护资金等。

(5)示范带动,广泛宣传。宣传和教育也是实现河道长效管护的重要措施。利用报纸、电视、标志牌、宣传碑、宣传手册等媒介,宣传水环境、水生态的保护知识,通报违法违纪的处理标准和办法,组织村民参观学习,开展多层次、丰富多彩的宣传教育活动,增强人们保护河流和生态环境的自觉性,使河道管理、生态环境保护逐渐深入人心。

(6)开展监测,掌握动态。建立长期监测系统是保障河流治理效果的重要手段,开展水文、水质、水生态等反映河流治理效果指标的跟踪监测,了解和掌握河流治理效果和存在的问题,及时提供地表水环境、水生态动态,可为各级政府实施水面管护和后续治理提供依据。

第四节　中小河流综合治理典型案例及经验

一、湖南省中小河流治理案例及经验

(一)基本情况

湖南省流域面积 200~3000km² 的中小河流共有 403 条,以山区河流居多,且多处于暴雨中心,源短流急,洪水暴涨暴落。2009 年国家实施中小河流治理前,多数中小河流防洪标准不足 5 年一遇,有的甚至不设防,河道行洪能力低,工程抗洪能力差,河道管理滞后,洪灾频发。以 20 世纪 90 年代为例,全省中小河流洪涝灾害直接经济损失超过 1000 亿元,因灾死亡 1650 人,分别占全省洪涝灾害直接经济损失和死亡人数的 63.1% 和 87.9%。

2019 年全国中小河流治理工作启动以来,湖南省共有 330 条中小河流、652 个项目列入了全国中小河流治理规划,总投资 104.49 亿元(中央投资 72.15 亿元,地方配套 32.34 亿元)。经过几年的治理,湖南省中小河流的防洪能力得到有效提升,为 126 万人、197 万亩农田提供了防洪安全保障,充分发挥了中小河流治理在提高防洪能力、保证粮食生产、确保民生安全等方面的功能和作用,取得了较好的防洪效益和社会效益。

(二)治理经验

湖南省中小河流治理工作贯彻了水利部"将生态理念始终贯穿于中小河流

治理全过程"的要求,在保护河岸,提高防洪能力的同时,保护了河流生境,践行了"人水和谐"的治河理念,所采取的生态治理技术和经验值得借鉴。

(1)编写技术图集,加强宣传指导。为确保生态治理工作的科学推进,湖南省水利厅安排专项经费,结合本省实际,组织编写了《湖南省中小河流治理生态工程设计参考图集》,包含植物、土工、石笼、生态混凝土、砌石等生态护岸的设计与施工图和具体案例,对于中小河流生态治理起到了很好的总结、指导和宣传作用。

(2)尊重河流属性,维持河流现状。湖南省中小河流治理总体上遵循因地制宜的原则,以疏浚河道为主,按照防洪的实际需要,仅在必要的防护河道两侧或单侧修建堤防,尽可能保证河流的自然形态。通过适当保留江心洲和自然河岸线,保证了河流的蜿蜒性和水流多样性,如图6-1~图6-4所示。

图6-1　衡山县涓水白果项目自然河岸线

图6-2　炎陵县沔水十都下游河段治理工程

图6-3　衡东县永乐江自然河岸线

图6-4　炎陵县河漠水防洪工程保留的江心洲

(3)提高防洪能力,满足生态需求。治理项目主要采用了格宾网结合雷诺护垫的生态护岸形式(图6-5~图6-8),形成柔性、透水、整体的防护结构,既能有效防冲,又满足了水循环和植被生长需要;主河槽清淤疏浚后,对河底鹅卵石进行平整,未进行硬化处理,保证了河底的透水连通;部分河道(如攸县酒埠江一期工程、永乐江石塘保护圈工程等)在洪水线以上采用了生态垫植草(图 6-9 和图 6-10),既可以防止暴雨冲刷,又满足了绿化要求。这些治理实践中涌现出的生态新材料和新技术值得大力推广。

图 6-5 雷诺护坡(攸县攸河酒埠江二期)

图 6-6 雷诺护坡(炎陵县官仓下水)

图 6-7 雷诺护坡与格宾护脚(衡山县涓水)

图 6-8 格宾护脚(衡东县永乐江)

图 6-9 生态草垫(攸县攸河酒埠江二期)

图 6-10 加筋生态垫(衡东县永乐江)

(4)坚持就地取材,保护河流生境。雷诺护坡和格宾护脚均采用当地的鹅卵石进行填充,既与当地生态环境相协调,又节省了工程成本,每平方米生态护岸造价仅80元(包含岸坡无纺布、17cm雷诺护垫、鹅卵石等);洪水线以上的岸坡采用当地表土作为治理后的绿化覆土,为植物再生提供基础;洪水线以下,采用洪水期沉积的冲沙和淤泥作为植被生长基础,适应当地的气候条件,达到了很好的岸坡绿化效果。

(5)重视河流管护,探索新模式。为更好地发挥治理效益,湖南省水利厅明确要求项目所在地水行政主管部门及时组建管护机构,并将其纳入中小河流治理绩效考核内容。地方县市在治理工程长效管护方面进行了有益的探索,初步形成了一些具有一定借鉴意义的经验和做法。攸县推行县河道管理站、乡镇水利站和水管员、村组管护员三级联动管护责任。通过将河道管理责任分段落实到人,部分项目已初步实现日常运行有人巡查和管护,并竖立了管护责任牌,规定了管护范围、负责人和管护责任,对水质、岸坡整洁、河道通畅、建筑物完好等提出了具体要求。攸县将河道整治与城乡环境治理有机结合,将河道划分为村级公共区和农户责任区,推行分区包干、分散处理、分级投入、分期考核的"四分"模式。攸县经济基础好,县财政每年预算河道管理专项经费50万元,对主要河流按每10km 1万元、支流每10km 2千元标准分级投入,全县农村河道正逐步实现由点到面、由突击向常态的转变。衡山县政府组织国土、公安、水利等相关部门开展了对涓水乱采乱挖、私搭乱建的全面整治,并编制了涓水采沙规划,并以此为契机加强河道规范管理,拆除违章建筑,确定堤防和河道的保护与管理范围,为治理工程的后续管理打下基础,在一定程度上保证了工程效益的发挥。

(三)工程建设管理方面的经验做法

湖南省的中小河流治理采取了一系列建设管理措施,在保证工程进度和质量方面收到了良好成效,值得后续治理项目学习和借鉴。

(1)全面落实责任。与市州签订责任书,将中小河流治理工作纳入对市州政府的年度考核;各市州、县市区成立由政府分管领导为组长的领导小组,建立县市区为建设主体、市州为监管主体、省为督导主体的三级工作机制;省厅成立专门领导班子,实行每月一调度,对开工延误、进度迟缓的项目,挂牌督办。

(2)严格设计审查。对设计严格把关,对同一项目两次不能通过专家审查的,项目所在县一年内暂停项目审查和安排,设计单位一年内不准进入省中小河流治理市场。

(3)加强宣贯培训。多次举办培训班,对全省所有中小河流建设项目的法人代表和设计单位技术负责人近 400 人次进行培训,宣传贯彻综合治理理念和技术,强化质量意识。

(4)完善质量体系。各县市区进一步完善"项目法人负责、监理单位控制、施工企业保证、政府部门监督"的质量管理体系。

(5)重视资金管理。银行资金账户由财政和水利两个部门实行"双控"管理,资金实行专账管理、封闭运行,确保专款专用。

(6)加快竣工验收。出台《湖南省中小河流治理工程验收工作大纲》,明确验收要求和时限。召开竣工验收现场会,组织相关人员现场观摩,统一竣工验收程序和要求。

(7)加强监督检查。省水利厅先后派出 40 多个督导组 100 多人次,市级派出 160 多个督察组 320 多人次深入一线督查。

(8)推行激励机制。推行省级配套资金激励机制,对项目开展顺利和资金配套落实的项目,在省级配套资金中予以奖励,促进地方配套资金的落实。

二、浙江省中小河流治理案例及经验

(一)基本情况

浙江省流域面积在 10km² 以上的干、支流有 2441 条,其中流域面积 200～3000km² 的中小河流有 141 条。浙江省大江大河及其主要支流的防洪工程体系和城市防洪框架已基本形成,基本能防御主要江河常遇洪水,但是省内数量众多、分布广阔的中小河流治理总体滞后,近年来洪涝灾害损失的 70% 以上发生在中小河流。浙江省地形较为复杂,西南部为山岭地区,中部为丘陵和盆地,北部和滨海为平原水网地区,省内河流类型众多,条件和环境复杂。

浙江省(不含宁波市,下同)共有 96 条中小河流、290 个项目列入全国中小河流治理规划,总投资 68.65 亿元,共治理河长 1506km。

(二)治理经验

浙江省作为沿海发达省份之一,在中小河流治理的需求和理念上,更加重视河流治理的整体性、生态性、文化性和社区参与度,有许多成功的治理经验值得借鉴。

(1)统筹协调防洪关系,注重治理河流整体规划。浙江省在中小河流治理中,重视对河流治理的整体规划,严把规划关口。该省中小河流治理项目必须以批准的流域(防洪、避洪)规划为依据,项目的防洪标准、堤线走向、控制堤距等重要控制参数必须满足规划要求,同时各项目的河道综合治理长度、堤防(护岸)长度、总投资等主要建设规模必须与全国中小河流治理规划确定的规模基本相符,否则不予审批。例如,为搞好中小河流治理,龙游县先后编制了《灵山港(龙游县境内)综合规划》《龙游县塔石溪、罗家溪、社阳溪等5条小流域治理综合规划》《龙游县农村河道综合整治规划》等文件,保证了中小河流的科学规划治理,同时也超前谋划和储备了一批中小河流治理项目。

(2)制定生态治理规范,不断创新生态治理模式。浙江省在河流生态治理方面,开展了大量的研究和探索工作,形成了很多研究成果和技术规范,具有较高的总结推广价值。例如,开展了植物措施在"万里清水河道建设"中的应用研究、河道生态堤岸技术研究与应用、农村河道生态建设技术集成与示范、浙江省河流健康诊断技术研究等研究工作,出版了《河道生态治理工程——人与自然和谐相处的实践》《河道生态建设——植物措施应用技术》等专著,制定了《河道生态建设技术规范》《河道建设标准》等一批地方性标准规范,起到了重要的示范作用。如松阳县松阴溪治理,改变城市防洪工程"铜墙铁壁"的模式,按照"安全、生态、休闲"的理念,赋予河流更多灵性,水生态系统逐步恢复,引来中华秋沙鸭以及白鹤等国家一级保护鸟类筑巢休憩。龙游县灵山港治理工程保持了原有堤线布置,采取乔、灌、草结合植被护坡和钢丝石笼及抛石护脚,尽量保留滩地、沙洲和原有树木,治理与保护并重,维持了原有水生动物的生存环境。丽水市太平港治理工程综合运用连锁水工砌块、生态混凝土、格宾石笼挡墙、砼格栅草皮护坡等多种生态护坡形式,在提高河流防洪能力的同时,也兼顾了河流的生态需求。

(3)重视河道历史文化载体作用,充分挖掘水文化。近年来,浙江省以水文化为主题的河道建设尤为突出,涌现出绍兴市环城河、古运河园、龙横江鹿湖园及嘉兴市运河三塔治理保护工程等一批与水文化有机融合的精品水利工程。在此基础上,浙江省总结提炼各地水文化建设经验,在各类会议上提出加强水文化建设的治河思路,要求在中小河流治理中,坚持就地取材原则,遵循当地风俗习惯,不断凸显河道治理的个性化、本土化,使河道成为地方文化彰显的重要载体,地方历史文化传承的重要节点。如龙游县中小河流治理过程中,充分挖掘历史文化,注重古码头、古河道、古堰坝等历史古迹的保护和开发,修旧如旧,进一步弘扬了本土"水"文化。

(4)以河流治理为抓手,助推美丽乡村创建。浙江省很多地区将中小河流治理作为美丽乡村建设的重要抓手,通过防洪建设、河道环境整治、加强管理维护等综合措施,改变了中小河流堤防单薄残缺、年久失修,河道脏、乱、差的旧貌,实现了中小河流治理与村镇环境建设"双赢"。例如,龙游县灵山港治理工程,充分考虑沿河村庄村容村貌整治要求,以"岸坡稳定、植物良好、景观优美"为目标,变昔日的险工险段为景点亮点,同时配套实施了灵山港河沙禁采、沿河养殖业关停退养和农村生活垃圾的分类"减量"清运、改水改厕、周边污水排放进行统一规划等工作,对当地美丽乡村建设、居民生活环境改善起到重要支撑作用;松阳县在松阴溪治理中,同步实施环境宣传、面源污染治理、河沙禁采、垃圾清运,把堤防既建成防洪的生命线,又建成群众观光休闲的绿色长廊、景观长廊和生态长廊,成为城镇环境的新亮点、休闲娱乐的新去处。

(三)工程建设管理方面的经验做法

浙江省在中小河流治理中主要采取了以下管理措施,保障了治理工程的有序进行。

(1)加强工作责任考核。浙江省在省、市、县分级签订中小河流治理责任书的基础上,进一步强化目标责任制、绩效考核制和问责制。省水利厅将中小河流治理作为省级对各区市水利部门年度考核的重要内容,实行项目完成情况与后续资金补助比例、省级水利专项资金安排挂钩的奖惩制度。同时各市、县也相应加强目标考核。例如,龙游县政府将中小河流治理工程建设列为对部门、乡镇的年度工作考核目标,明确各环节工作进度要求,实行量化考核;对项目推进难度大的工程,县政府将其作为"百日攻坚"项目,实行县领导挂钩联系和每周专题汇报制度,县政府督查室定期督查和通报整改。

(2)加强资金落实和管理。①加大省级配套资金比例。浙江省经济发展水平位于我国各省、自治区、直辖市前列,自 2012 年开始,浙江省中小河流治理项目省级以上财政资金补助比例上限由 60% 提高到 70%,保障了项目的顺利实施。②加强市县配套落实。浙江省在中央和省级资金下达前,要求各县市先按规定落实配套资金,确保建设资金及时到位。自 2013 年开始,为激励县市积极性,省级以上补助资金按照"早建早补"原则,采取竞争性选择的方式下达,优先安排项目前期完备、已经开工建设、地方配套资金落实的项目。同时,各县市积极探索"以河养河"等模式,落实县级配套资金。如金华市金东区、安吉县等地通过规范采沙管理,对河道内沙石料进行拍卖,筹集项目建设和养护资金。③规范资金使用,2013 年浙江省委托中介机构对 40 余个中小河流治理项目资金的使用与管理进行检查和指导,保证了资金使用规范合理。

(3)强化项目前期工作。浙江省在项目前期工作中力求"一河一策",严控项目审批环节,确保项目前期工作质量。省水利厅、财政厅联合印发按照《浙江省中小河流治理项目和资金管理实施细则(试行)》,每年通过财政预算列支 200 多万元专项经费,用于中小河流治理项目技术审核和指导。项目由省、市两级水利和财政部门联合召开审查会,根据审核单位的审核意见联合批复。项目审查由省水利水电工程局统一负责,并坚持审前把关、审后复核,在技术审查中严格进行现场勘查,每个项目都需经过审核单位和有关专家的现场实地察看,充分听取项目区沿线群众的意见。

(4)规范项目建设管理。①组织开展省级项目稽查。根据发现的问题,及时组织各地逐条整改,并对整改落实情况进行"回头看",确保整改落实到位。②加大对项目质量"飞检"工作力度。每年通过省级部门预算列支 80 万元,专门委托中介机构对中小河流治理项目开展质量"飞检",发现问题快速反馈整改。③加强项目验收管理。印发了《浙江省 4 级及以下堤防工程验收办法(试行)》,进一步规范和推进治理项目的验收工作。

(5)落实长效管护机制。①建立"河长制"等河道管理专项行动,由各级党政主要负责人担任"河长",大力开展河道清洁、绿化和美化工作,拆除了大量涉河违章建筑,着力完善河道长效管理机制。②大力推进河道管理机构的建立,全省已有专门管理机构 55 家,承担河道堤防管理和维修养护工作;出台《浙江省堤防工程维修养护技术规定》,规范和提高河道管理单位的维修养护水平,已完工中小河流治理项目均明确了工程管护责任和管护经费。③加大先进经验总结和推广。浙江省各地涌现出一批有代表性的、值得推广的河道长效管护机制,如温州市推出水域管理、堤岸养护、河道疏浚、河面保洁、绿化维护"五位一体"的河道管理新机制,通过层层落实管理职责,按照"村级实施、乡镇组织、水利局考核"管理模式,结合村规民约,确保河道长效管理工作的顺利推行;嘉兴、绍兴等城市涌现出的网格化"河长制"管理等新机制,在全省推广;金华市建立了村级农民水务员队伍,落实了中小河流治理基层管理主体,加强日常管护,保障工程长期发挥效益。

(6)充分提取群众意见,化解征地拆迁难题。在全国中小河流治理中,征地拆迁是困扰项目顺利推进的普遍性问题,浙江省一些地区探索出一条以社区参与为主要特征的新路,有效缓解征地拆迁矛盾。例如,龙游县在中小河流治理项目策划阶段就注重倾听群众意见和建议,让项目更加贴近群众需求;在项目设计阶段,结合生态河道、美丽乡村建设,注重提高环境质量、改善人居环境;在项目开工前,召集有关乡镇、村干部座谈,邀请村干部、村民代表参观已建成的典型示范项目,并详细听取意见;在项目实施阶段,帮助群众解决一些农业灌溉、道路通行等实际问题,争取村干部与群众的支持,做到政策引导,有情征迁,化解矛盾。由于项目前期工作到位,充分体现民意,龙游县较好调动了当地干部群众参与项目建设、做好政策处理的主动性、积极性,出现了部分项目政策处理提前完成,等待项目开工的喜人局面。

三、陕西省中小河流治理案例及经验

(一)基本情况

陕西省流域面积在 200km² 以上的中小河流多达 287 条,其中流域面积 200~3000km² 的中小河流有 262 条。过去受限于经济社会发展水平和地方财力,陕西省中小河流防洪基础设施条件十分薄弱,存在投入少、标准低、建设滞后等突出问题。绝大多数中小河流防洪标准多为 3~5 年一遇,有些河流甚至处于不设防状态,堤防破损失修,河道淤积严重,不具备抵御常遇洪水能力。随着经济社会的发展和城镇化进程的加快,中小河流沿岸人口快速聚集、经济总量持续增长,对防洪安全保障的要求快速提高;另外,受全球气候变化影响,极端天气事件频发,局部暴雨突发、多发、重发,多数中小河流"大雨大灾、小雨小灾",洪涝灾害损失日益扩大。一般年份,中小河流洪涝灾害损失占陕西省洪涝灾害整体损失的 70%~80%,对人民群众生命财产安全构成了严重威胁。陕西省不同地区由于气候和地质地貌的差异,呈现出不同的洪水特点,陕南秦巴山区、关中平原地区和陕北黄土沟壑区的洪涝灾害具有明显的区域性特点。陕南秦巴山区,处于温湿的暴雨中心,一般情况下暴雨笼罩面积较大、历时长、强度大,洪水陡涨陡落,峰高量大;关中平原地区和陕北黄土沟壑区,处于半干旱区,洪水有暴涨暴落、洪峰水位高、持续时间长、演进速度慢、含沙量大等特点。

陕西省共有 156 条中小河流、331 个项目列入全国中小河流治理规划,规划总投资 71.35 亿元,规划综合治理河长 2230km。

(二)治理经验

(1)"一河一策",因地制宜制订河流治理方案。因为陕西省各地具有不同的气候、地形地貌、洪水特点和经济社会水平、综合治理需求,陕西省在中小河流治理方案制定中更为强调因地制宜,"一河一策"。如分别位于陕南秦巴山区的商洛市与关中平原地区的西安市,在中小河流治理思路和措施上就有较大不同。商洛市很多地方位于暴雨高值高频区,山洪灾害发生频率高,洪水冲击力大,并且经常混杂有漂石,所以中小河流治理主要考虑防洪,工程措施以浆砌石护岸为主,并且根据山区河流洪水特点,在农田防护区采取"防冲不防淹"的原则。而西安市位于平原地区,相比商洛市河道更宽、比降更缓,沿岸经济更为发达,同时正在实施"八水润西安"水系综合整治工程,各区县更为重视河流的防洪、生态、景观多种功能,在采取防洪措施的基础上,还采取了生态护坡、人工湿地、亲水景观等多种生态治理措施。

(2)统筹兼顾,不断创新生态治理模式。陕西省重视中小河流防洪治理与水生态、水环境、水景观相结合。但采用生态治理措施的多少、效果的强弱,与各地河流特点、洪水特性以及经济发展水平、综合治理需求密切相关。特别是西安市各区县,对推进实施"八水润西安"项目,在中小河流治理中更为强调与区域发展定位相结合,与生态环境、休闲旅游、城乡建设相结合,更为注重保持河流自然形态和多种功能,采用了很多生态治理措施。例如,灞河蓝田县城段综合治理工程,在治理中保持原有河道岸线"宜弯则弯、随弯就弯",避免简单裁弯取直、破坏河道自然形态。鄠邑区涝河石井至天桥及支流甘河重点段防洪工程,采用格宾石笼生态护岸并在其上覆土种植植被。沣河沣东新城段综合治理工程,为减少河水渗漏,营造水面,河底采用黄土层防渗的生态措施。涝河鄠邑区段综合治理工程在治理中利用采沙坑营造人工湿地和水面景观。

(3)整合设计力量,实行勘测设计总承包制。为有效整合设计力量,从整体上提高初步设计质量,加快前期工作进度,陕西省在中小河流治理项目前期工作组织方面进行了有益探索,率先实行了勘察设计总承包机制。通过公开招标,确定拥有甲级资质设计单位作为牵头单位,联合 16 个市级水利设计院组成勘察设计团队,对 2013—2015 年规划项目实行统一勘测设计、统一质量把关、统一"出口"的新机制,以满足大规模建设需要。

(4)发挥中央资金杠杆作用。陕西省中小河流项目资金由中央和省级资金全额负担,进一步调动了地方政府中小河流治理的积极性、主动性。一些市县在已治理河段的基础上,自筹资金,主动着手对中小河流进行延伸治理,扩大治理的整体效益,在经济实力较强的西安市各区县尤为明显。在此过程中,陕西省各地政府进一步利用中央资金投入的契机,加强政策引导,引入市场机制,出台优惠政策,鼓励和吸引各类社会资金参与中小河流治理。例如,西安市按照"用好市场的、调动社会的"方式,利用中央和省级资金投入,撬动市级财政预算安排、水利建设基金提取、土地储备质押变现、城建投资支持等,先后筹集 40 亿元,大规模推进实施皂河、黑河、灞河、浐河等的治理工程。对于中央资金的这种带动作用,陕西省总结为"一花引得百花开"。

(三)工程建设管理方面的经验做法

陕西省对中小河流治理采取了一系列有效组织管理措施,取得了较好的成效,可供借鉴的做法主要有以下 4 点。

(1)重视前期组织工作。为解决项目前期工作质量普遍不高、深度不够、标准不统一、进度缓慢的问题,陕西省狠抓了前期工作的 5 个关口。①设计标准关。制定了《陕西省中小河流治理项目工程勘察设计要点》及设计细则、《陕西省中小河流治理项目勘察设计管理工作实施意见》,对技术人员进行统一培训。②咨询评估关。所有项目统一经由水利工程咨询评估机构组织,对初步设计进行专家咨询把关。③现场踏勘关。成立专家组,与省水利厅及市县水利局代表一起,对项目统一进行实地踏勘,严格控制建设标准和内容,现场确定治理河段和基本方案。④技术造价审查关。项目评审程序分两步进行,先由市级初审,再由省级集中审查;省财政厅及财政投资评审中心全程参与,重大问题集中会商。⑤重大设计变更关。对重大设计变更,联合有关技术管理部门,严把审查关口,严格审批程序。

(2)健全责任机制。在陕西省与各相关市水利部门签订责任书的基础上,各市县进一步加强中小河流治理工作考核。如商洛市自 2011 年以来,每年都把中小河流治理工作纳入县区水务工作年度目标责任考核条件,西安市也将中小河流项目建设纳入各区县年度考核内容。同时,陕西省结合项目进展情况,对建设进度滞后的项目所在市县主要负责人进行问责约谈,增强各市县政府和相关部门责任意识,有效地加快了工程建设进度。此外,陕西省将中小河流项目绩效评价结果与项目后续资金落实挂钩,有力提升了参建各方责任意识和全员全过程质量意识。

(3)规范项目建设管理。①开展项目法人培训,针对试点中发现的前期工作、建设管理、质量监督、财务管理等方面问题,先后举办了4期培训班,共培训项目法人、技术负责人、财务主管、质量监督等1400余人。②把中小河流项目作为陕西省水利稽查办重点稽查对象,及时下发整改意见,明确整改限期,并视整改意见落实情况组织复查。③要求各项目必须对工程质量进行第三方独立检测,平行于施工、监理方的质量送检。④委托陕西省财政投资评审中心、水利工程造价中心对年度实施项目实行拉网式核查,并就资金到位与使用情况、工程建设进度和质量进行通报。⑤采取自查与抽查相结合的方式,定期或不定期对项目实施情况进行督导检查。

(4)重视做好项目验收。陕西省水利厅每年9—10月安排召开所有项目县区参加竣工验收工作会议,对全省中小河流竣工验收工作进行安排部署,通过以会代培,全过程观摩学习项目验收,统一验收标准,规范验收流程和工作要求。通过专家指导、现场点评、典型引路,提高了各项目法人对竣工验收的认识和工作水平。为进一步提高项目验收水平,陕西省水利厅联合省水利水电工程咨询中心编制规范格式的验收文本,在全省统一推行,切实提高工程资料整编水平。在验收前,要求各治理项目落实工程管护单位以及工程管护责任,不落实不验收。

四、安徽省中小河流治理案例及经验

(一)基本情况

安徽省位于淮河中游、长江下游、钱塘江上游,淮河、长江把全省分为淮北平原、江淮丘陵、江南山区三大自然区域,河流类型多样。安徽省流域面积200~3000km² 的中小河流有300余条,河流总长约为1.5万km。山区河流源短流急,常出现严重的河床冲刷、边坡稳定和水土流失问题;丘陵地区河流地势起伏大,水土流失和河道淤积并存;平原河流地势平坦,水流缓慢,淤积严重,常伴随河道人工化、水质污染、生态功能退化等问题。

安徽省对中小河流治理高度重视,采取多种措施加快中小河流治理步伐,全省共有224条中小河流、390个项目列入全国中小河流治理规划,规划治理河长3800km,约占河流总长的25%。治理项目大幅提高了沿河城镇和重要农田保护区的防洪标准,改善了区域生态环境质量,产生了较大的防洪效益、社会效益和生态效益。

(二)治理经验

安徽省在中小河流治理方式上进行了积极探索,统筹考虑防洪、水资源利用和生态环境保护等要求,根据不同区域和河道的特点,采取相应的生态治理措施,并尝试新材料、新技术的应用,注重保护河流的生态功能,建设自然型河道,同时创新管护模式。主要有以下成功经验可供借鉴。

(1)注重生态治理措施。中小河流治理过程中,尽量维持河流的自然形态,在堤防、护岸等工程建设中,采取多种生态治理措施。①格宾挡墙固岸,利用多个网箱制成的箱体,内部均分成若干格室,用坚硬、不易风化的鹅卵石填充,形成柔韧、透水的整体结构。既可防止高速洪流冲刷岸坡,又为植被提供了良好的生长环境,也保证了水边区域的透水性,保证了河流与周边环境的水循环。②利用河道石块形成散铺或混凝土灌砌卵石护岸,在河道比降较缓的宽浅滩处,散铺石块造滩,营造独特的河流自然风貌,在急流或一般弯道岸坡新建混凝土灌砌鹅卵石护岸,能有效避免河床局部变动以及岸坡冲刷,且多孔质的护岸形式具有一定的透水性和凹凸起伏形态,可为滨岸带植物和鱼类提供有利的生长和栖息环境。③设置直立式生态混凝土砌块挡墙护岸,生态混凝土砌块挡墙是一种能够形成挡土、排水、自卡定位稳定的生态化柔性结构,通过在砌块之间预留孔隙和凹槽,解决了挡墙在挡土的同时又要排水的矛盾,而且通过培植草木可形成明暗虚实的自然岸坡风貌。

(2)注意因地制宜、因势利导。安徽省根据中小河流的不同特点,因地制宜地采取治理工程措施,在合理确定河道的控导线、禁止侵占河道的前提下,以堤防加固、河道护岸、河道清淤疏浚等工程措施为主,尽量避免新建堤防。同时,河道线型布置顺应河势,因河制宜,保留河滩和弯道等河道的自然特征,保证了河流的蜿蜒性和水流多样性,原有的蓄滞洪场所位置和数量也未发生大的变化。

(3)注重发挥治理工程的综合效益。安徽省以中小河流治理项目为载体,将项目建设与城镇化建设、美丽乡村建设和高效农业有机结合,把水生态、水环境、水文化融入中小河流治理中,充分发挥工程的综合效益。如滁州市全椒县襄河治理工程,地方政府以河道治理为载体,与"五大工程"有机结合:①与市政工程相结合,同步建设供水、供电、供气、排水、排污等工程,大大提高了城市基础设施配套能力;②与危旧房改造相结合,河道治理过程中,将沿河两岸群众居住的危旧房进行改造,共搬迁 2000 多户,为群众建造了安置房,大大改善了居住条件;③与交通工程相结合,依河修建了环城公路,让过往的车辆绕城而过,缓解了城内交通拥挤现状,方便了群众出行;④与绿化工程相结合,沿河两岸建设绿化面积 200 万 m²,提高了绿化率,改善了群众的生活环境;⑤与文化工程相结合,建设吴敬梓故居等文化设施,传承了全椒县的优秀文化,还把二十四孝等中华民族传统文化,通过雕塑等形式展示出来。通过建设,不仅提高了襄河防洪标准,还改善了人居环境,成为靓丽的景观带,河道两岸成为群众休闲的重要场所,防洪效益、社会效益、经济效益均显著提高。

(4)积极探索管护机制。安徽省针对中小河流数量多、分布广、管理薄弱的现实情况,省水利厅在组织项目审查、审批阶段就要求各县市明确工程管护机构,落实人员和经费,保障治理成效。安徽省中小河流管护模式主要有以下 3种。①专门机构管理。蚌埠、阜阳、宿州等市中小河流管理,主要依托原有的河道和工程管理机构,或成立专门管护机构进行建后管理,并将养护管理费用纳入财政预算。②基层单位管理。部分县市结合水管体制改革,将工程管护纳入乡镇水利站的日常管理范围,合肥、黄山等市建立河长制,由基层干部担任河长,加强河道管护。③社会化管理。部分市县创新性地引入市场机制来保障工程长效运行。如全椒县,采取公开招投标,用市场竞争机制确定工程管护单位,建立了管理工作的长效机制;滁州市政府把河道以及岸边绿化、亮化、文化工程打捆,以政府购买服务的方式,按每平方米 2~5 元的标准向社会发包,竞标确定有资质的养护管理单位。市场机制的引入体现出地方的改革创新意识,在工程管护社会化方面进行了有益探索。

(三)工程建设管理方面的经验做法

(1)严格把控治理标准。治理工程防洪标准都严格按照安徽省水利厅的要求执行,与其干流或上下游的防洪标准协调一致,县城为 20~50 年一遇;乡镇为 10~20 年一遇,其中保护区人口密集、乡镇企业较发达的重要乡镇为 20 年一遇;重点农田保护区 1 万亩以上的圩口,防洪标准为 10～20 年一遇,其中人口较密集、农作物高产区为 20 年一遇;1 万亩以下圩口,防洪标准为 5～10 年一遇;河道清淤、疏浚,其断面设计采用的治理标准为 5～10 年一遇,局部重要河段为 10 年一遇。

(2)注重发挥项目带动作用。安徽省充分发挥中央资金杠杆作用,积极引导地方政府不断增加投入。部分市县抢抓中小河流治理机遇,在已治理河段的基础上整合、自筹资金,对中小河流进行延伸治理,充分发挥项目带动作用,扩大治理工程的整合效益。据安徽省统计,除规划内项目外,近年来安徽省各市县共安排治理投资超 70 亿元。如芜湖市扁担河已安排市级投资 1.7 亿元,为规划项目投资的 6.5 倍;池州市九华河、清溪河市县共投入 5.6 亿元,为规划项目投资的 20 倍;合肥、滁州市结合中小河治理,分别对南淝河、派河、襄河等中小河流实施综合治理,累计投入近 34 亿元。

参 考 文 献

[1] 财团法人,河道整治中心.多自然型河流建设的施工方法及要点[M].周怀东,杜霞,李怡庭,等,译.北京:中国水利水电出版社,2003.

[2] 陈永吉,许健,王根宏,等.建立姜堰市农村河道长效管护机制的调查与思考[J].江苏水利,2011,7:46-48.

[3] 何聪.混播草皮缓冲带对农业面源污染拦截效果的试验研究[D].扬州:扬州大学,2012.

[4] 江苏省苏州质量技术监督局.农田径流氮磷生态拦截沟渠构建技术规范:DB3205/T 157-008[S/OL].(2009-3-1)[2020-7-8].https://wenku.baidu.com/view/e2f6299330b765ce0508763231126edb6e1a7683.html.

[5] 陆孝平,孙春生,刘杰.统筹兼顾加强中小河流治理[J].中国水利,2005(2):45-47.

[6] 吴一红.科学开展河流治理正确处理人水关系[N].中国水利报,2016-9-8(5).

[7] 伍正诚.论中小河流的流域规划[J].水力发电学报,1985(1):36-42.

[8] 张晓兰.我国中小河流治理存在的问题及对策[J].水利发展研究,2005,5(1):68-70.

[9] 郑华美,许有文,乐治中.推进城乡河道整治及构建长效管护体系的探索[J].江苏水利,2011,10:42-43.

[10] 中华人民共和国住房和城乡建设部,中国人民共和国国家质量监督检验检疫总局.防洪标准:GB 50201-2014[S].[2015-5-1].http://download.mohurd.gov.cn/bzgg/gjbz/GB50201-2014％E9％98％B2％E6％B4％AA％E6％A0％87％E5％87％86.pdf.

[11] 周志新,赵翔.农村河道长效管理保洁的实践与启示[J].水利发展研究,2010,10:63-65.

第七章 山洪防治

第一节 山洪灾害基础知识

一、山洪基本概念

(一)山洪基本含义

山洪是在山区(包括山地、丘陵、岗地)沿河流溪沟形成的洪水及其伴生的滑坡、崩塌、泥石流的总称,具有突发性强、来势迅猛、水位暴涨暴落、流速大、危害严重等特征。按其成因,山洪可以划分为暴雨山洪、构筑物溃决型山洪、冰川融化型山洪、融雪型山洪等。图 7-1 给出了 4 种主要山洪类型的图片。

其中,暴雨山洪在中国分布最为广泛,暴发频率最高,危害范围和程度也最严重。因此,本章后面的内容主要以暴雨山洪为主进行介绍。

(二)山洪物理力学基本特征

山洪作为特殊的洪水现象,其运动和动力特征不同于一般洪水,具有流速大、冲刷强、含沙量高、破坏力大、水势陡涨陡落、历时短等特点,主要物理力学特征如下文。

1.运动特征

山洪一般发生在较小流域内,在高强度暴雨作用下,水流快速汇集,形成山洪,很快达到最高水位。洪水上涨历时短于下落历时,洪峰流量同最高水位出现的时间基本一致,且涨水时的流速大于落水时的流速,在水位流速关系图上呈现绳套曲线,图 7-2(a)和(b)分别为典型的山洪流量过程线和水位流量关系线。

(a) 暴雨山洪　　　　　　　　　　　　(b) 溃决山洪

(c) 融冰洪水　　　　　　　　　　　　(d) 融雪山洪

图 7-1　山洪主要类型

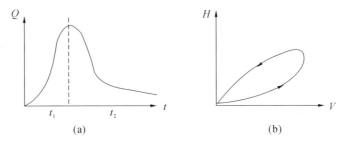

(a)　　　　　　　　　　　　　　　　(b)

图 7-2　山洪典型流量过程线和水位流量关系线

2. 动力特征

山洪的动力特征是指山洪在其运动过程中触及所有物体和下垫面时产生的力的作用过程。山洪灾害形成很重要的原因是山洪的冲击作用对物体的破坏，山洪的遇阻冲击和爬高使灾害面积进一步扩大。由于山洪暴发突然，很难直接观测到有关力学数据。有关动力特征的计算目前仍多采用水力学方法，依据能量定理、动量定理等基本原理，并考虑山洪的特点进行计算。

（1）冲击力。山洪所造成的灾害很大程度上是由山洪所具有的强大冲击力造成的。山洪对于其相遇目标的冲击力包括山洪流体的动压力、山洪中所挟带的石块与流木的冲击力。现仅对前者的计算介绍如下。

山洪流体的动压力用下式计算：

$$\sigma = \rho u^2 \tag{7-1}$$

式中，σ 为作用于在与流速方向垂直的单位面积上的流体动压力（N）；ρ 为山洪流体密度（kg/m³）；u 为山洪的平均流速（m/s）。

根据式(7-1)粗略估算，即使不考虑山洪中因所含泥沙和石块密度增大，只考虑水的密度 1000kg/m³，流速按山洪中常见的 3～5m/s 中的低值计算，与流速方向垂直的单位面积上动压力也达将到 9kN（即 9t），可见山洪冲击力之大。

(2)山洪在行进过程中若遇反坡，由于惯性作用，仍可沿直线方向前进，这种现象称为爬高；若突然遇到障碍物阻碍或沟道狭窄，山洪由于很高的流速而且有的动能在瞬间转变成位能，流体将飞溅起来，这种现象称为冲起。爬高和冲起的最大高度 Δh(m)，可以用下式估算：

$$\Delta h = \frac{u^2}{2g} \tag{7-2}$$

式中，g 为重力加速度（m/s²），其余符号意义同前。

(3)山洪由于流速快，惯性大，因此在沟道转弯凹岸处有比水流更加明显的弯道超高现象。弯道超高可用弯道水流超高公式计算，也可用根据弯道横比降动力平衡条件推导出的弯道超高公式估算：

$$\Delta h = \frac{u^2}{g} \ln \frac{R_2}{R_1} \tag{7-3}$$

式中，Δh 为弯道超高值（m）；R_1、R_2 分别为凸岸、凹岸曲率半径（m）；其余符号意义同前。

3. 挟沙特征

在一定的水流和边界条件下，水流的挟沙能力为水流能够输移的泥沙量。任一河段中水流的含沙量若超过水流的挟沙能力，就会发生淤积，少于其量则会冲刷；等于挟沙能力时，沟道则既不冲刷，也不淤积。山洪发生在陡峭的山区河道，坡面冲蚀及沟道侵蚀均十分剧烈，含沙量不仅常常接近于饱和，有时呈超饱和状。

山洪挟带着大量的泥沙石块，密度（容重）可达 1300kg/m³。在山洪运动过程中，其含沙量不断变化。在流域上游，由于崩塌土体、残坡积物或洪水的揭底冲刷物等，固体物质大量加入山洪，容重可达到或超过 1300kg/m³ 而演变成泥石流；随着坡度变缓，流动阻力增大，一些较粗物质沉降淤积、含沙量逐渐降低，但在沟道变化区段,山洪流速加快,挟沙能力增大,冲刷沟底及两岸,补充沙量,使容重增大。

(三)山洪形成条件

山洪是一种地面径流水文现象,同水文学、地貌学、地质学、气候学、土壤学及植物学等都有密切的关系。但山洪形成中最主要的和最活跃的因素,仍是水文因素。山洪形成条件可以分为水源条件、下垫面因素以及人类活动三个方面。前二者为自然因素,后者人为因素。

1.水源条件

山洪形成必须有快速、强烈的水源供给。暴雨山洪的水源是由暴雨降水直接供给的。我国是多暴雨的国家,在暖热季节,大部分地区都有暴雨出现。山区一旦遭受强烈的暴雨侵袭,往往造成不同程度的山洪灾害。

暴雨指降水急骤而且量大的雨,一般说来,虽然有的降水强度大,如每分钟十几毫米,但总量不大,这类降水有时并不能造成明显灾害;而有的降水虽然强度小些,但持续时间长,也可能造成灾害,所以定义"暴雨"时,不仅要考虑降水强度,还要考虑降水时间,一般是以 24h 降水量来定。图 7-3 给出了我国气象部门现行的降水等级标准。

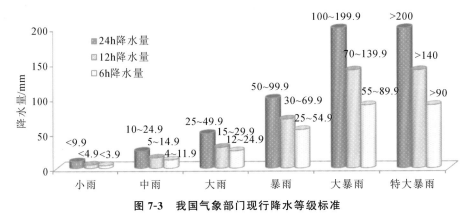

图 7-3　我国气象部门现行降水等级标准

依据造成空气上升运动的成因,降水分为 4 种类型:对流雨、地形雨、锋面雨和台风雨。

1)对流雨

由于高空和地面的空气对流强烈,地面热空气对流上升冷却过程中形成的降水,一般在热带地区的午后比较常见。其形成的条件是空气湿度很高,近地面气层强烈受热,造成不稳定的对流运动,气团强烈上升,气温急剧下降,水汽迅速达到饱和而产生对流雨(图 7-4)。这类降水多以暴雨形式出现,并伴随雷电现象,所以又称热雷雨。从全球范围来说,赤道带全年以对流雨为主,通常只见于午后。在中高纬度,对流雨主要出现在夏半年,冬半年极为少见。

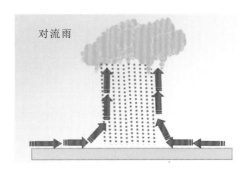

图 7-4　对流雨形成模式示意图

2)地形雨

气流沿山坡被迫抬升引起的降水现象,称地形雨。暖湿气流在前进中,遇到较高的山地阻碍被迫抬升,因高度上升,绝热冷却,在达到凝结高度时,便产生凝结降水(图 7-5)。地形雨多发生在山地迎风坡,世界年降水量最多的地方基本上都和地形雨有关。背风侧,因水汽含量已大为减少,更重要的是气流越山下沉,绝热增温,气温升高,发生焚风效应。所以背风侧降水很少,形成雨影区。

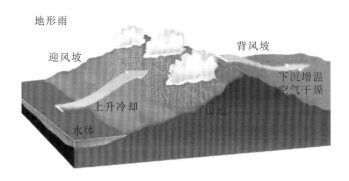

图 7-5　地形雨形成模式示意图

3)锋面雨

锋面活动时,暖湿空气中上升冷却凝结而引起的降水现象,称锋面雨。锋面雨又分为冷锋降雨和暖锋降雨,锋面在移动过程中,冷气团起主导作用,推动锋面向暖气团一侧移动的称为冷锋,冷锋降雨一般出现在锋后。锋面在移动过程中,若暖气团起主导作用,推动锋面向冷气团一侧移动,这种锋面称为暖锋。

在我国暖锋常出现于气旋中心的东侧,而且多与冷锋成对出现,暖锋降雨一般出现在锋前。锋面常与气旋相伴而生,所以又把锋面雨称为气旋雨。锋面有系统性的云系,但是并不是每一种云都能产生降水。锋面雨主要出现在中纬度地区。

锋面雨主要产生在雨层云中,在锋面云系中雨层云最厚,又是一种冷暖空气交接而成的混合云,其上部为冰晶,下部为水滴,中部常常冰水共存,能很快引起冲并作用,因为云的厚度大,云滴在冲并过程中经过的路程长,有利于云滴增大,雨层云的底部离地面近,雨滴在下降过程中不易被蒸发,很有利于形成降水。

雨层越厚,云底距离地面越近,降水就越强。锋面降水的特点是水平范围大,常常形成沿锋面产生大范围的呈带状分布的降水区域,称为降水带。随着锋面平均位置的季节移动,降水带的位置也移动(图 7-6)。

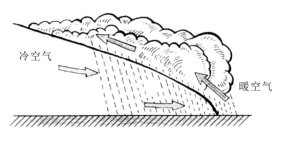

图 7-6 锋面雨形成模式示意图

4)台风雨

台风活动带来的降水现象,称为台风雨。台风云系有一定规律,台风中的降水分布在海洋上也很有规律,但是在台风登陆后,由于地形摩擦作用,就不那么有规律了。例如台风中有上升气流的整个涡旋区,都有降水存在,但是以上升运动最强的云墙区降水量最大,螺旋云带中降水量已经减少,有时也形成暴雨,台风眼区气流下沉,一般没有降水。台风区内水汽充足,上升运动强烈,降水量常常很大(图 7-7)。台风到来,日降水量平均在 800mm 以上,强度很大,多属阵性,台风登陆常常产生暴雨,少则 200~300mm,多则在 1000mm 以上。台风登陆后,若维持时间较长,或由于地形作用,或与冷空气结合,都能产生特大暴雨。

降水激发山洪的现象,一是前期降水和一次连续降水共同作用;二是前期降水和最大 1h 降水量起主导激发作用。前期降雨后,山体土体含水量饱和,土

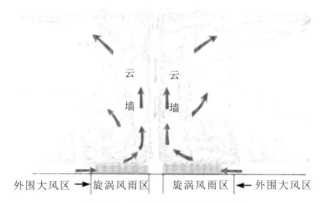

云 云

墙 墙

外围大风区 → 旋涡风雨区 旋涡风雨区 ← 外围大风区

图 7-7　台风雨形成模式示意图

体下面的岩层裂隙中的压力水体的压力剧增。当遇暴雨,能量迅速累积,致使原有土体平衡破坏,土体和岩层裂隙中的压力水体冲破表面覆盖层,瞬间从山体中上部倾泻而下,造成山洪和泥石流。

2. 下垫面因素

1)地形

地形因素对山洪的影响主要表现在对水源和汇流两方面。通常人们把山地、丘陵和比较崎岖的高原称为山区。山地对水汽输送和天气系统的移动都有影响,往往是决定暴雨地带分布的主要因素。关于对水源方面的影响,参考前面对地形雨形成的介绍,地形起伏对降水影响极大,湿热空气在运动中遇到山岭障碍,气流沿山坡上升,气流中水汽升得越高,受冷越甚,逐渐凝结成云而降水。地形有抬升气流、加快气流上升速度的作用,因而山区的暴雨大于平原,也为山洪提供了更加充分的水源。此外,地形也影响流域的汇流特性。陡峻的山坡坡度和沟道纵坡为山洪发生提供了充分的流动条件,由降水产生的径流在高差大、切割强烈、沟道坡度陡峻的山区有足够的动力条件顺坡而下,向沟谷汇集,快速形成强大的洪峰流量,这一点与平原地区比降较小、洪水流速较慢具有很大不同。

2)地质

地质因素在山洪形成中起着十分重要的作用。地质变化过程决定着山洪中挟带泥沙多少的可能性,及其是否会伴生滑坡与泥石流等灾害现象,但并不能决定山洪何时发生及其发生的规模。山洪是一种水文现象而不是一种地质现象,决定山洪是否形成,或在什么时候形成,一般并不取决于地质变化过程。

地质因素对山洪的影响,主要表现在提供固体物质和影响流域产流与汇流两个方面:①流域中的地质构成与岩石性质,是否存在易于发生面蚀、沟蚀的土层及滑坡、崩塌等隐患,可为山洪提供一定的物质来源,对于山洪破坏力的大小起着极其重要的作用;②流域复杂多变的地质结构及岩石透水性,影响流域的产流特性和汇流速度。一般而言,透水性好的岩石(孔隙率大,裂隙发育)有利于雨水的渗透。在暴雨时,一部分雨水很快渗入地下,表层水流也易于转化成地下水,使地表径流减小,对山洪的洪峰流量有削减的作用;而透水性差的岩石不利于雨水的渗透,地表径流产流多,速度快,有利于山洪的形成;岩溶地区由于其特殊的地质结构,地质因素对流域产汇流的影响更为明显。

3)土壤与植被

山区土壤(或残坡积层)的厚度对山洪的形成有着重要的作用。一般说来,厚度越大,越有利于雨水的渗进与蓄积,减小和减缓地表产流,对山洪的形成有一定的抑制作用。反之则对山洪有促进作用,暴雨很快集中并产生面蚀或沟蚀土层,夹带泥沙而形成山洪。

森林植被对山洪有抑制作用,主要表现在植被截流、削减山洪洪峰及减少山洪含沙量三个方面。①森林通过林冠截留降水,枯枝落叶层吸收降水和雨水在林区土壤中入渗削减和降低过剩雨量,从而减小地表径流量。根据已有研究成果,林冠层截留降水作用与郁闭度、树种、林型有密切关系,低雨量时波动大,高雨量时达到定值,一般截留量可以达 13~17mm。②森林植被增大了地表糙度,可以减缓地表径流流速,增加其下渗水量,从而延长了地表产流与汇流时间,进而有效削减了山洪洪峰。③森林植被阻挡了雨滴对地表的冲蚀,减少了流域的产沙量,进而可以影响山洪含沙量。

值得注意的是,在树木高、根系浅,前期降水已使土壤水饱和,又遭遇狂风暴雨的情况下,也可能出现"零存整取"、林木茂盛区反而山洪更严重的现象。因此,雨季时期在山区即使森林植被好,也不应放松对山洪的警觉。

3. 人类活动

随着社会经济发展,人类活动在山丘区越来越多,对自然环境影响也越来越大,这种影响对山洪形成表现为促进和抑制两个方面。对山洪形成起促进作用的人类活动主要有以下行为。

(1)森林不合理的采伐,导致植被破坏、山坡荒芜、山体裸露,加剧水土流失、环境恶化。缺乏森林植被的地区在暴雨作用下,极易形成山洪。

(2)山区采矿弃渣,将松散固体物质堆积于坡面和沟道中。在缺乏防护措施情况下,一旦遇到暴雨不仅促进山洪的形成而且会导致山洪规模增大。

(3)烧山开荒、陆坡垦殖扩大耕地面积,破坏山坡植被;改沟造田侵占沟道,压缩过流断面,致使排洪不畅,增大山洪规模和扩大危害范围。

(4)山区盖房、筑路等土建施工中,忽视环境保护及山坡的稳定性,造成山体失稳,引起滑坡与崩塌;施工弃土不当,堵塞排洪流径,降低排洪能力。

(5)山丘区城镇建设或者弃物堆放等行为挤占了山洪行洪空间,导致行洪不畅,加重山洪危害。

二、山洪灾害特征与山洪危害方式

山洪灾害指因山洪及其诱发的泥石流、滑坡等现象对国民经济和人民生命财产造成损失的灾害,如造成人员伤亡,毁坏房屋、田地、道路和桥梁等,甚至可能导致水坝、山塘溃决,对国民经济和人民生命财产造成严重危害。

(一)山洪灾害特征

(1)发生突然。在我国发生最多的是暴雨山洪,且灾害也最为严重,由于激发山洪的暴雨具有突发性,导致了山洪灾害的突发性,加重山洪灾害。

(2)成灾迅速。山洪的暴发历时很短,成灾非常迅速,在山洪过境的瞬间已造成巨大危害。

(3)范围较小。成灾对象是直接与山洪接触的区域和建筑物等,成灾范围小而集中,基本上是顺坡沿沟向下游延伸的,山洪的成灾面积一般小于洪水而大于泥石流的受灾面积。

(4)以冲击为主。山洪具有很高的水位及很大的瞬间流速,其破坏形式主要是冲击,对沟道、沟岸、桥涵、房屋等具有强烈的冲击破坏作用。

(二)山洪危害方式

山洪的危害方式具有多种,主要的有淹没、冲刷、淤埋、堵塞、撞击、漫流改道、挤压主河道、弯道超高与爬高、磨蚀等,简单描述如下文。

(1)淹没。淹没是山洪危害最明显的表现方式。由于山洪陡涨陡落,对山丘区村落及基础设施的淹没一般持续时间较短,水位上涨很快,并且下降也很快(图 7-8)。

图 7-8　山洪淹没

（2）冲刷。在山洪的集流区和流通区内，大量坡面土体和沟床泥沙被带走，使山坡土层被冲刷减薄甚至剥光，成为难以利用的荒坡；由于河床两侧被冲刷，会造成两岸岸坡垮塌，使沿岸交通水利等工程设施遭破坏（图 7-9）。

图 7-9　山洪冲刷

（3）淤埋。在流域的中下游地区，即山洪活动的平缓地带，山洪流速减慢或停止，山洪所携带的大量泥沙沉积、淤埋各种目标。山洪规模愈大，中、上游地势愈陡峻，阻塞愈严重，对中下游淤埋就愈严重（图 7-10）。

图 7-10　山洪淤埋

（4）堵塞。山洪汇入干流，携带的大量泥沙沉积、堵塞河道，抬高干流上游水位，使上游沿岸遭受淹没灾害。一旦堵塞的泥沙发生溃决，又将重新形成大规模的山洪，对下游造成危害（图 7-11）。

图 7-11　山洪堵塞

（5）撞击。快速运动的山洪,特别是当其中含有较大块石与流木时,具有很大的冲击动能,能撞毁桥梁、堤坝、房屋、车辆等各种与之遭遇的固定设施和活动目标(图 7-12)。

图 7-12　山洪撞击

（6）漫流改道。当沟床坡度减缓时,大量泥沙停淤下来,使沟床抬高,将造成山洪的漫流改道,冲毁或淹没下游各种设施(图 7-13)。

图 7-13　山洪漫流改道

（7）挤压主河道。支流发生山洪泥石流时,大量固体物质可能被带到主河道,进而挤压主河道(图 7-14)。

（8）弯道超高与爬高。山洪具有很大的流动速度,因而直进性较强。山洪在弯道处流动或遇阻塞时,超高或爬高的能力很强,有时甚至能爬脊越岸,淤埋各种目标(图 7-15)。

图 7-14　山洪挤压主河道

图 7-15　山洪弯道超高与爬高

(9)磨蚀。山洪中含有大量泥沙,在运动中对各种保护目标及其防治工程表面造成严重的磨蚀(图 7-16)。

图 7-16　山洪磨蚀

三、山洪灾害防治策略与主要措施

(一)防治策略

针对山洪发生突然、成灾迅速等特点,及山洪淹没、冲刷、撞击等危害方式,山洪灾害防治的基本策略是"预防为主、工程措施和非工程措施相组合",目标是确保山丘区人员、城(集)镇以及重要交通干道和通信干线等基础设施安全,最大限度地保障人员生命财产安全、减轻灾害损失,实现人与自然和谐相处,为山丘区群众生命财产安全和社会经济持续发展提供保障。

可见,山洪灾害防治措施主要包括非工程措施和工程措施两大类。非工程措施基本策略可以概括为"避、防、逃、群、法"5个字。其中,"避"是指所有不可移动的保护对象,在选址和布局时尽可能避开、远离山洪灾害可能发生的地方;"防"是指通过开展山洪灾害监测与预警工作,做好灾害预防;"逃"是指山洪灾害临近时,迅速撤离和转移至安全地点,避免损失;"群"是指群测群防,依靠群众的力量,最大范围地对山洪进行监测和预防;"法"是指基于山洪灾害防治的经验和教训,从法律法规及相关规章制度等角度加以规范,提高山洪灾害管理水平。各种非工程措施相互配合,共同作用,以最大限度地保护山丘区人员的生命财产安全。

山洪防治工程措施与平原江河防洪措施有所不同,其构建的基本原则是"减势消能、滞洪削峰"。山洪形成的过程,是水流位能不断转换成势能的过程;当两股山洪在河谷中遭遇时,就会形成更大、更具破坏力的洪峰。因此,山洪沟的整治绝不能像平原河道一样,修整成三面光的渠道,以最小断面通过尽可能大的流量,这样的话,所形成的山洪冲刷与破坏的力量更大,更具危险性。山洪防治工程的基本策略也可以概括为"护、拦、排、蓄、引"5个字。其中,"护"是指针对山洪流速大、冲刷力强、破坏性高的特点,通过防冲措施,对保护对象附近的河道、河岸等进行保护,进而避免山洪对保护对象的破坏;"拦"是指在距离保护对象的适当位置,设置相应的拦洪工程,对山洪中的滚石、流木等进行拦截,而对洪水只起到滞洪削峰的作用,不拦断基流;"排"是指采取措施,通过扩大保护对象附近山洪沟泄流能力,但要尽可能保留沟中的巨石和跌坎,以对山洪起到减势和消能的作用;"蓄"是指在合适位置,采用蓄水工程,蓄滞山洪,起到调峰错峰的作用;"引"是指将山洪从远离保护对象的位置引走,以达到保护的目的。所有的工程措施布置在保护对象所在流域的坡面和沟道的合适位置,基于流域尺度进行优化组合,以期最大限度地减小山洪对所有保护对象的危害。

(二)主要措施

1.非工程措施

如前所述,非工程措施基本策略为"避、防、逃、群、法"。为了采取正确措施、科学地实现非工程措施的基本策略、达到减灾的目的,这些措施可以分为防治区识别、山洪监测、山洪预警以及群测群防四类。

1)防治区识别

山洪灾害防治区指有人员、资产或基础设施受到山洪威胁或危害的山丘区。针对山丘区的气候、地质地貌、河流水系、植被土壤及沿河村落(城/集镇)人口及资产分布条件,以及重要交通干道和通信干线等基础设施分布情况,认真分析历史山洪灾害造成的危害,评估区域山洪风险,明确山洪灾害防治区及保护对象,是山洪防治的首要工作,再根据山洪灾害发生的可能性及危害性的大小,将山洪灾害防治区划分为重点防治区和一般防治区。其中,山洪灾害频发或灾害损失严重的区域称为重点防治区,一般而言,重点防治区之外的山洪灾害防治区可理解为一般防治区。

2)山洪监测

水雨情监测通过在防治区建立全覆盖的监测网络系统,实时收集雨情、水情,对可能发生的山洪事件进行预判,是当前山洪灾害防治最为重要和最为关键的措施。山洪监测网络系统主要包括水雨情监测站网布设、信息采集、信息传输通信组网、设备设施配置等,实时收集雨情、水情,并传递到信息中心,信息中心据此进行分析计算,对可能发生的山洪事件进行预判,并根据预判结果确定下一步行动。

3)山洪预警

山洪灾害预警是基于降水或水位等山洪监测信息及其预判的基础上,在山洪灾害发生之前,针对特定区域及相关人员,通过电视、广播、手机、网络等媒体事先发出山洪灾害可能发生及危害程度的警示,以期采取有效措施最大限度地减轻山洪造成生命财产损失的行为。

山洪灾害预警基于相应的山洪灾害预警系统开展工作。通常情况下,该系统由基于平台的山洪灾害防御预警系统和山洪灾害群测群防预警系统两部分组成。基于平台的山洪灾害防御预警系统中的山洪灾害防治信息汇集及预警平台是该预警系统数据信息处理和服务的核心,主要由信息汇集子系统、信息查询子系统、预报决策子系统和预警子系统组成。群测群防预警系统包括预警发布及程序、预警方式、警报传输和信息反馈通信网、警报器设置等;预警信息、预警方式、预警信号等应根据各地的具体条件,因地制宜地确定,预警方式、预警信号应简便,且易于被老百姓接受。

4)群测群防

群测群防,在国外又称为基于社区的防灾减灾方法,主要包括建立山洪灾害防御责任制体系,成立机构,明确职责,在行政部门和相关专业技术单位的指导下,通过责任制建立落实、防灾预案编制、简易监测预警、宣传培训与演练等手段,实现对山洪灾害的预防、监测、预警和主动避让,最大限度地减小山洪灾害损失。

2. 工程措施

山洪灾害防治的工程种类非常多,并且从河道治理、水土保持、防灾减灾等角度有不同的种类划分方法。为方便起见,根据前面工程措施基本思想概括为"护、拦、排、蓄、引",以此为参考,将工程措施划分为防护、拦截、泄排、蓄滞、排导五类,简要介绍如下文。

1)防护类措施

针对山洪流速大、冲刷力强、破坏性高的特点,通过防冲措施,对保护对象附近的河道、河岸、山坡等部位进行保护,进而避免山洪对沿河村落、集镇、城镇以及交通干道和通信干线等基础设施保护对象的破坏。针对坡面的措施主要有梯田、拦水沟埂、水平沟、水平阶、水簸箕、钱鳞坑、水窖(旱井)以及稳定斜坡下部的挡土墙等;针对沟道的措施通常有直接加固岸坡,在岸坡植树、种草,抛石或砌石护岸。

2)拦截类措施

在距离保护对象的适当距离和位置,因地制宜地设置相应的拦截工程,对山洪或水中流木、树枝、滚石、泥沙以及其他较粗杂物等进行阻拦或截留,以稳定沟岸,减小山洪杂物堵塞桥梁、涵洞等的危险,抑制特殊情况山洪发育及暴发规模,保护重要城镇、集镇以及重要生命干线等,主要措施包括围堤、栅栏、谷坊、截洪沟、拦沙坝、淤地坝等。

3)泄排类措施

通过工程措施局部改变保护对象附近山洪沟纵比降与过流断面,进而改变其排水和泄流能力,让山洪尽快通过,从而减小山洪对保护对象的危害,主要措施包括适度拓宽河道、沟道裁弯取直等,但要尽力避免因此而加重山洪对下游区的危害。

4）蓄滞类措施

在流域坡面或沟道的合适位置，布设相应的蓄水工程，临时滞流，或永久蓄留部分洪水，以涵养水源，同时削减下游山洪洪峰，减少洪量，进而达到减小山洪危害的目的；坡面工程主要包括植树种草、田间工程、堰塘坝等小型蓄水工程，沟道工程主要包括水库、闸门等。

5）排导类措施

将山洪从远离保护对象的位置，改变径流道路，按照避开保护对象的沟道引导流走，以达到保护的目的，主要类型包括排洪渠、排洪沟、导流堤等。

第二节　我国山洪灾害基本情况

一、山洪灾害孕灾环境的特征

（一）短历时强降水类型多样，广泛分布

我国位于亚欧大陆东部，太平洋西岸。西北地区西部接近亚欧大陆的中央，新疆北部东距太平洋、南距印度洋、北距北冰洋各约 3000km，西距大西洋约 6000km。全国南北相距 6550km，纬度相差 $50°(3°51'\sim53°34')$。东西跨越 5200km，经度相差 $62°(73°\sim135°05')$，总面积约 960 万 km^2，地理环境极为复杂。自然地带种类齐全，从赤道带到寒温带，从沿海湿润地区到内陆干旱地区，山脉、高原、盆地和平原广泛分布。因而，我国暴雨类型齐全，对流雨、地形雨、锋面雨和台风雨等典型暴雨类型均有广泛分布。

1. 短历时强降水多年均值的地区分布

中国年最大 24h 点降水量多年均值等值线图显示，西藏东南部—青藏高原东南部—秦岭西段—黄土高原中央—内蒙古阴山—大兴安岭为 50mm 等值线。该线的东南方向大多是暴雨区，均值在 200mm 以上的暴雨高值区有台湾地区和华南沿海地区，其他暴雨较大的地区还有浙江省沿海山地、四川盆地西侧和鸭绿江口等地区。该线以西暴雨出现概率很小，新疆南部、西藏北部、内蒙古和青海的西部广大地区不足 20mm。该线附近平均每年暴雨（指日雨量在 50mm 以上）日数大致为 1d，而华南沿海地区可达 8～10d 以上，江南部分地区可达

5d,淮河、山东省、鸭绿江口约 3d。宁夏以西的广大西北地区和青藏高原,除个别山峰地区外都在 0.1d 以下。

中国年最大 6h 点降水量多年均值等值线图显示,西藏南部—横断山脉—黄河兰州银川以东—呼和浩特—额尔古纳河以东为 30mm 雨量线,该线以西降水等值线较小,大部分在 15～20mm,只有少数地区在 30mm 以上,如银川市、青海湖、白龙江上游;该线以东,降水量大增,非沿海省份多在 60～100mm,典型山区可达 120mm 以上,如四川省雅安市华西雨屏和南岭、河南省伏牛山等,沿海省份普遍在 100mm 以上,南方省份可达 140～160mm,台湾地区可达 200mm。

中国年最大 1h 点降水量多年均值等值线图显示,西藏南部—横断山脉—秦岭—太行山—燕山—嫩江以东为 30mm 降水量线,该线以西降水等值线大部分约 15mm,只有少数地区在 20mm 以上,如银川市、西宁市、白龙江上游,也有少数地方约 30mm,如西安、西拉木伦河中游、嫩江中游大部;该线以东,降水量大增,非沿海省份多在 60～100mm,典型山区可达 120mm 以上,如四川省雅安市华西雨屏和南岭、河南省伏牛山等,沿海省份普遍在 100mm 以上,南方省份可达 140～160mm,台湾地区可达 200mm。

2. 短历时强降水极值的分布

我国暴雨点降水量很大,短历时部分接近世界最高记录,例如河南省中部的林庄在 1975 年 8 月最大 6h 降水量 830.1mm,最大点降水量极值的东西地区差异较大;但在东部地区,南北差异较小。以实测和调查最大 3d 点降水量为例,台湾地区的新寮最大,达 2748.6mm,广东、海南、福建、湖北、河南、河北等省的实测最大值以及内蒙古自治区中部、辽宁省西部的调查值都超过了 1000mm,西部青海省、新疆维吾尔自治区的调查值也超过了 200mm。

以实测和调查最大 6h 点降水量为例,广东省东溪口最大,达 688.7mm,海南、福建、湖北、河南、台湾等省都在 500mm 以上,按调查值计,则数量更大,如河南省宽坪达 1114mm,内蒙古自治区木多才当达 840mm,其余南方省份实测值出现 300～500mm 的非常普遍,西部青海省、新疆维吾尔自治区大部分实测值在 50～80mm,调查值也超过了 200mm(新疆维吾尔自治区安吉海 240mm)。

以实测和调查最大 1h 点降水量为例,广东省东溪口最大,达 245.1mm,广东省矛洞水库和金坑、陕西省大石槽、河南省下陈等都发生过 200mm 以上,按调查值计,则数量更大,如最大值为内蒙古自治区上地 401mm,其余南方省份实测值出现 100mm 的非常普遍,西部青海、新疆大部分实测值在 30～50mm,调查值也超过了 200mm(安吉海 240mm)。

(二)山丘区面积广大,下垫面条件利于山洪发生

我国地形复杂多样,平原、高原、山地、丘陵、盆地五种地形齐备,总体以山地为主,平地较少。我国山区面积广大,约占全国面积的 2/3;地势西高东低,大致呈三阶梯状分布。西南部的青藏高原,平均海拔在 4000m 以上,为第一阶梯;该地区地势较高,降水较少,但也有突发性暴雨急剧发生,来势凶猛,面积小,历时短,强度特别大,强降水过程多持续在 10～30min,极容易形成地面径流,洪峰发展很快。大兴安岭－太行山－巫山－云贵高原东一线以西与第一阶梯之间为第二级阶梯,海拔在 1000～2000m,主要为高原和盆地;此阶梯的东边界构成了中国重要的暴雨带,该暴雨带以西的第二阶梯内,除四川盆地西侧和北侧是中国特大暴雨经常发生的地区外,大多数暴雨主要为短历时局地强暴雨。第二阶梯以东,海平面以上的陆面为第三级阶梯,海拔多在 500m 以下,但相对高差还是较大,主要为浅山丘、丘陵和平原;此地区处于海陆气团活动交替地带,沿海地区还有台风频繁活动,因而,地形雨、对流雨、锋面雨、台风雨等活动非常频繁。

此外,在山丘区靠近河流源头的区域,地形都较为陡峭,沟道比降较大,一般都在千分之几至百分之几,甚至百分之十以上;在不少地区,如黄土高原、青藏高原等,山丘区植被覆盖率极低,土壤瘠薄。这些因素,导致暴雨发生时,流域产流、汇流极快,人们对此只有很少甚至没有反应时间,因而,山洪的威胁程度就更大。

(三)山丘区人口众多,资源丰富,基础设施分布广泛

我国山丘区人口占全国总人口的 56%。根据《全国山洪灾害防治规划》,全国山洪灾害防治区约 487 万 km²,涉及 29 个省(区、市)的 2058 县,共有人口 5.7 亿人。防治区内平均人口密度为 121 人/km²,略低于全国平均人口密度 135 人/km²。

我国山区面积广大,山区可提供林产、矿产、水能和旅游资源,为改变山区面貌、发展山区经济提供了资源保证。山丘区的水能资源、矿产资源和旅游资源非常丰富,集中了全国 90% 的森林和一半以上的可利用草场。

在山丘区,我国公路、铁路、河道的桥梁、涵洞,河道上的小型水库、水闸,数量众多,塘坝更是数不胜数,广泛分布。这些涉及国计民生、各行各业的基础设施,都受到山洪的严重威胁。

（四）山丘区不合理的人类活动加剧了山洪活跃程度

受人多地少和水土资源的制约,为了发展经济,山丘区资源开发和建设活动频繁,人类活动对地表环境产生了剧烈扰动,导致或加剧了山洪灾害。山丘区居民房屋选址多在河滩地、岸坡等地段,或削坡建房,一旦遇到山洪极易造成人员和财产损失。山丘区城镇由于防洪标准普遍偏低,经常进水受淹,往往损失严重。

1. 山丘区资源不合理开发

为发展经济,山丘区资源开发活动更加频繁。一些矿山开发、道路建设等活动对地表环境产生了剧烈扰动,导致或加剧了山洪灾害。

1985 年 5 月 11 日,山西省太原市古交市狮子沟暴发山洪灾害,造成 46 人死亡,直接经济损失 300 余万元。晋陕蒙能源基地煤炭、石油、天然气、水电等能源的开发利用,采矿、建筑、铁路、公路、水库等工程建设大规模地进行,外来人口的骤增,进一步增大该区暴雨溪河洪水、泥石流、滑坡灾害发生的概率。据对陕北、晋西等地的泥石流滑坡灾害调查统计分析,在无大规模工程建设、人为活动较小的地区,滑坡、崩塌发生的密度为 2.1 处/100km^2,泥石流发生的密度为 3.6 条/100km^2,而在神府-东胜煤田工程建设最集中的大柳塔地区,泥石流、滑坡发生的密度分别为 4.5 处/100km^2、15.6 条/100km^2,人为活动强烈区泥石流、滑坡发生的概率分别为无人为活动、人为活动轻微区的 2.1 倍、4.3 倍。

2. 山丘区房屋选址不当

山丘区居民房屋选址多在河滩地、岸边及坝下等地段,遇山洪暴发,易遭受灾害,造成人员和财产损失。2011 年 6 月湖南省邵阳市绥宁县瓦屋塘乡暴发山洪,6 月 18 日 24 时,宝顶山开始降水,19 日 1～2h 为暴雨(1h 达 140 多 mm),19 日 3 时冲毁宝顶山脚下的宝顶村和双江口村的房屋 3000 多间,死亡 26 人。

3. 山丘区城镇不合理建设

由于对山洪的危险性缺乏认识,或资金缺乏、防灾能力低等,山丘区城镇建设项目多成为山洪的危害对象,加重灾害损失。1995 年 7 月,在暴雨袭击下,四川省康定市暴发严重的山洪灾害,冲毁水渠、农田、工厂,堵塞和冲毁公路,毁坏电站、电力和通信线路,中断供电、通信,导致穿越城区的折多河、康定河洪水猛涨,城区大部分被淹,上千人被洪水围困,洪水挟带的大量泥沙沿两岸街道倾泻,冲毁市镇设施,致使大量房屋倒塌,直接经济损失约达 5 亿元。

4. 水库溃坝

我国山丘区病险水库数量多、分布广,这些水库建设标准低、质量差、管理落后,一旦失事,将造成水库下游人员伤亡和财产损失。如 1954 年湖南省浏阳市福盖洞小(1)型水库被大暴雨洪水冲垮,冲毁坝下学校,导致 300 多名师生死亡;1993 年 8 月青海省沟后小(1)型水库发生溃坝,导致 320 余人死亡;2001 年10 月四川省凉山彝族自治州会理县大路沟小(1)型水库发生溃坝,导致 16 人死亡,受灾人员 2934 人。

二、近年我国主要山洪灾害事件

近年来,我国发生的山洪灾害事件较多,损失很大,给我们提供了必须加强山洪灾害防治的警示,主要山洪灾害事件如下[①]。

(一)2002 年 6 月暴雨致陕西省佛坪县山洪灾害

2002 年 6 月 8—9 日,陕西省出现了一次全省范围的强降水过程。佛坪县降水从 6 月 8 日 21 时—6 月 9 日 12 时,降水过程历时 15h,总降水量达250.3mm。6 月 9 日凌晨 1—2 时,1h 雨强达 52.8mm。此次降水过程使佛坪全县境内普遍遭受暴雨袭击,11 个乡镇都不同程度受到山洪等山地灾害危害,其中县城所在地袁家庄镇、长角坝乡、东岳殿乡、西岔河乡、岳坝乡、栗子坝乡、十亩地乡、陈家坝镇等乡镇灾情十分严重。

全县因灾死亡 143 人,失踪 105 人;受灾总人数达 2.1 万人,占全县总人口的 62%;洪灾中倒塌房屋 10564 间,3250 人无家可归;全县 3067km² 耕地中,受灾面积达 2533km²,占总面积的 83%;由北至南穿越县境的主干公路——108国道和其他县乡公路,被毁总长度达 110km;山洪冲断一座公路大桥和冲坏 2座公路桥,连接县城两岸的椒溪河大桥,被山洪损坏严重,成为危桥;洪灾毁坏通信线路 280km。交通和通信线路中断,使佛坪县一度成为孤岛,给抢险救灾带来极大困难。

(二)2005 年 6 月暴雨致黑龙江沙兰镇山洪灾害

2005 年 6 月 10 日,黑龙江省沙兰镇所在流域发生大暴雨,降水从 12 时 50分开始至 15 时结束,平均降水强度为 41mm/h,点最大降水强度为 120mm/h,流域平均降水量 123.2mm,是本流域多年 6 月平均降水总量(和盛水库92.2mm)的 1.34 倍。14 时 15 分,洪水袭击沙兰镇,15 时 20 分到达最高水位,

---

① 根据全国山洪灾害项目组资料整理。

16 时洪水基本退去。

暴雨引发特大山洪,坡面受到强烈冲刷,大量水土流失,人员伤亡惨重。河水漫溢淹没了沙兰镇中心小学和大量民房,受灾最严重的是沙兰镇中心小学,校区最大水深超过 2m,当时正有 351 名学生上课,因而造成了死亡 117 人的重大伤亡(其中小学生 105 人,见图 7-17),严重受灾户 982 户,受灾居民 4164 人,倒塌房屋 324 间,损坏房屋 1152 间,经济损失达 2 亿元以上。

图 7-17　受淹后的教室

(三)2006 年 7 月"碧利斯"热带风暴致湖南等地山洪灾害

"碧利斯"热带风暴从北京时间 2006 年 7 月 9 日 14 时开始编号,中心的最大平均风速在 18～28m/s,编号时位于菲律宾以东洋面,此后往西北方向移动,13 日 23 时左右在台湾宜兰县登陆,经过台湾海峡,14 日 12 时 50 分在福建省霞浦县再次登陆,转向西行。15 日凌晨 2 时进入江西省,折向西南,15 日 17 时停止编号,减弱成低气压环流,16 日凌晨进入湖南省,13 时中心到达永州市境内,20 时其中心移到广西壮族自治区北部,19 日 0 时云系完全消散。

"碧利斯"历时 5d,使湖南、广东、福建、江西、广西、浙江六省区出现严重暴雨,剧烈的强降水使江河水系的水位陡涨引发巨大的洪涝、山洪和山地地质灾害,2962.2 万人不同程度受灾,因灾死亡 618 人,失踪 201 人,其中湖南省死亡417 人,失踪 109 人;广东省死亡 114 人;福建省死亡 87 人,失踪 5 人。农业、工业、交通、水利及能源设施均遭受巨大损失,倒塌房屋 26.5 万间,损坏房屋 32万间,直接经济损失 266 亿元,其中,湖南省的郴州、衡阳、永州、株洲、娄底、益阳等 6 个市 33 个县(市、区)549 个乡镇有 729 万多人受灾,死亡 346 人,失踪 89人,直接经济损失超过 78 亿元。

(四)2007 年 7 月暴雨致河南省卢氏县山洪灾害

2007 年 7 月 29—30 日,河南省卢氏县遭遇特大暴雨。老灌河、淇河上游卢氏县境内暴雨时间主要在 7 月 29 日 4 时—30 日 6 时,其中 28 日降水主要在淇河上游狮子坪乡、槐树乡和五里川镇,29 日 20 时—30 日 4 时大强度降水中心在卢氏县汤河乡及朱阳关乡,且集中于汤河乡小沟河、梧鸣沟、狮子坪乡毛河、黄柏沟及瓦窑沟上游。老灌河香山站实测场降水量为 175mm、黄坪站 148.4mm、朱阳关站 149.4mm,调查青岗坪村降水量 271.2mm、小沟河河南村大于 410.4mm、梧鸣沟村 391.1mm、五里川镇 213.2mm、河口村 392.3mm,淇河狮子坪站实测场降水量 213mm。卢氏县 7 月多年平均降水量为 138.7mm,2007 年 7 月降水量为 361mm,是多年平均值的 2.6 倍,接近有资料以来最大降水量(最大为 1958 年 368.8mm)。

受此次强降水过程的影响,淇河出现了一次较大的洪水过程,处于淇河中游的西坪水文站发生了建站以来的最大洪水。这次洪水过程 7 月 30 日 2 时开始,起涨水位 93.04m,相应流量 112m³/s,陡涨 3h 余,于 30 日 5 时 4 分达到峰顶,其峰顶水位为 97.62m,相应洪峰流量为 3840m³/s。老灌河米坪水文站发生了建站以来最大洪水,也是米坪水文站有历史记录以来的最大洪水。7 月 30 日 0 时开始涨水,历时 6h,到 7 月 30 日 6 时整到达峰顶,峰顶水位为 93.1m,相应洪峰流量为 3820m³/s。

7 月 29 日 0 时—30 日 11 时,卢氏县遭到突如其来、百年不遇、历史罕见的暴雨袭击,引发特大山洪和泥石流,使全县遭受了中华人民共和国成立以来罕见的自然灾害袭击,造成了巨大的损失。据统计,全县有 296 个行政村 17.7 万人受灾,19 万亩农作物被淹,冲毁耕地 5.3 万亩、公路 1160km、堤防 94 万 km,倒塌房屋 6090 间,损坏电力线路 1448km、通信线路 2536km、饮水工程管道 813km,12 个乡镇所在地和 70%的行政村交通、电力、通信中断,因灾死亡 79 人,失踪 10 人,直接经济损失达 14.1 亿元。

(五)2010 年 8 月甘肃省舟曲县特大山洪泥石流灾害

2010 年 8 月 7 日 23—24 时,甘肃省舟曲县城北部山区三眼峪、罗家峪流域突降暴雨,小时降水量达 96.77mm,半小时瞬时降水量达 77.3mm,但县城只是中雨。短临超强暴雨于 2010 年 8 月 8 日 0 时 12 分在三眼峪、罗家峪两个流域分别汇集形成巨大山洪,沿着狭窄的山谷快速向下游冲击,沿途携带、铲刮和推移沟内堆积的大量土石,冲出山口后形成特大规模的山洪泥石流。三眼峪山洪泥石流沟受灾面积 0.46km²,长度约 2km,最大宽度约 335m。三眼峪山洪泥石流沟造成月圆村几乎毁灭；三眼峪村、北关村部分被毁；冲毁县城水源地铸铁供水管线 5km、钢筋混凝土减压池 4 座，压埋供水站 1 座、蓄水池 2 座，沟内筑坝施工人员伤亡多人，掩埋耕地约 55km²。罗家峪山洪泥石流沟位于白龙江北岸，"8·8"事件中成灾长度约 2km，其中淹没区面积达 0.1km²，位于出山口的堆积扇最大宽度约 150m。罗家峪山洪泥石流沟下游的春场村遭遇毁灭性破坏，损毁道路 4.65km、排导渠 2.88km，损毁桥 3 处。

（六）2010 年 8 暴雨致四川清平乡特大山洪泥石流

2010 年 8 月 13—15 日，四川省绵阳市、德阳市、广元市、阿坝藏族羌族自治州等地震重灾区降大暴雨，7 个县累计降水量超过 200mm，绵阳市安县宝藏村 3h 降水量超过 200mm。强降水引发多处山洪泥石流，其中"5·12"汶川地震灾区绵竹市清平乡和汶川县映秀镇等地受灾最为严重。清平乡文家沟 13 日凌晨发生特大山洪泥石流，致使绵远河堵塞、河水改道；14 日凌晨，映秀镇红椿沟发生特大山洪泥石流阻断岷江，导致映秀镇新阪受淹。强降水共造成阿坝、德阳、绵阳、成都、广元等 10 个市 38 个县（市、区）受灾，因灾死亡 28 人、失踪 40 人，倒塌房屋 0.82 万间，直接经济总损失 47.6 亿元。

（七）2011 年 6 月暴雨致贵州省望谟县山洪泥石流灾害

2011 年 6 月 5—6 日，甘肃省望谟县部分乡镇出现了强降水，10h 超过 80mm 的乡镇有 5 个，最大降水量达到 315mm（打易镇），巨大的降水量导致县内的三大水系望谟河、打尖河、乐旺河流域山洪暴发，导致该县 8 个乡镇遭受了百年不遇的特大山洪泥石流灾害。暴雨引发了严重的泥石流、山洪和滑坡灾害，导致房屋被毁，道路中断，电力、水力、通信瘫痪。在暴雨激发下，短时集中暴发多起严重泥石流灾害。在该次灾害中 13.9 万人受灾、37 人死亡、15 人失踪，经济损失达 18.6 亿元。

（八）2016 年 7 月"尼伯特"台风致福建省闽清县山洪灾害

受 2016 年第 1 号台风"尼伯特"影响，福建省闽清县 16 个乡镇从 7 月 8 日起普降暴雨，局部特大暴雨，本次降水全县累计平均降水量 82.47mm，降水集中在上午 8—14 时，局部 6h 降水量超过 300mm，以塔庄镇 321mm 为最大。其中 100mm 以上的站点有 3 个：塔庄雨量站 360mm，坂东雨量站 137mm，延洋雨量站 105mm。降水主要集中在塔庄镇、省璜镇、云龙乡等乡镇。

强降水发生后，迅速汇流形成流域性洪水，梅溪流域下游的闽清水文站峰现时间为 15 时左右,最高洪峰流量约为 5000m³/s,最高洪水位达 26.48m、超警戒水位 10.68m,上游塔庄、坂东、白樟、三溪等乡镇 11—12 时出现洪峰。本次灾害造成 75 人死亡,14 人失踪,经济损失惨重。

通过以上主要山洪灾害事件可以看出,我国山洪灾害具有种类多样、多为暴雨激发、分布广泛、突发性强、危害性大、生命财产损失重等特征,山丘区广大人民群众生命财产安全和社会经济可持续发展都受到山洪的严重威胁,因此,山洪灾害防治在我国显得尤其重要和紧迫。

三、我国山洪灾害防治简要情况

随着经济社会和科学事业不断发展,山洪灾害问题逐步得到广泛关注,研究和防治工作也得到发展。在 20 世纪 60—70 年代,全国上下掀起了水利建设的高潮,各地对山洪灾害的治理均有不同程度的重视,建立了一大批防治山洪灾害的工程设施,取得了较好的效果。进入 21 世纪以来,随着经济发展水平不断提高,山洪灾害防治也不断加强。总体而言,我国山洪灾害防治可以简要划分为探索、起步、建设和发展四个阶段[①]。

(一)探索阶段(2003 年以前)

2003 年以前,我国人均国内生产总值(GDP)少于 1000 美元,属于低收入国家。山洪灾害造成平均每年经济损失约为 459 亿元,山洪灾害造成每年平均经济损失约占洪涝灾害年平均经济损失的 39%。山洪灾害造成的经济损失占 GDP 的 0.65%。由于这一时期经济实力薄弱,国家在防汛上的投入集中于大江大河的洪水治理,建设了三峡和一些控制性的防洪工程。山洪灾害还未成为防洪主要矛盾,仅开展了一些试点和探索性的防治工作。

(二)起步阶段(2003—2009 年)

2003—2009 年,山洪灾害每年平均死亡人数约占洪涝灾害平均死亡人数的 79.85%。山洪灾害每年平均经济损失为 916.6 亿元,约占洪涝灾害年平均经济损失的 80.87%。随着国家社会经济的迅速发展,山丘区的社会和经济水平日见提高,山丘区的经济财富密度越来越大,山洪灾害导致的经济损失明显增加,2003—2009 年经济损失约为 1991—2002 年的 2 倍。

---

① 国家防汛抗旱总指挥部办公室,中国水利水电科学研究院,中国科学院水利部成都山地灾害与环境研究所.全国山洪灾害防治项目(2010—2015)总结评估报告[R].2017.

随着社会经济的发展和大江大河治理体系的完成,我国防洪主要矛盾发生了转移。山洪灾害防治成为矛盾凸显期的一个重要问题,成为处理发展与稳定矛盾的重要抓手。我国山洪灾害防治也得到前所未有的重视,防治工作有了很大进展。为积极探索山洪灾害防治的有效途径和方法,从 2002 年起,国家开始了全国性的规划和试点工作,至 2006 年完成了《全国山洪灾害防治规划》,并于 2007—2009 年在全国 29 个省(自治区、直辖市)和新疆生产建设兵团 103 个县开展了山洪灾害防治非工程措施建设试点,为全面开展山洪灾害防治积累了宝贵的经验。

(三)建设阶段(2010—2015 年)

2011—2015 年山洪灾害年平均死亡人数 400 人,占洪涝灾害平均死亡人数的 60%～75%。山洪灾害导致的年平均经济损失为 1727 亿元,约占洪涝灾害年平均经济损失的 77%。经济的增长使得我国完全有实力开展全面的山洪灾害防治项目建设。同时,随着社会发展和对山洪灾害意识提高,人的生命和安全摆在发展的首要位置,以人为本的执政理念得到前所未有的重视。2010 年 11 月,我国开始正式实施全国性山洪灾害防治项目,开展了山洪灾害监测预警体系建设、调查评价、县级非工程防治措施、重点山洪沟防洪治理等防治工作,进入了山洪灾害防治全面发展阶段。

(四)发展阶段(2016 年至今)

"十三五"期间,我国山洪灾害防治也从探索、起步、建设阶段进入发展阶段。在已完成的山洪灾害防治项目基础上,考虑社会经济发展对山洪灾害防御工作的新要求,我国巩固完善已建非工程措施,进一步提高建设标准,扩大监测预警覆盖面,提高预警精准度,持续完善群测群防体系,开展山洪沟防洪治理,全面实现山洪灾害防治总体目标。

第三节　我国山洪风险区划与防治规划

一、我国山洪灾害风险区划

山洪灾害防治区划是山洪灾害防治的基础工作,其意义体现在两个方面:

①根据形成山洪灾害的降水、地形地质和经济社会因素,划分山洪灾害重点防治区和一般防治区,以利突出重点,按轻重缓急,逐步实施山洪灾害防治措施;②在山洪灾害成灾条件的相似性和差异性分析基础上,对全国山洪灾害防治区进行区域划分,分析不同区域山洪灾害的综合成灾条件、成灾过程、灾害类型,分区制定防灾对策措施。据此,我国开展了山洪灾害风险区划。

(一)区划原则

(1)以主导因素为主的综合分析原则。降水是导致山洪及其诱发的泥石流、滑坡的基本动力条件和重要诱发因素,是山洪灾害形成的主导因素;地形地质因素是发生山洪灾害的物质基础和潜在条件。在区划中,主导因素作为主要划分依据,再结合分析其他因素。

(2)以人为本的经济社会分析原则。作为自然现象的山洪及其诱发的泥石流、滑坡是否构成灾害、严重程度如何,取决于人口、城镇、基础设施的分布特征。在区划过程中着重考虑经济社会的分布,为规划防治措施、减轻山洪灾害提供依据。

(3)相对一致性前提下的区域共轭性原则。在保证相对一致前提下,同一区划单元在空间上不可重复出现。

(二)区划方法

根据上述原则,遵循地理区划的一般方法,结合山洪灾害发生发展的基本特点和数据资料基础,山洪灾害防治区划方法主要有以下3种。

1. 灾害类型和成灾要素相关分析法

从发生学原理出发,综合分析各种灾害类型与其形成的降水、地形地质和经济社会要素的关系,以便明确治理重点和方向。在高级别的区划单位(一级区划),其分区单位和边界划定主要考虑成灾因素(特别是自然条件)的地域差异,考虑我国自然环境宏观地域分异规律,注意与综合自然区划的协调;二级区划则综合考虑暴雨分布和地形地质条件以及我国经济社会发展不均衡的特征;三级区划考虑灾害的类型和集中分布的程度等。

2. 主导标志分析法

在上述分析基础上,研究确定各级区划单位边界划定的主导标志(定性或者定量指标)。地形地质条件是山洪灾害发生的下垫面基础,也便于辨认和制图,因此地形地质特征可成为本次山洪灾害防治区划的主要参考标志。

降水条件是山洪灾害发生的动力基础,人类活动和经济社会状况在一定程度上决定了山洪灾害能否形成,因此在具体分区时应结合暴雨分区指标以及区域经济社会状况,采用多年最大降水量均值、临界降水量、山洪灾害威胁区人口及财产等指标。

3. 基于 GIS 的数字制图

考虑到山洪灾害防治区划及其数据更新的要求和现代科技手段的广泛应用,基于已有资料,以全国山洪灾害重点防治区和一般防治区分布数字图为基础,结合导致山洪灾害的降水、地形地质和经济社会要素等相关数字图件,在GIS 环境支持下采用数字地图制图方法,完成区划图编制。区划成果既是一个区划图,也是一个综合数据库,各个区划单元内集成了山洪灾害类型、数量、易发程度、经济社会等因子数据。

(三)区划成果

山洪灾害发生发展和危害程度与自然条件和人类社会活动关系密切,涉及降水、地形地质、经济社会等多方面。全国山洪灾害防治区划采用两级区划等级系统。一级区划单位综合反映全国自然和经济社会情况的最主要差异,二级区划单位反映山洪灾害的 3 个主要影响因素(即降水、地形地质和经济社会)的区域分异情况。

表 7-1 给出了全国山洪灾害区划成果。

表 7-1　全国山洪灾害区划成果

一级区	东部季风区(Ⅰ)	蒙新干旱区(Ⅱ)	青藏高寒区(Ⅲ)
占全国总面积/%	48.6	24.5	26.9
占全国人口/%	95	4.5	0.5
二级区	东北地区(I_1)、华北地区(I_2)、黄土高原地区(I_3)、秦巴山地区(I_4)、华中华东地区(I_5)、东南沿海地区(I_6)、华南地区(I_7)、西南地区(I_8)	内蒙古高原地区(II_1)、西北地区(II_2)	藏南地区(III_1)藏北地区(III_2)

一级区	东部季风区（Ⅰ）	蒙新干旱区（Ⅱ）	青藏高寒区（Ⅲ）
降水	受季风影响显著，暴雨频繁，雨区广，强度大，频次高	地处内陆，降水较稀少，但局地短历时暴雨较多且强度较大	独特的高原气候，严寒干燥，降水年内分配不均，多以固态形式降落
地形地质	新构造运动上升幅度不大，山地、丘陵、平原类型齐全，海拔多在2000m以下；黑土、黄土、红土以及各类强风化的基岩分布广泛	有显著的差异上升运动，部分地区强烈隆起，形成广大的高原和横亘于高原中的显著山脉；高原海拔多在1000m左右	地势险峻，海拔多在3500～5500m，有"世界屋脊"之称；地形西北高、东南低，分布着许多高大的山脉
经济社会	经济发达，人口稠密，是人类活动对自然影响最大的地区	经济相对落后，但局部地区是北方经济中心	地广人稀，经济落后
灾害现状	调查到溪河洪水灾害沟14371条，发灾66018次；泥石流灾害沟8602条，发灾10558次；滑坡灾害14566处	调查到溪河洪水灾害沟2829条，发灾12905次；泥石流灾害1325条，发灾1551次；滑坡灾害1440处	调查到溪河洪水灾害沟1701条，发灾2437次；泥石流灾害沟1182条，发灾1300次；滑坡灾害550处

二、我国山洪灾害防治规划

（一）《中国防洪规划》中的山洪灾害防治规划[①]

2005年8月，我国编制了《中国防洪规划》，该规划对山洪灾害防治工作进行了部署。根据该规划，全国有山洪灾害防治任务的山丘区（即山洪灾害防治区）面积约463万km²，约占全国总面积的48%，区内人口占全国的44.2%；GDP占全国的28.97%，耕地面积占全国的32.1%。其中危害特别严重、人口较为稠密的重点山洪灾害防治区面积约97万km²，占山洪防治区面积的21%；人口占24%；GDP占山洪防治区的29%。由于复杂的地形地质条件、暴雨多发的气候特征、密集的人口分布和人类活动影响，我国中小河流洪水及山洪灾害往往造成大量人员伤亡。

---

① 水利部水利水电规划设计总院.中国防洪规划[Z].2005.

根据该规划,我国山洪防治区已修建防御山洪的护岸及堤防工程约8万 km,兴建了大量的排洪渠,一些重要城镇、大型工矿企业、重要基础设施得到一定程度的保护,初步建立了群测群防网络体系,在一定程度上减轻了山洪灾害损失。但山洪防治形势仍很严峻,主要表现如下。①已建堤防和河道整治等山洪防治工程建设标准低、质量差,目前约 80% 的山洪防治区堤防标准不足 5 年一遇。②威胁人民生命、财产安全的小(1)、小(2)型病险水库约有 1.65 万座。③对泥石流、滑坡等山地灾害防治手段落后,仅极少数采取了拦挡坝、排洪渠等工程治理措施。④水土流失治理进度缓慢,水库与河道淤积严重。⑤山洪灾害监测、预报、预警网络不健全,监测网点少,覆盖率不高,通信不畅,缺乏预警系统,大部分地区尚未编制防灾预案或预案不完善。⑥缺乏有效的管理,主动防灾避灾意识不强,在河道、山洪出口兴建居民点、搞开发,不断侵占河道,乱弃、乱建、乱挖,致使河道不断淤塞,泄洪能力降低,进一步加剧了山洪灾害的发生频次和损失。随着山区经济社会的发展,人口、财产和资产密度还将进一步增长,必须采取切实可行的防治措施,以减少山洪灾害所造成的人员伤亡和经济损失。

针对以上山洪灾害防治情况和形势判断,该规划提出了以下防治目标和对策。

1. 防治目标

鉴于山洪灾害具有突发性、随机性、强度大等特点,以及我国经济发展的实际情况,山洪防治当前应以减少人员伤亡为首要目标。通过制定山洪灾害发生风险图,避免城镇和居民点向灾害易发区扩展;建立监测和预警预报系统,做好人员疏散和撤离工作;建立和完善重点地区山洪灾害防治体系,提高防御山洪灾害的能力,减少山洪灾害的人员伤亡和财产损失,促进和保障我国山丘区人口、资源、环境和经济的协调发展。

1)近期规划目标

尽快建立山洪灾害重点防治区以监测、通信、预报、预警等非工程措施为主,与工程措施相结合的防灾减灾体系,减少群死群伤事件发生,财产损失相对减少。

2)远期规划目标

全面建成山洪灾害重点防治区非工程措施与工程措施相结合的综合防

灾减灾体系,初步建立一般山洪防治区以非工程措施为主的防灾减灾体系,使山洪灾害防御能力与构建和谐社会的要求相适应。

2.防治对策

山洪灾害要坚持"以防为主、防治结合"的原则,防治措施应以非工程措施为主,非工程措施与工程措施相结合。特别是要抓紧编制山洪灾害风险图,建立山洪灾害预报预警系统和制订可行的以撤退、救灾为主要内容的应急预案。山洪防治思路与对策如下文。

1)规范人类活动

通过宣传教育,提高全民、全社会的防灾意识,使山洪灾害防治成为群众的自觉行为;加强河道管理力度,严格禁止侵占行洪河道的行为;加强山洪灾害威胁区的土地开发利用规划与管理,城镇、交通、厂矿及居民点等建设要进行风险评估,控制和禁止人员、财产向山洪灾害高风险区发展;加强对开发建设活动(如开矿、修筑公路等)的管理,防止加剧或导致山洪灾害的发生。

2)适当搬迁

针对山洪灾害导致的人员伤亡和居民财产损失主要是农村居民及住房的特点,对处于山洪灾害危险区、生存条件十分恶劣、地势低洼而又治理困难地区的部分居民实行搬迁。在有条件的地方,结合农村小城镇发展,采取移民建镇实行永久性迁移。

3)工程措施治理

对山丘区的重要保护对象,如城镇、大型工矿企业、重要基础设施等,应根据山洪及泥石流、滑坡发生的特点,通过技术经济比较,因地制宜地采取必要的工程措施进行治理。对一旦溃坝将造成大量人员伤亡和财产损失的病险水库进行除险加固,消除防洪隐患。

4)监测预警

对于一时难以搬迁安置、居住在山洪灾害威胁区内地势相对较高处的居民,应通过建立监测通信预警系统,制定、落实防灾预案和救灾等措施,在山洪灾害发生前发布预警,及时实现人员安全转移。

另外,山洪治理还要考虑每年大量水毁工程的修复与治理等问题。

（二）全国山洪灾害防治专项规划[1]

2006 年,水利部会同有关部委共同编制了《全国山洪灾害防治规划》,主要内容如下文。

1. 基本原则

(1)以防为主,防治结合;以非工程措施为主,非工程措施与工程措施相结合。着重开展责任制组织体系、监测预警、预案、宣传培训等非工程措施建设,重点保护对象采取必要的工程保护措施。

(2)全面规划、统筹兼顾、标本兼治、综合治理。根据山洪灾害防治区的特点,统筹考虑国民经济发展、保障人民生命财产安全等多方面的要求,做出全面的规划,并与改善生态环境相结合,做到标本兼治。

(3)突出重点、兼顾一般。山洪灾害防治要统一规划,分级、分部门实施,确保重点,兼顾一般。采取综合防治措施,按轻重缓急要求,逐步完善防灾减灾体系,逐步实现近期和远期规划防治目标。

(4)因地制宜、经济实用。山洪灾害防治点多面广,防治措施应因地制宜,既要重视应用先进技术和手段,也要充分考虑中国山丘区的现实状况,尽量采用经济实用的设施、设备和方式方法,广泛深入地开展群测群防工作。

2. 总体目标

在全国山洪灾害重点防治区初步建成以监测、通信、预报、预警等非工程措施为主,与工程措施相结合的防灾减灾体系,基本改变中国山洪灾害日趋严重的局面,减少群死群伤事件的发生和财产损失。远期目标是全面建成山洪灾害重点防治区非工程措施与工程措施相结合的综合防灾减灾体系,一般山洪灾害防治区初步建立以非工程措施为主的防灾减灾体系,最大限度地减少人员伤亡和财产损失,山洪灾害防治能力与山丘区小康社会的发展要求相适应。

经过区划,确定全国山洪灾害防治区面积约 463 万 km^2,其中重点防治区面积 96.93 万 km^2,一般防治区面积 365.96 万 km^2。重点防治区主要分布在受东部季风影响的山丘区,以西南高原山地丘陵、秦巴山地以及江南、华南、东南沿海的山地丘陵区分布最为集中。山洪灾害来势猛、成灾快、历时短、范

---

① 全国山洪灾害防治规划编写组,水利部长江水利委员会.全国山洪灾害防治规划报告[R].2006.

围小而散,但易造成人员伤亡。对山洪灾害威胁区内的人员和财产主要采取工程措施进行保护既不合理也不经济。山洪灾害防治要立足于采取以非工程措施为主的综合防御措施,以减少人员伤亡为首要目标。

3. 关键措施

1)非工程措施

非工程措施对策主要包括以下 6 个方面。

(1)加强防灾知识的宣传培训。在全社会加强山洪灾害风险宣传培训,增强群众防灾、避灾意识和自防自救能力,使山洪灾害防治成为山丘区各级政府、人民群众的自觉行为。

(2)开展山洪灾害普查。由于山洪灾害点多面广、分布复杂,大量的隐患点还没有被发现,同时由于气候因素、人类活动因素等,还可能造成一些新的隐患或灾害点出现。因此,需要加大普查力度,扩大普查范围,为防御工作提供决策依据。

(3)建设监测预警系统。新建自动气象站 3886 个、多普勒雷达站 44 个等;新建自动雨量站 8735 个、水文站 466 个、人工简易观测站 12.5 万个;布设泥石流专业监测站(点)1926 个、滑坡专业监测站(点)2676 个、山洪泥石流滑坡群测群防村组 11880 个;规划建设连接 30955 个监测站(点)通信、报传输通信设备、21193 套乡镇报警传输信设备,建设县级以上专业部门间网络互连,配置 12.5 万套无线广播报警器以及锣、鼓、号等人工预警设备。

(4)落实责任制并编制山洪灾害防御预案。建立山洪灾害防御责任制体系,县、乡、村逐级编制切实可行的预案,建立由各级政府部门负责的群测群防组织体系,在有山洪发生征兆和初发时就能快速、准确地通知可能受灾群众,按照预案确定的路线和方法及时转移。

(5)实施搬迁避让。对处于山洪灾害危险区、生存条件恶劣、地势低洼而治理困难地方的居民拟采取永久搬迁的措施。结合易地扶贫,引导和帮助危险区居民在自愿的基础上做好搬迁避让。

(6)加强政策法规建设和防灾管理。制定风险区控制政策法规,有效控制风险区人口增长、村镇和基础设施建设以及经济发展。制定风险区管理政策法规,规范风险区日常防灾管理、山洪灾害地区城乡规划建设的管理,维护风险区防灾减灾设施功能,规范人类活动,有效减轻山洪灾害。

2）工程措施

对受山洪及其诱发的泥石流、滑坡严重威胁的城镇、大型工矿企业或重要基础设施，《全国山洪灾害防治规划》适当采取必要的工程措施，保障重要防护对象的安全。工程措施对策主要包括以下5个方面。

（1）山洪沟治理。主要有护岸及堤防工程、沟道疏浚工程、排洪渠等。规划采取工程措施治理的山洪沟约18000条，需加固、新建护岸及堤防工程长度94710km，加固改造和新建排洪渠工程89650km，疏浚沟道8920km。

（2）泥石流沟治理。主要包括排导工程、拦挡工程、沟道治工程和蓄水工程等。规划治理的泥石流沟共2462条，需修建拦挡工程13457座、排导工程8546km、停淤工程1480座。

（3）滑坡治理。主要有排水、削坡、减重反压、抗滑挡墙、抗滑桩、锚固、抗滑键等。规划治理的滑坡1391个，需修建截排水沟398.4km、挡土墙904.5万m^3、抗滑桩679.1万m^3、锚索347km、削坡减载8350万m^3。

（4）病险水库除险加固。规划除险加固的病险水库均为小型水库，共16521座，其中小（1）型水库2999座、小（2）型水库13522座。

（5）水土保持。山洪灾害防治区有水土流失面积145万km^2需要治理。治理措施将结合《全国水土保持生态环境建设规划》（1998—2050年）的实施进行。

此外，专项规划还在环境影响评价、投资计划、效果评价、保障措施等方面开展了较为深入的工作。

（三）"三位一体"总体规划中的山洪灾害防治规划[①]

2012年1月，国家发改委会同教育部、民政部、财政部、国土资源部、环境保护部、住房和城乡建设部、水利部、农业部、国家林业局、中国气象局等部门及中国国际工程咨询有限公司，编制了《全国中小河流治理和病险水库除险加固、山洪地质灾害防御和综合治理总体规划》。

1. 山洪防治形势评估

（1）山洪灾害防治区。全国有山洪地质灾害防治任务的山丘区（防治区）面积约487万km^2，约占我国陆地面积的50.7%，涉及29个省（区、市）的2058个县，防治区内共有人口约5.7亿，其中重点防治区面积110.7万km^2，人口

---

① 全国中小河流治理和减险水库除险加固、山洪地质灾害防御和综合治理总体规划[Z].2012.

1.3 亿,主要分布在西南高原山地丘陵、秦巴山地以及江南、华南、东南沿海的山地丘陵区。全国现有初步查明的山洪沟约 1.98 万条、泥石流沟 2.8 万多条,滑坡、崩塌、地面塌陷等隐患点约 20 万处。

(2)治理现状。2009 年开展了 103 个试点县监测预报预警系统建设,2010 年汛前完成了全部试点建设任务并投入运行,在防御暴雨山洪地质灾害中避免了多起伤亡事件,发挥了很好的防灾减灾效益。但全国山洪地质灾害防治区内监测站网明显不足,覆盖范围小,监测预报预警能力仍十分薄弱。山洪灾害防治区点多面广,目前仅对部分沟道和少量滑坡泥石流进行了治理,工程治理措施不足。

2. 主要策略

(1)加强监测预报预警,完善防灾减灾体系。山洪灾害防治点多面广,具有突发性、普遍性、破坏性等特点,加强专群结合预报预警,有效避险避灾。

(2)规范人类活动,减轻和避免灾害损失。合理界定环境容量和承载力,优化社会和经济布局,避开灾害风险区和隐患区,通过法律、行政、经济和宣传教育等手段,规范人类活动,规避灾害风险,做到人与自然和谐相处,大幅减轻灾害损失。

(3)完善工程体系,提高防御能力。加强中小河流治理、病险水库除险加固,完善工程体系,解决当前防灾减灾工程体系薄弱环节,有效提高灾害防御能力。

(4)加快生态治理,改善孕灾环境。加快恢复和提高森林草地生态系统功能,加强水土流失预防监督、综合治理,增强固土护坡、涵养水源、调节径流的能力,让流域下垫面朝着有利于减轻山洪灾害的方向发展和变化。

3. 关键措施

1)山洪灾害调查评价

在山洪灾害重点防治区,以县为单元,全面查清山洪、泥石流、滑坡、崩塌等灾害隐患点的现状、形成的环境地质条件等基本情况,确定受灾害隐患点威胁的对象,评价灾害隐患点在自然和人为因素作用下的发生、发展规律及对当地人民生命财产的危害程度,进行山洪灾害易发程度区划和风险评价,划定灾害危险等级,编制山洪地质灾害风险图,为开展山洪灾害防治工作提供全面、系统、准确的基础资料。

对受山洪灾害威胁严重的村镇,开展灾害隐患排查和勘查工作,查明山洪沟、泥石流沟和隐患坡体的地质结构,评价其危害程度。在山洪灾害防治区,每年开展汛前排查、汛中检查和汛后核查,及时消除灾害隐患。加强山洪灾害灾情的统计、核查、评估和发布工作。

2)搬迁避让和工程治理

(1)搬迁避让。对于部分生活在突发性地质灾害高风险区内、生命财产受到严重威胁的居民,从工程比选和经济效益比较,工程治理投入大于搬迁避让投资,不宜采用工程措施治理,需进行搬迁,主动避让山洪地质灾害。

对有明显变形迹象的灾害隐患点处的居民点优先安排搬迁避让。将搬迁避让与易地扶贫(生态移民)、小城镇建设相结合。重视新居住地选址中的地质环境评价工作,科学地进行场地规划,落实地质环境保护措施。对居民新址、公共设施等建设用地须进行地质、气象灾害危害性评估,保障居民迁入安全区,避免二次搬迁或造成新的地质灾害。要大力提高教育水平,为灾害隐患区人口自然外迁创造条件。

根据山洪地质灾害易发县市调查结果,对不同类型地质灾害大区,统计各大区受地质灾害威胁的人口数,并结合各省上报的搬迁避让需求,确定需要搬迁避让规模。规划实施搬迁避让人口约43万户、150万人。

(2)工程治理。认真分析舟曲等特大山洪泥石流灾害的成因,科学确定山洪地质灾害防治思路和方式。对危害严重、且难以实施搬迁避让的部分山洪沟、泥石流沟、滑坡实施工程治理,使城镇、居民点、学校、医院、工矿企业、重要设施等得到有效的保护,以适应山丘区经济社会可持续发展的需要。山洪地质灾害工程治理遵循突出重点、因地制宜、综合治理的原则,通过技术经济比较,重点治理威胁严重的河段、泥石流沟和滑坡,并根据山洪地质灾害特性和致灾特点,因地制宜采取工程治理措施,运用多种手段,结合水土保持,形成综合工程体系。

第四节　山洪灾害防治典型非工程措施

一、山洪灾害监测

(一)监测体系

从山洪预警的需求而言,山洪灾害监测内容主要包括降水监测和水位监测两大主要内容,目前,我国山洪灾害监测已经初步形成了"空天地一体化"的监测体系。"空"主要指根据气象卫星对天气系统的监测,并提供气象云图等产品,确定天气系统的位置,估计其强度和发展趋势,为天气分析和天气预报提供依据,进而对是否可能引发山洪做出初步判断。卫星云图所提供的资料,既可弥补常规探测资料的不足,又可作为局部地方预报信息的重要参考,对提高预报准确率能起重要作用。"天"主要是指通过雷达、无人机、气象飞机等,对气象要素、天气现象、大气过程等进行监测,进而对是否可能引发山洪做出进一步判断。"地"是指在地面对降水或水位等进行监测,对是否可能引发山洪以及预警范围与等级做出较为准确和及时的判断。

由于山洪具有发生范围较小的特征,我国的山洪监测在"地"这一级的工作中,主要分为县级和乡镇村级来实施。其中,乡镇村等基层监测设施,一般以简易的设施为主,数据分析计算功能较弱,水雨情监测信息以乡(镇)、村简易观测信息为主,服务于群测群防;县级以上具备信息中心,根据经济状况和山洪灾害特点,布置有一定技术含量、实用、先进、自动化程度较高的设施,监测信息汇入山洪灾害防治信息汇集及预警平台的水雨情监测信息以县级以上的自动遥测信息为主,可以在全县范围以及向邻县发布预警。

(二)降水监测

暴雨是促发山洪的重要因素,因而,对降水进行监测是山洪防治的重要环节之一。降水监测是在时间和空间上所进行的降水量和降水强度的观测。测量方法包括用雨量计直接测定方法以及用天气雷达、卫星云图估算降水的间接方法。雨量计直接测定方法需设定雨量站网,站网的布设必须有一定的空间密度,并规定统一的频次和传递资料的时间,有关要求根据山洪灾害预警需求决定。

1.雨量计直接测定

雨量计是用来测量一点时间内某地区降水量的仪器,传统常见的有虹吸式和翻斗式两种。大部分的雨量计都是以毫米作为测量单位,偶尔也会以英寸或厘米作为单位。雨量计的读数可以用手工读出或者自动读数,而观测的频率则可以根据采集单位的要求而变化。一般可将雨量计分为人工雨量计与自动雨量计两种。

1)人工雨量计

一般由圆形漏斗连接至集水瓶与集水罐所组成;降水落入漏斗收集面后导入

集水瓶中,当集水瓶蓄满后,再流入集水罐。一般的记录方式为每天逐时量测累计降水量,记录为该日降水量。在正常情况下,集水瓶内所保存的降水量应不超过 100mm,但若遇上大雨时,则必须缩短量测与记录工作的时间间距(图 7-18)。

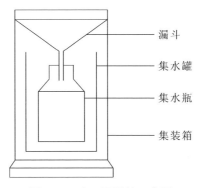

图 7-18　人工雨量计示意图

2)自动雨量计

可以连续记录降水量在时间上的变化情况,以提供暴雨分析中的逐时降水强度及降水历时资料,常见的有翻斗式雨量计、衡重式雨量计以及浮标式雨量计。

(1)翻斗式雨量计。由漏斗收集器与一对小翻斗构成,为目前广泛应用的自动雨量计。当雨水由漏斗进入其中一个翻斗,若蓄满0.25mm(或0.10mm)雨水即自行倾倒,并以另一翻斗承接雨水。翻斗倾倒雨水时可输出信号,并进行记录储存。翻斗所倾倒出的雨水则收集于集水罐中,再定期量测集水罐内所收集的水量,以检验总降水量的正确性人工雨量计(图 7-19)。

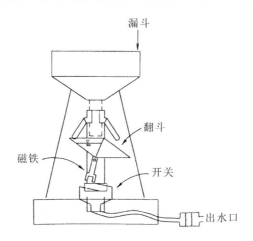

图 7-19　翻斗式雨量计

（2）称重式雨量计。将漏斗收集器所收集的雨水,连接至具有称重功能的集水桶内,而后逐时记录所收集雨水的总量。可以随着时间绘出降水累计曲线,方便进行后续降水分析(图7-20)。

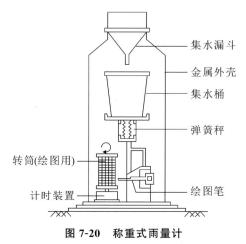

图 7-20　称重式雨量计

（3）浮标式雨量计。将雨水收集至集水罐内,罐内置有浮标可随水位上升,经由附加的记录系统,可记录逐时罐内水位高度。当浮标达到预设的最大水位,则可经由虹吸配件或以人工方式排除罐内水量(图7-21)。

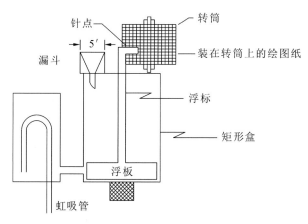

图 7-21　浮标式雨量计

2. 天气雷达估算降水

气象雷达根据气象雷达回波强度推算降水强度和降水量,可以有效地观测暴雨中心位置与暴雨移动,大面积的降水量可经由雷达观测迅速做出预测,具有能够大面积遥测的优点。测量方法主要有以下两种。

1)利用雷达反射因子 R 和降水强度 I 的关系测雨强

雷达所发射出的电磁波,遇到云层或降水所反射回接收器的功率,可以表示为以下气象雷达方程:

$$P_r = c\frac{R}{r^2} \qquad (7\text{-}4)$$

式中,P_r 为雷达波反射功率;R 为雷达波反射因子;r 为雷达至目标之间的距离;c 为常数。

通常雷达波反射因子 R 与降水强度 I 有关,其关系为

$$R = aI^b \qquad (7\text{-}5)$$

式中,a 与 b 为待定系数,数值同降水粒子谱的分布和降水粒子的落速有关;I 为降水强度。由于特定雷达站的 a 与 b 值可利用雨量计的资料经率定得到,因此,只要测出雷达波的反射功率,即可估算区域降水量。

2)利用雨使雷达波衰减效应和降水强度的关系测雨强

利用雷达波的衰减系数 α 和降水强度 I 的关系 $\alpha = kI^d$ 测量降水,其中 k 和 d 是温度和波长的函数。具体方法有两种:①用衰减波长的雷达,观测降水区远端的一个或多个已知散射截面标准目标的回波强度计算回波强度同无降水时所测得的回波强度的差,即可求出降水强度 I;②用双波长雷达(发射衰减程度不同的两种电磁波的雷达)沿同一路径观测降水区,比较这两种波长的回波功率,可求出降水强度 I。

利用雷达波衰减效应测量降水的精度比较高,但此法得到的是某一路径上的平均雨强,被测路径的范围受最大可测雨强所限制。

利用反射因子测量降水,虽然精度较低,但适用范围比较广,又比较简便,因此被广泛采用。

3. 卫星云图估算降水

气象卫星从太空不同的位置对地球表面进行拍摄,大量的观测数据通过卫星传回地面工作站;再合成精美的云图照片。人们既可以接收可见光云图也可通过使用合适的感光仪器接收到其他波段的卫星照片,如红外云图。

通过卫星云图图像的形态、结构、亮度和纹理等特征,可以识别云的种、属及降水状况。可以识别大范围的云系,如螺旋状、带状、逗点状、波状、细胞状等,并用以推断锋面、温带气旋、热带风暴,高空急流等大尺度天气系统的位置和特征。根据晴空无云的区域,推断反气旋和高空高压脊的位置。也可以识别局地强风暴,如雷暴、飑线等中小尺度天气系统,若指令卫星加密探测次数(如

每隔 30min 一次),可以监测局地强风暴的活动,用以制作即时天气预报和警报。对于气象台站稀少的广阔洋面、高原、荒漠和极地地区来说,卫星云图是很珍贵的探测资料。在气象台站较密的地区,所给出的图像也较为完整系统,为其他观测方法所不能替代。

(三)水位监测

一般而言,山洪是从上游向下快速流动的,因此,对保护对象上游典型地点进行水位监测,以便为保护对象提供更好的预警信息。水位计一般分为非自动水位计和自动水位计两大类。

1. 非自动水位计

最简单的水位量测,为固定在桥墩或堤防与挡水建筑物的固定刻度水尺,经由目视方法判断水位;有时河道与两岸洪水的断面高程差异过大,无法从单一水尺测得全部水位范围,此时可将水尺竖立在不同的位置上,即分段水尺(图7-22)。该类水尺的设立,必须使得不同水尺间存有一重叠区域,且所有水尺均应使用相同的基准面。

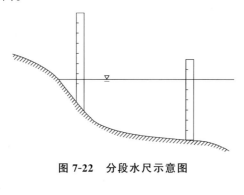

图 7-22　分段水尺示意图

2. 自动水位计

自动水位计是以机械连续记录方式,取代人工间断式记录。浮标式水位计是目前自动水位计中最常见的机型(图7-23)。此水位计是由静水井中的浮标,经由浮滑轮联结平衡重锤所组成。静水井以引水管连接河道形成通路,故河道水位升降将引致浮标位移,并传输至记录仪上。水位记录仪需置放在河道最高水位之上,以避免洪水时期遭到毁损。目前,此类改良型自动水位计已能够提供数字信号,便于洪水时期资料实时传递与分析。浮标式水位计安置于静水井的目的,在于避免浮标受水中漂浮物干扰并降低水面波的影响。为避免引水管遭泥沙或杂物堵塞,通常设有冲洗引水管的冲洗蓄水池。

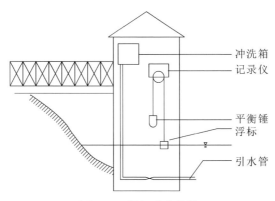

冲洗箱
记录仪
平衡锤
浮标
引水管

图 7-23　浮标式水位计

3. 视频及图像监测站

山洪灾害防治图像监测站系统(图 7-24)主要由集微功耗 RTU、DVS 图像服务器、摄像头、充电控制器、信号防雷器、蓄电池部分构成,前端安装在河道、水库周围,对河道里的水位、水库周围环境情况进行实时抓拍,并将采集到的图像数据保存下来,中心端通过流媒体服务器转发,工作人员可在后台中心通过 DVS 图像服务器调用查看,实时了解现场情况。

图 7-24　山洪视频及图像监测站装置图

二、山洪灾害预警

山洪灾害预警是基于监测降水或水位、流量等信息,在山洪灾害发生之前,针对特定危险区域及相关人员,通过电视、广播、手机、网络等媒体事先发出山洪灾害可能发生及危害程度的警示,以期采取有效措施最大限度地减轻山洪造成生命财产损失的行为。

山洪灾害预警主要有雨量预警和水位预警两种方式。按降水径流特性分为不同时段的预警指标,按重要性和紧急程度分为不同级别的预警指标。

(一)预警方式

1.雨量预警

雨量预警指通过分析山丘区沿河村落、集镇和城镇等防灾对象所在小流域不同预警时段内的临界雨量,将预警时段和临界雨量二者有机结合作为山洪预警指标的方式。临界雨量是雨量预警方式的核心信息,是指导致一个流域或区域发生山洪灾害时,场次降水量达到或超过的最小量级和强度。

雨量预警是山洪灾害预警的主要方法,临界雨量的获得大致可以分为经验估计、降水分析以及模型分析三类方法。①经验估计法是基于对小流域降水特性、地形地貌、土地利用、植被覆盖、土壤类型以及防灾对象历史山洪灾害情况和沟道过洪能力的高度熟悉和了解,根据对小流域山洪暴发与降水信息相关性的经验,确定各预警时段各级指标的临界雨量及其阈值。②在降水分析法中,雨量预警的3个关键要素为降水、土壤含水量以及流域下垫面,小流域地形地貌、土地利用、植被覆盖、土壤类型等下垫面因素相对稳定,变化因素主要为降水和土壤含水量,降水强度对山洪灾害影响最大,场次累计降水量影响次之,土壤含水量影响较大,故二者均可以通过降水信息(降水强度及时段降水)分析后得出,进而分析得出山洪发生与场次降水和前期降水某种组合值的临界关系。③模型分析法一般建立在自动监测站网和具有物理概念的流域水文模型基础上,全面考虑降水、土壤含水量、流域下垫面三大要素,采用以小流域或网格为计算单元的流域模型,计算时段划分精细,对流域内各个防灾对象控制断面的洪水过程进行模拟,分析得到更为详细和可靠的雨量预警指标信息。

2.水位预警

水位预警即通过分析防灾对象所在地上游一定距离特定地点的典型洪水位,将该洪水位作为山洪预警指标的方式。

临界水位是水位预警方式的核心参数,指防灾对象上游具有代表性和指示性地点的水位,上游洪水达到该水位的情况下,演进至下游防灾对象时,水位会达到成灾水位,可能会造成山洪灾害。

临界水位通过上下游相应水位法和成灾水位法进行分析。

(二)预警指标

预警指标即预测山洪发生时空分布的、定性与定量相结合的衡量指数或参考值,分为准备转移指标和立即转移指标两级。雨量预警指标包括时段和雨量两方面信息。

预警指标的推算,本质上是降水径流过程的逆向运算。首先,基于预警对象成灾水位对应的流量,即根据水位流量关系或者采用曼宁公式等水力学方法,将成灾水位转化为相应的流量;其次,根据暴雨洪水分析方法反向分析,推算临界雨量的有关信息,进而获得临界雨量。

如果采用降水预报等动态雨量作为输入信息,可以实时分析计算洪水过程,动态反推实际条件下的雨量预警指标,实现山洪动态预警,提高预警准确性,更具有实用性。

(三)预警平台

1. 国家级及省级气象预警平台

山洪灾害预警预报是防御山洪的重要环节,通过开展汛期提示性山洪灾害气象预报预警信息社会化服务,有助于增强公众的主动防灾避险意识,指导基层专业部门有针对性地加强山洪灾害防御工作,最大限度地减轻人员伤亡。以气象部门提供雨量信息为基础,根据水利部门的行业特点,将每日 14 时前 6h 实际雨量视作影响山洪最主要的前期雨量,并基于地区暴雨图集、水文手册等基础性资料,采用各水文分区的方法,将未来 24h 的预报雨量转化为与影响山洪更为密切的 3h 或 6h 等短历时降水信息,将前期雨量和短历时降水作为影响山洪的综合降水信息,2015 年 7 月 20 日,中央电视台天气预报节目开始了全国尺度的山洪灾害气象预警,提供社会公众服务,此外,也有一些省份开始了省级气象预警。

2. 县级防办预警平台

县级山洪灾害预警主要通过山洪灾害预警系统平台进行。绝大部分县(市、区)的预警系统数据处理及分析中心布置在县级防办,系统由前端数据采集设备、供电设备、传输设备和监控中心组成(图 7-25),前端安装在防灾对象附近的数据采集设备将采集到的降水量、水位等数据传输到监控中心,监控中心软件可以显示并分析前端设备采集的数据,当出现警情时会发出预警信息,提醒相关指挥人员做好抢险救灾工作准备。该系统的主要功能包括:①获取实时水雨情信息,及时制作、发布山洪灾害预报警报;②系统一般要求具有水雨情报汛、气象及水雨情信息查询、预报决策、预警、政务文档制作和发布、综合材料生成、值班管理等功能,并预留泥石流、滑坡灾害防治信息接口。

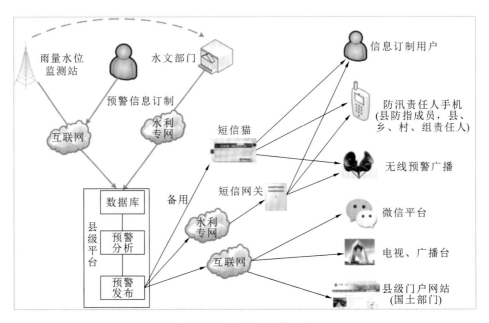

图7-25　县级山洪预警平台

3. 乡(镇)村级预警平台

在群测群防措施中,也有通过安装在村镇的简易监测预警设施进行预警的普遍做法,与县级预警平台相辅相成。根据报警所依据的信息,这些简易监测预警设施主要分为雨量告警器、水位告警器、雨量＋水位告警器三大类。

1)雨量告警器

一般由室外采集器和室内告警器两部分组成(图7-26),采用无线射频传输技术,利用磁钢激励干簧管产生脉冲收集雨量信号,通过 MCU 采集、处理雨量信息,基于 UHF 频段的最小移频键控技术将数据传输至室内报警器。实现全天候自动化采集;室内报警器实时更新接收到的雨量信息,当达到预设的告警阈值后,设备自动发出声光报警,室内告警器采用 GPRS 接入公网,实现设备和外界的数据和命令交互,通过远程平台可对设备进行远程管理、工况诊断和远程升级等功能。

（1）室外采集器。具有降水采集和降水量数据发送功能，设备采用翻斗式雨量传感器计量，有线或无线传递数据，降水强度 0～4mm/min，允许通过最大降水强度为 8mm/min；支持多种报警方式，主要有声光语音报警、短信报警、平台报警。

（2）室内告警器。具有降水量采集、监测及显示功能；支持防空音、报警音、背光、屏显等多种报警方式；具有无线通信质量自动监测、显示功能；具有电池电压、室外温度监测、显示功能；具有时钟、万年历显示功能；支持 3 年的日降水量存储；支持降水量查询。为实现预警到户，设备采用自动收转采集站数据功能的中继器来延长传输距离，可同时将实时雨量数据和预警信息单点群发到多个入户报警器、GPRS 平台、管理员手机上，具有超预警阈值自动传送预警信息的功能。

室内告警器

室外承雨器

图 7-26　雨量告警器

2）水位告警器

水位告警器可应用于江河、湖泊、水库、渠道等地的山洪灾害防治领域，对水位预设阈值进行自动监测报警(图 7-27)。水位采集器与室内报警器采用433MHz 射频传输。具有 GSM 模块、SMS/GPRS 功能,水位达到预设阈值时,自动将水位数据发送至平台号码和管理号码。室外采集器可接预警喇叭现场报警,也可以将预警信息发送至室内报警器发布声、光报警信息。简易水位报警器的投入,可很大程度减少水库、河道巡查压力,及时发布预警信息,通知涉洪区村民及时撤离。

该告警器具有三级接触式传感器水位采集、警灯报警输出、声音报警输出、远程入户报警等功能;支持报警时长设置和短信报警;具有低功耗值守功能、水位上涨速度预警机制和 GPRS 通信功能;支持 B/S 架构平台远程管理;具有白名单功能,可以设置 7 个白名单,当发生报警时,同时发送短信给管护人;具有平台查询功能,能够查询系统状态(设备电池电量、在线等);能够查询设备报警日志。

图 7-27 水位告警器

3)雨量＋水位告警器

这类告警器布设在合适的位置,既根据雨量信息告警,又根据水位信息告警(图 7-28)。

三、山洪灾害群测群防

群测群防是我国山洪灾害防治重要的非工程措施之一,指山洪灾害易发区的当地政府,组织其辖区内企、事业单位和广大人民群众,在水利、防汛主管部门和相关专业技术单位的指导下,通过责任制建立落实、防灾预案编制、简易监

图 7-28　雨量、水位及告警广播一体化(湖南省宝盖河)

测预警、宣传培训与演练等手段,实现对山洪灾害的预防、监测、预警和主动避让的防灾减灾体系,主要内容如下文。

(一)责任制建立

建立全面覆盖的县(市、区)、乡(镇、街道)、村、组、户五级山洪灾害防御群测群防组织体系与责任制体系。县(市、区)、乡(镇、街道)、村、组及有关部门各负其责,相互协作,实施山洪灾害防御工作,及时做好雨水情监测、预警信息发布、组织人员转移和抢险工作。其中在组织体系中落实各级负责人及其联络方式,建立紧急状态下监测、预警信息传输机制,形成以县(市、区)山洪灾害防御指挥部为核心,覆盖易受山洪灾害威胁全部人员的责任制体系,通过责任制体系的建设,确保监测、预警信息传递畅通,确保各级山洪灾害防御预案的启动、执行及运转顺畅有序。

(二)防灾预案编制

山洪灾害防御预案是防御山洪灾害、实施指挥决策、调度和抢险救灾的依据,是基层组织和人民群众防灾、救灾各项工作的行动指南。为有效防御山洪灾害,保证抗洪抢险工作高效有序进行,最大限度地减少人员伤亡和财产损失,杜绝群死群伤,县、乡(镇)及行政村、学校、企业等根据各自的山洪灾害防御特点、防御现状条件,分别编制县、乡、村三级山洪灾害防御预案。

(三)简易监测预警

群测群防预警信息的获取来自县、乡(镇)、村或监测点。由监测人员根据山洪灾害防御培训宣传掌握的经验、技术和监测设施观测信息,发布预警信息。县级防汛指挥部门接收群测群防监测点、乡(镇)、村的预警信息,逐级发布。各乡(镇)政府除接收县防汛部门发布或下发的预警信息,还接受群测群防监测点、村和水库、涝池监测点的预警信息。村、组接受上级部门和群测群防监测点、水库、涝池监测点的预警信息。

(四)宣传培训与演练

为更好地普及山洪灾害防御知识,提高当地居民山洪灾害意识,根据实际情况,制作宣传栏、明白卡、明白手册等,增强对山洪灾害的认识程度和防灾意识,开展宣传演练,做到当山洪发生时,积极响应防汛抗旱指挥部命令,及时转移,有效地减少山洪灾害发生后的人员伤亡。

第五节　山洪灾害防治典型工程措施

一、冲刷淘蚀防治措施——护岸

护岸工程是指为防止河流侧向侵蚀及因河道局部冲刷而造成的坍岸等灾害,使主流线偏离被冲刷地段的保护工程设施。防护措施通常有:①直接加固岸坡,在岸坡植树、种草;②抛石或砌石护岸(图7-29)。

图7-29　护岸工程

二、漫溢淹没防治措施——堤防

堤防工程是指沿河、渠、湖、海岸或行洪区、分洪区、围垦区的边缘修筑的挡水建筑物。堤防是世界上最早广为采用的一种重要防洪工程。筑堤是防御洪水泛滥,保护居民和工农业生产的主要措施。河堤约束洪水后,将洪水限制在行洪道内,使同等流量的水深增加,行洪流速增大,有利于泄洪排沙。堤防还可以抵挡风浪及抗御海潮。堤防按其修筑的位置不同,可分为河堤、江堤、湖堤、海堤以及水库、蓄滞洪区低洼地区的围堤等;按其功能可分为干堤、支堤、子堤、遥堤、隔堤、行洪堤、防洪堤、围堤(圩垸)、防浪堤等;按建筑材料可分为土堤、石堤、土石混合堤和混凝土防洪墙等(图7-30)。

图 7-30　堤防工程

三、径流引导改道措施——排洪沟

山洪排导工程指在荒溪冲积扇上,为防止山洪及泥石流冲刷与淤积灾害而修筑的排洪沟或导洪堤等建筑物(图7-31)。

图 7-31　排洪沟

四、沟道泄洪能力保障措施——疏浚清淤

挖河疏浚多被用于航道治理,包括浚深、加宽和清理现有航道,疏通河道清淤、清除水下障碍物等。

实施挖河疏浚,目的有二:①疏浚河道,增大纵比降和河流的泄沙能力,减轻河道的淤积速率,确保防洪安全;②挖沙降河,降低河床高程,保持一定水深。

利用挖河疏浚的方法,借以增加河道的输沙能力,减少河道的淤积,理顺河势(图7-32)。

图 7-32 疏浚清淤

五、堵塞物拦挡措施——栅栏

拦挡工程的作用是拦蓄山洪中的流木、树枝、大石头、泥沙以及其他较粗的杂物,以稳定沟岸并减少山洪杂物堵塞桥梁、涵洞等的危险,抑制特殊情况山洪发育及暴发规模,保护重要城镇、集镇以及重要生命干线等重要保护对象的措施(图7-33)。

图 7-33 栅栏

六、流域性保护措施——水土保持

水土保持工程是水土保持综合治理措施的重要组成部分,是指通过改变一定范围内(有限尺度)小地形(如坡改梯等平整土地的措施),拦蓄地表径流,增加土壤降水入渗,改善农业生产条件,充分利用光、温、水土资源,建立良性生态环境,减少或防止土壤侵蚀,合理开发、利用水土资源而采取的措施,以达到防淤、滞流、削峰等目的。

1. 山坡防护工程

山坡防护工程的作用在于用改变小地形的方法防止坡地水土流失,将雨水及融雪水就地拦蓄,使其渗入农田、草地或林地,减少或防止形成面径流,增加农作物、牧草以及林木可利用的土壤水分。同时,将未能就地拦蓄的坡地径流引入小型蓄水工程。在有发生重力侵蚀危险的坡地上,可以修筑排水工程或支撑建筑物防止滑坡作用。

属于山坡防护工程的措施有梯田、拦水沟埂、水平沟、水平阶、水簸箕、钱鳞坑、山坡截流沟、水窖(旱井),以及稳定斜坡下部的挡土墙等(图 7-34)。

图 7-34　山坡防护工程

2. 山沟治理工程

山沟治理工程的目的在于防止沟头前进、沟床下切、沟岸扩张，减缓沟床纵坡、调节山洪洪峰流量，减少山洪或泥石流的固体物质含量，使山洪安全排泄，对沟口冲积堆不造成灾害。

属于山沟治理工程的措施有沟头防护工程、谷坊工程，以拦截泥沙为主要目的的各种拦沙坝，以拦泥淤地、建设基本农田为目的的淤地坝及沟道护岸工程等（图 7-35）。

图 7-35　山沟治理工程

3. 山洪排导工程

山洪排导工程的作用在于防止山洪或泥石流危害沟口冲积堆上的房屋、工矿企业、道路及农田等重要的防护对象。属于山洪排导工程的有排洪沟、导流堤等（图 7-36）。

图 7-36　山洪排导工程

第六节　我国山洪灾害防治进展[①]

　　进入 21 世纪以来,我国对山洪灾害防治工作更加重视,尤其是 2010—2015 年,我国开展了全国性山洪灾害项目,是我国几次山洪灾害防治规划的具体实施,在诸多方面取得了重要进展。项目建设内容主要包括监测系统建设、预警平台建设、山洪灾害调查评价、重要山洪沟治理、群测群防等内容。该项目充分运用现代信息技术,初步构建了全国 2058 个县级山洪灾害监测预警平台,部分重点区域还将防汛计算机网络、视频延伸到乡镇;建设了国家级、省级、市级山洪灾害监测预警信息管理系统,集成和共享了各级山洪灾害防治基础信息和实时监测预警信息,使各级防汛抗旱指挥部门能够及时掌握基层山洪灾害防御动态,加强对山洪灾害防御工作的监督和管理。通过山洪灾害防治项目建设,不仅增强了基层山洪灾害防御能力,同时延伸和扩展了国家防汛抗旱指挥系统,有效提升了基层防汛信息化水平,提高了基层防汛指挥决策水平。取得的主要成果简述如下文。

一、山洪灾害调查评价

　　初步查清了我国山洪灾害的基本情况,通过开展山洪灾害调查评价,调查了山丘区 155 万个村庄,进一步明确了山洪灾害防治区的范围、人员分布、社会经济和历史山洪灾害情况;基本查清了山丘区 53 万个小流域的基本特征和暴

---

　　① 国家防汛抗旱总指挥部办公室,中国水利水电科学研究院,中国科学院水利部成都山地灾害与环境研究所.全国山洪灾害防治项目(2010—2015)总结评估报告[R].2017.

雨特性;分析了小流域暴雨洪水规律,对16万个重点沿河村落的防洪现状进行了评价,更加合理地确定了预警指标;具体划定了山洪灾害危险区,明确了各保护对象转移路线和临时避险点;形成了全国统一的山洪灾害调查评价成果数据库。

二、监测预警体系建设

基本构建了山洪灾害监测预警系统。据初步统计,建设了自动雨量、水位站5万个,图像(视频)站2.7万处,简易监测站36万个,安装报警设施、设备140万套;建立了全国2058个县的山洪灾害监测预警平台,1个国家级、7个流域机构、30个省级以及305个地市级的山洪灾害监测预警信息管理系统。

三、群测群防体系建设

初步建立了群测群防体系。落实了县、乡、村、组、户五级山洪灾害防御责任体系,编制(修订)了县、乡、村和企事业单位山洪灾害防御预案32万件;制作了警示牌、宣传栏、转移指示牌119万块,发放明白卡662万张,组织培训、演练1635万人次。

四、山洪沟治理

开展了重点山洪沟(山区河道)防洪治理试点。完成了342条重点山洪沟(山区河道)防洪治理项目,1811个行政村、45423个自然村、311万人受益。在山洪沟所在小流域初步建成了非工程措施与工程措施相结合的综合防治体系,同时也为新农村建设、人居环境改善做出了贡献。

五、效益分析

近年我国气候异常,局地暴雨强度大,山洪、泥石流、滑坡频发多发。通过初步建立的山洪灾害监测预警系统和群测群防体系,我国山洪灾害防御已基本实现"监测精准、预警及时、反应迅速、转移快捷、避险有效"的目标,提高了防汛应急能力和基层信息化水平,发挥了很好的防灾减灾效益。近年山洪灾害造成的死亡人数呈明显下降趋势(图7-37)。

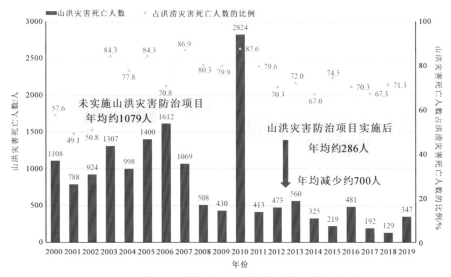

图 7-37 全国山洪灾害项目实施前后人员伤亡对比

参 考 文 献

[1] 曹叔尤,刘兴年,王文胜.山洪灾害及减灾技术[M].成都:四川科学技术出版社,2013.

[2] 国家防汛抗旱总指挥部办公室,中国科学院水利部成都山地灾害与环境研究所.山洪泥石流滑坡灾害及防治[M].北京:科学出版社.1994.

[3] 郭良,丁留谦,孙东亚,等.中国山洪灾害防御关键技术[J].水利学报,2018,49(9):1123-1136

[4] 李昌志,郭良.山洪临界雨量确定方法评述[J].中国防汛抗旱,2013,23(6):23-28

[5] 李昌志,孙东亚.山洪灾害预警指标确定方法[J].中国防汛抗旱,2012,22(9):54-56.

[6] 李光敦.水文学[M].台北:五南图书出版股份有限公司,2006.

[7] 刘荣华,刘启,张晓蕾,等.国家山洪灾害监测预警信息系统设计及应用[J].中国水利,2016(12):24-26.

[8] 刘志雨.山洪预警预报技术研究与应用[J].中国防汛抗旱,2012,22(2):

41-45.

［9］水利部水文局,南京水利科学研究院.中国暴雨统计参数图集[M].北京：
中国水利水电出版社,2006.

［10］土家祁.中国暴雨[M].北京：中国水利水电出版社,2002.

［11］徐在庸.山洪及其防治[M].北京：水利出版社,1981.

［12］张平仓,赵健,胡维忠,等.中国山洪灾害防治区划[M].武汉：长江出版
社,2009.

第八章 洪水风险图编制与应用

第一节 洪水风险图基础知识

一、洪水风险概述

我国特殊的地理和气候条件导致灾害性暴雨、洪水发生频繁,分布广泛,对经济社会发展及人民生命财产安全造成威胁。当前,我国约有 50% 的人口、80% 的资产、40% 的耕地和 90% 的大中城市受洪水威胁。

根据我国各地暴雨、洪水、地形、河流水系等自然因素,综合考虑人口分布、GDP 等经济社会因素,以及历史洪水情况,可将我国受洪水威胁的区域分为主要江河洪水威胁区、山地洪水威胁区和局地洪水威胁区。其中,主要江河洪水威胁区占国土总面积的 9%,山地洪水威胁区占 48%,局地洪水威胁区占 43%。我国不同类型洪水威胁区分布情况如图 8-1 所示。

洪水风险指洪水事件对社会经济(人、资产、社会经济活动等)和人类生存环境可能造成的损失。洪水风险由洪灾危险性、承灾体暴露性和脆弱性共同决定。位于洪水威胁下的人口、资产、社会经济活动和人类生存环境统称为承灾体,承灾体与洪水淹没程度(水深、流速、淹没历时、突发性)及其抗御洪水能力的强弱相关,而可能的损失(风险)则与洪水发生概率及该概率下相应的损失相关。国际上,将承灾体的洪水淹没程度称为暴露性,将防备、承受洪水能力的强弱程度称为脆弱性。

洪水风险为洪水概率和该概率下洪水损失的函数,而洪水损失为暴露性和

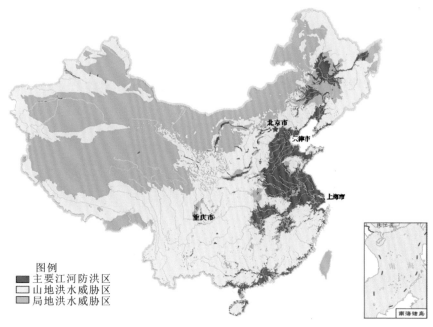

图 8-1　我国不同类型洪水威胁区域分布概要图

脆弱性的函数。洪水风险程度通常采用承灾体的洪水期望损失衡量：

$$\mathrm{FR} = \int_0^1 D\mathrm{d}p = \sum_{i=1}^n (D_i + D_{i+1})(p_i - p_{i+1})/2 \quad (i = 1,2,3,\cdots,n) \, (8\text{-}1)$$

式中，p 为洪水发生概率；D 为洪水发生概率 p 时的损失；i 为典型概率序列值。

可见，洪水风险管理不外乎采取三类方法，即降低洪灾发生的可能性、承灾体的暴露性和脆弱性。降低洪灾发生的可能性主要通过调控洪水、改变孕灾环境和洪水运动方式实现。减少承灾体的暴露性主要通过土地管理和建设管理实现。降低承灾体的脆弱性主要通过推行建筑物防水（耐水）设计建设规范和应急管理等措施实现。

二、洪水风险图定义与作用

（一）洪水风险图概念及分类

洪水风险图（flood risk maps）是直观反映洪水可能淹没区域洪水风险要素空间分布特征或洪水风险管理信息的地图。洪水风险要素包括洪水重现期（量级）、淹没范围、淹没水深、洪水流速、淹没历时、洪水前锋到达时间、受洪水影响人口、资产和洪水损失等反映洪水风险特征的指标。

国际上，通常将洪水风险图统称为洪水图，并细分为表现洪水淹没特征的洪水危险性图、表现承灾体脆弱性的脆弱性图、表现损失情况的洪水损失图、规范土地利用的洪水区划图、指导人员避险转移的避洪转移图等。

我国目前对洪水风险图有两种平行的分类方式:①根据洪水风险图表现的信息和用途,分为表现洪水风险淹没特征信息的基本洪水风险图和表现洪水管理措施的专题洪水风险图(图 8-2);②根据洪水威胁区域的特征分为防洪保护区、洪泛区、蓄滞洪区、城市、水库洪水风险图等。

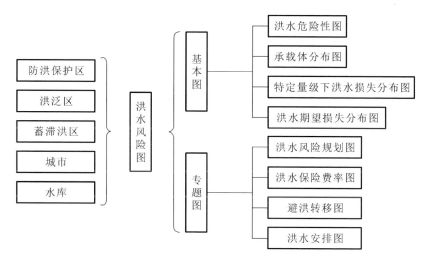

图 8-2　我国洪水风险图的分类

(1)基本洪水风险图指在基础地理信息底图(含行政区划、交通道路、居民点、防洪工程等基本图层)上表现洪水基本风险要素(危险性、承灾体、承灾体的脆弱性及其组合)空间分布的地图,包括洪水危险性图(淹没范围、淹没水深、洪水流速、淹没历时、洪水前锋到达时间图等)、不同危险程度下的各类承灾体(人口、资产或经济活动)分布图、承灾体脆弱性图、特定量级下洪水损失分布图,以及洪水期望损失分布图等。

(2)专题洪水风险图是在基本洪水风险图的基础上,结合具体防洪减灾应用需要展现专门风险管理信息或措施的地图,包括用于洪泛区土地管理的洪水风险区划图、用于洪水保险的洪水保险费率图、用于居民转移安置的避洪转移图、用于展示防御洪水方案的洪水安排图等。

(二)洪水风险图用途

编制洪水风险图是推进洪水风险管理的一项重要的基础工作,可以为编制国家、流域和区域的发展规划、土地利用规划、城乡建设规划和防洪规划,制定相关政策等提供科学支撑；可以为指导流域和区域防洪建设、防汛调度，实施、指导和强化洪水风险管理和灾害应急管理，规范和调节各类水事行为，有效减少和规避洪水风险，提高全社会洪水风险意识，实行防洪减灾社会化提供重要依据和准则。编制洪水风险图是防洪减灾领域前瞻性、战略性的基础建设，也是全国水利发展规划的重要任务之一。

洪水风险图的用途主要包括以下 5 个方面。

（1）防洪区土地管理以洪水区划图、不同频率淹没范围图为参考依据，划定禁止开发区、限制开发区，辅助城乡建设规划，引导产业合理布局和建设项目合理选址，支持洪水影响评价工作的开展，达到合理规避洪水风险、避免盲目侵占洪水风险、减轻生命财产损失的目的。

（2）洪水应急管理以避洪转移图的形式，辅助应急管理部门组织群众安全转移或引导公众采取合理的避洪转移行动；以洪水淹没范围、淹没水深、淹没历时、洪水前锋到达时间、洪水损失等图的形式，辅助有关部门制定相应的防汛应急预案，提升应急响应行动的合理性、科学性和时效性。

（3）防洪规划以各种防洪措施或其组合方案实施前后洪水淹没特征图对比的方式，既可直观评判防洪措施的减灾和保障社会经济发展的效果，提高防洪规划的合理性和有效性，又能促进决策者、规划者和社会公众对防洪措施建设必要性和可行性进行有效的沟通，达成共识，推进防洪规划的认可和审批。

（4）洪水保险以洪水保险费率图的方式，直观表现洪水淹没特征、资产类型与保险费率之间的关系，保证洪水保险的合理、公正，推进洪水保险制度的实施，同时激励资产所有者采取合理的措施，提高资产防洪性能，规避洪水。

（5）公众风险意识提高以简明易懂的方式发布洪水风险图，公示洪水风险，宣传洪水风险和减灾知识，提高公众的洪水风险意识，促进公众自觉、合理地采取减轻风险、规避风险的行动，推动防洪减灾的社会化和全民化。

第二节　我国洪水风险图编制概况

自 20 世纪 50 年代起，美国、欧洲、澳大利亚和日本等国相继开展了洪水风险图的编制工作，并将其广泛应用于土地管理、防洪应急响应、洪水保险、公众洪水风险意识普及等领域。目前，在这些国家洪水风险图已经成为执行相关法律、促进防洪减灾社会化与提高决策科学化水平的基础信息，对于推进洪水风险管理发挥了巨大的作用。

我国自 20 世纪 80 年代开始洪水风险图编制方法、技术和表现形式的研究和探索。进入 21 世纪，我国积极实践"由控制洪水向洪水管理转变"的治水新思路，从建立洪水风险管理制度入手，积极推进洪水风险管理。面对严峻的防洪形势和难以利用工程手段消除洪水危害的现实情况，编制洪水风险图并将其应用到洪水风险管理实践中，对于提高我国防洪减灾能力、减轻或避免生命财产损失，具有非常重要的意义。

一、我国洪水风险图编制历程

我国洪水风险图编制从试点到推广至重点地区，大致经历过 4 个阶段，如表 8-1 所示，具体说明如下。

表 8-1　我国洪水风险图编制应用概况

时期	主要工作
20 世纪 80 年代	学习国外经验；研究编制方法技术
20 世纪 90 年代	勾绘淹没范围；新技术应用及地方探索
2004—2011 年	进行编制试点；构建技术规范体系
2013 年至今	全面开展编制；进行应用试点

（一）试点编制

1984 年，中国水利水电科学研究院与水利部海河水利委员会合作开发了永定河泛区二维非恒定流洪水数值模拟模型，进行了永定河泛区洪水演进计算和分析，并据此绘制了我国第一张洪水风险图。1997 年水利部组织各流域机构，根据历史洪水资料，勾绘了主要江河洪水淹没范围，下发了《洪水风险图制作纲要》，并安排了北江大堤保护区和荆江蓄滞洪区两个试点研究项目，首次将 GIS 用于洪水风险图的制作。2005 年，水利部颁布了《洪水风险图编制导则（试行）》，2004—2011 年先后安排了 3 期试点，选择了典型防洪保护区、蓄滞洪区、城市、水库、洪泛区和中小河流编制洪水风险图。

试点编制研究提出了分类洪水风险图编制技术方法和要求，建立了洪水风险图编制与应用的规章制度和技术标准,开发了标准化的洪水风险分析软件和通用化的洪水风险图绘制、管理和应用系统,提出了山丘区洪水风险图、风暴潮洪水风险图编制技术方法,探讨了洪水风险图在防汛抢险应急决策、避洪转移、城市防洪、洪水保险等领域的应用方式,先后选择了 20 个和 30 个典型区域,就防洪保护区、洪泛区、蓄滞洪区、城市、水库、山洪沟和中小河流编制了洪水风险图,并将其分别集成到全国和相应流域的洪水风险图管理与应用系统之中,为我国洪水风险图的规范化编制奠定了良好的基础。

(二)全国重点地区洪水风险图编制

2013 年,根据《全国中小河流治理和病险水库除险加固、山洪地质灾害防御和综合治理总体规划》,在前期实施的山洪灾害防治县级非工程措施项目的基础上,水利部启动了全国重点地区洪水风险图编制项目。截至 2016 年底,全国重点地区洪水风险图编制任务基本完成,取得了以下成果。

(1)完成我国主要江河防洪保护区、洪泛区、蓄滞洪区等重点防洪区的洪水风险图编制,项目总覆盖范围约 49.6 万 km²,约占全国需编制洪水风险图区域总面积的 48%。项目涵盖防洪保护区 227 处、面积 40.81 万 km²,国家重要和一般蓄滞洪区 78 处、面积 2.9 万 km²,主要江河中下游洪泛区 26 处、面积 0.88 万 km²,45 座重点和重要防洪城市(全国重点和重要防洪城市总数 85 座)、面积 1.33 万 km²,中小河流 198 条、河长 2700km。据不完全统计,项目针对洪水风险图编制对象构建的洪水分析和损失评估模型有 2000 余个,拟定的洪水风险分析计算方案 3 万多个,绘制完成洪水风险图图件近 10 万张。

(2)在借鉴国外经验和我国已有成果基础上,制定、修订了《洪水风险图编制技术细则(试行)》《避洪转移图编制技术要求(试行)》《洪水风险图地图数据分类、编码与数据表结构要求(试行)》《洪水风险图编制技术要求》《洪水风险图编制成果提交要求(试行)》等 10 余个技术文件,以及《全国重点地区洪水风险图编制项目审查验收管理办法(试行)》《洪水风险图编制费用测算方法(试行)》和《洪水风险图应用与管理办法》等多个管理方面的规范性文件,在技术规范和项目管理制度层面保证了全国重点地区洪水风险图编制工作的顺利实施。

(3)项目研发了一维水动力学模型、二维水动力学模型、管网模型、一二维耦合模型、地表一二维与地下管网耦合模型,以及与之相应的前后处理模块等专业软件,形成了涵盖河道洪水、溃坝洪水、内涝和风暴潮等多种洪涝类型的洪水分析软件,开发了洪水影响分析与洪水损失评估模型和基于 GIS 数据模型驱动的洪水风险图绘制通用系统,填补了我国洪水计算网格自动剖分、多种流态洪水算法、不同维度洪水分析算法耦合,以及洪水实时分析与洪水演进同步动态展示、水利自动制图等方面的技术空白,形成了与国外同类软件水平相当、覆盖所有洪水类型的通用化洪水风险分析和洪水风险图绘制的自主软件体系,显著提升了我国洪水分析软件的竞争力,为水利专业软件产业化创造了良好条件。

二、政策法规保障体系

自 20 世纪 80 年代起,国家和行业部门制定了一系列的法律、法规、规章、规划和规范,不断推进与强化洪水风险管理制度的建立和洪水风险图的编制与应用。

(一)相关政策法规

《防洪法》第 33 条要求对洪泛区、蓄滞洪区内的工程建设项目开展洪水影响评价,第 47 条明确提出国家鼓励、扶持开展洪水保险。洪水风险图是开展洪水影响评价和洪水保险的基础性工作。

2006 年国务院发布的《国家防汛抗旱应急预案》明确规定"各级防汛抗旱指挥机构应组织工程技术人员,研究绘制本地区的城市洪水风险图、蓄滞洪区洪水风险图、流域洪水风险图、山洪灾害风险图、水库洪水风险图和干旱风险图"。

2011 年中央一号文件要求建立防洪抗旱体系,加强防洪非工程措施的建设,严格执行洪水影响评价制度。洪水风险图是防洪体系建设的重要信息支撑,是防洪非工程措施的重要内容,是洪水影响评价的基础依据。

《国务院关于切实加强中小河流治理和山洪地质灾害防治的若干意见》明确要求建立洪水风险管理制度,洪水风险图是建立该制度的基础。

(二)相关规划

国务院批复的各大流域防洪规划,都将洪水风险图的编制作为重要的非工程措施建设内容。

《国家综合防灾减灾规划(2011—2015 年)》要求"建立国家自然灾害综合风险制图标准规范体系和技术体系,编制全国、省、市及灾害频发易发区县级行政单元自然灾害风险图和自然灾害综合区划图,建立风险信息更新、分析评估和产品服务机制。编制全国、省级、地市及灾害频发易发区县级自然灾害风险图，为中央和地方各级政府制定区域发展规划、自然灾害防治、应急抢险救灾、重大工程项目建设等提供科学依据。"

《全国中小河流治理和病险水库除险加固、山洪地质灾害防御和综合整治总体规划》中明确要求"选择基础条件较好的防洪保护区、蓄滞洪区及重点防洪城市，编制不同量级洪水的洪水风险图，开展洪水风险区划；编制洪水避难转移图，开展洪水风险意识宣传和培训。"

(三)相关标准规范

为有效指导和规范洪水风险图编制工作，2004 年国家防办组织编制了《洪水风险图编制导则(试行)》，2005 年颁布了《洪水风险图编制导则(试行)》，2010 年正式发布了水利行业标准《洪水风险图编制导则》。为完善洪水风险图编制技术体系，增强洪水风险图编制的前瞻性、科学性、实用性和可操作性，根据水利部水利行业标准制修订计划安排，在总结各地洪水风险图编制及应用实践经验基础上，融合防洪减灾风险管理理念和方法等，中国水利水电科学研究院于2014 年 6 月启动《洪水风险图编制导则(试行)》修订工作，标准已于 2017 年 2 月由水利部颁布实施。

当前，洪水风险图编制相关的标准规范主要有《洪水风险图编制导则》《洪水风险图编制技术细则(试行)》《防洪标准》《水利工程水利计算规范》《防汛抗旱用图图式》《地图印刷规范》等。

第三节   洪水风险图编制技术体系

基本洪水风险图的编制包括洪水来源分析确定、洪水量级选取、基础资料整编、洪水分析计算、计算结果合理性分析、洪水风险图绘制等内容。专题洪水风险图编制包括避洪转移图编制、洪水区划图编制等。

一、基本洪水风险图编制

(一)洪水来源分析确定

洪水来源分析确定亦称洪水风险源辨识，其目的是明确需纳入洪水风险图编制的洪水来源及其泛滥方式和影响程度。洪水风险图编制涉及的洪水类型包括河道洪水(含溃坝洪水)、暴雨内涝和海岸洪水(风暴潮、海啸、海平面上升等)。

内陆河道周边区域,可能的洪水来源包括流经该区域的干支流洪水、城市暴雨内涝、上游水库异常泄洪或溃坝洪水,而北方河流还有可能受冰凌洪水的威胁。沿海地区,其洪水来源除河道洪水和当地暴雨外,还可能面临风暴潮、海啸或海平面上升的威胁。天然状态下,受自然地形约束,洪水多以上涨漫流形态泛滥,淹没低于最高洪水位的地带;有堤防保护的地区,洪水则存在堤防溃决、人为开闸(扒口)分洪、溢流漫堤等泛滥形态。

(二)洪水量级选取

洪水量级选取包括 3 个方面的内容:最大量级洪水选取、起始量级洪水确定和洪水量级等别确定。

(1)最大量级洪水的确定取决于洪水风险图的用途。用于常规洪水风险管理,如土地管理、洪水保险等的洪水风险图,最大量级洪水宜为同一值,如 100 年一遇洪水(风暴潮和暴雨)。对于医院、学校、重要交通枢纽等特殊防洪对象,一般选择更高量级,如 500 年一遇洪水。用于工程规划建设和应急管理的洪水风险图,则需根据具体情况合理选择,如水库和堤防建设选择设计标准或超标准洪水,应急预案编制选择防御对象洪水或超标准洪水等。

(2)起始量级洪水的确定取决于编制区域的防洪排涝工程状况。有防洪排涝工程保护的地区,起始洪水量级通常选择与现状防洪排涝标准一致。有时,考虑到工程可能因隐患在未达标准情况下失效,起始量级可较现状标准低一个等级,如现状防洪标准为 50 年一遇,起始洪水量级取为 20 年一遇洪水。无工程保护的地区,起始洪水量级常选择 2 年一遇洪水。

(3)用于洪水风险图编制的洪水等级通常按 2、5、10、20、50、100、200 和 500 年一遇等间隔划分。有些地区根据其洪水特点或防洪工程现状,可能会选取某些特定量级的洪水开展分析计算,编制洪水风险图,如 30 年一遇洪水或历史典型洪水等。

(三)基础资料整理

洪水风险图编制所需的基础资料包括基础地理信息、水文资料、构筑物及工程调度资料、社会经济数据和洪涝灾害资料等。资料收集后,需要根据实际需要对资料进行合理性和完备性检查。

(1)基础地理信息。主要包括等高线、高程点、DEM地形数据、流域水系(涉及范围内的主要干流、支流)、行政区划、交通路网和土地利用等。根据洪水风险图的应用目的,不同比例尺的基础地理信息图应满足相应的精度要求。

(2)水文资料。主要指降水、测站水位过程、流量过程、水位-流量关系、设计洪水资料、河道地形图及断面图;对于防潮区,还需收集设计潮位、最高潮位、潮位过程线等资料。对于河道泛滥洪水,所需水文资料有河道上游设计洪水过程、历史典型洪水过程、水位-流量关系(若下游近海取潮位过程)。对于暴雨内涝分析,所需水文资料包括不同频率的设计降水过程、历史典型暴雨实测降水过程及其空间分布,内涝外排河道上游水文站点的设计流量和实测流量过程及下游站点的水位-流量关系等。对于风暴潮洪水分析,所需的水文资料为不同频率的设计潮位过程、历史典型风暴潮实测潮位过程等。历史洪水资料主要用于参数的确定和模型的验证,内容包括历史典型洪水各测站(暴雨)过程、河道沿程及淹没区实测(或调查)最高水位(或洪痕)和淹没范围等。

(3)构筑物及工程调度资料。构筑物资料主要指影响洪水运动特性的工程及建筑物资料,包括大坝、堤防、分洪退水闸门、拦河闸坝、溢流堰、桥梁、涵洞、渠道等工程以及高出地面的线状地物等的基本参数和位置(坐标)等。工程调度资料主要包括人为控制的、可能临时改变洪水运动状态的水库、闸坝、泵站、应急扒口分洪等的常规和应急调度运用方式和调度运用规则。对于水库,其调度资料包括标准内各频率洪水和超标准洪水的调度规则和泄流过程;对于闸门,其调度资料为针对各量级洪水的调度规则和启闭过程;对于可调节的拦河坝(翻板坝、橡胶坝等),其调度资料为调度运用规则;对于泵站,其调度资料为开关规则和抽排流量过程;对于应急扒口分洪,其调度资料为扒口顺序、扒口时机和口门尺寸等。

(4)洪涝灾害资料。主要指编制区域历史洪水、内涝、风暴潮等造成的淹没、灾情和损失数据,用于损失率的确定和损失评估结果的验证。主要包括以各级行政单元为单位的淹没情况和洪水损失统计数据、洪水保险理赔数据,各种资产类型的淹没情况、灾情损失数据,特征点的淹没情况、灾情损失数据,人员伤亡数据,以及水、电、交通中断时间和企业停产时间等。

(5)社会经济数据。用于洪水影响统计分析、洪水损失评估和避洪转移分析,主要包括行政区域界限、面积、人口、固定资产、基础设施、耕地面积、地区生产总值、工业总产值和农业总产值等基本统计指标。我国发布《统计年鉴》的最小行政单元为县级，乡镇以下行政单元的社会经济统计数据则需通过调查获取。

（四）洪水分析计算

1. 洪水分析方法

洪水分析涉及设计洪水计算、区间产汇流计算和泛滥洪水分析等。洪水分析方法的选择取决于编制区域自然地理和洪水特征，以及现有资料情况。

编制有防洪规划或建有水库、堤防的河流（或河段）时，通常在河流沿程控制断面有设计洪水成果，经复核可采用已有设计洪水成果。无设计洪水时，则需根据控制断面实测流量资料，按照现行规范计算设计洪水；实测资料系列长度不足时，则需基于设计暴雨成果推求设计洪水；降水资料缺乏的，可参照当地水文手册推求设计暴雨。内涝编制区域无设计暴雨的，采取现行规范规定的方法推求设计暴雨。风暴潮编制范围无设计潮位时，根据当地潮位站实测资料，按照现行规范规定的方法推求设计潮位。

河道洪水（含溃坝洪水）编制区域内的泛滥洪水流向与河道走向基本一致时（即顺流型泛滥，多发生在山丘区河流），宜采用一维水力学分析方法，对于山丘区中小河流，也可采用恒定非均匀流方法计算洪峰流量下的淹没情况。泛滥洪水流向与河道走向不一致时（即扩散型泛滥，如平原地区溃堤或漫堤洪水或出山口处的漫流洪水），宜采用河道一维与泛滥区二维耦合或整体二维水力学分析方法。面积较小的河道外封闭区域，可采用河道一维水力学和封闭区域水量平衡计算相结合的方法计算淹没情况。

内涝计算采用水文、水力学相结合的分析方法。当内涝编制区域为城市且排水管网数据完备时，采用地表水流与管网水流耦合分析方法（图 8-3）。面积较小且封闭的农田内涝编制区域可采用水文学和水量平衡相结合的方法。

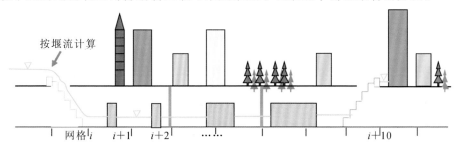

图 8-3 城市地表水与管网水流耦合模型示意图

水库库区淹没,视水库形态采取相应的分析方法:库区沿程水面比降变化明显的河道型水库,采用水力学方法,库区范围内水位无明显差异的湖泊型水库库区,可将库区水面视为水平,根据水库坝址水位,利用库区地形资料直接勾绘淹没范围、确定库区淹没情况。

风暴潮编制区域的洪水计算采用二维水力学方法。潮位资料不足的区域,需采用海域风暴潮分析模型与陆地二维水力学模型耦合的方法计算风暴潮淹没情况。

2. 计算方案设计

有堤防的河道洪水计算方案为包括河道洪水量级,其他来源洪水的组合(量级与过程)方式,溃口(分洪)位置、口门尺寸、溃决(分洪)阈值、溃口发展过程,相关工程调度规则等因素的组合。暴雨内涝计算方案为暴雨量级、其他来源洪水的组合(量级与过程)方式、相关工程调度规则等因素的组合。

有海堤的风暴潮洪水计算方案为风暴潮量级,海堤溃口位置、口门尺寸、溃决阈值和溃口发展过程,其他来源洪水的组合(量级与过程)方式,相关工程调度规则等因素的组合。无海堤或仅考虑海堤漫溢的风暴潮洪水计算方案为风暴潮量级、其他来源洪水的组合(量级与过程)方式、相关工程调度规则等因素的组合。

3. 边界条件设置

河道洪水计算的上边界条件采用设计洪水或实测洪水的流量过程,下边界条件宜为出流控制断面的水位-流量关系或下游控制性工程(闸、堰等)的出流计算公式。暴雨内涝计算的上边界条件为设计或实测暴雨过程,下边界条件除外排河道出流控制断面的水位-流量关系外,还包括其他排水设施的出流过程。风暴潮洪水计算的边界条件为设计或实测风暴潮潮位过程;无设计和实测风暴潮潮位过程的,计算边界条件应为海域风暴潮分析模型计算范围的台风风场、压力场。

4. 工程过流

溃堤或漫堤流量过程采用堰流公式计算,对于与水流方向不垂直的堤防,采用侧堰出流公式计算溃决流量;对于水库大坝溃决,根据大坝溃决形式(瞬溃或逐渐溃决),采用相应的计算公式确定溃坝流量过程。

对于计算范围内的桥梁、堰坝、涵洞、闸门等建筑物,根据其形态,参照水力计算手册采用相应的计算公式计算出流流量过程。计算范围内高于地面的线状地物(道路、堤防等),当泛滥洪水达到其顶高程时,按漫溢方式,采用堰流公式计算漫溢流量过程。对于计算范围内的河渠、低于地面的道路,根据实际情况分别进行合理概化,反映其导流、输水特性。对于计算范围内洪水期间需进行人为调度运用的工程,根据其调度运用规则或实际调度运用情况,模拟其调度运用过程,采用适宜的公式计算过流流量。对于计算范围内有地下排水管网,但不足以支撑建立管网计算模型时,可根据当地排水管网特征,建立概化处理及近似计算方法计算管道入流及出流过程。

5. 计算断面及计算网格

河道一维洪水模拟计算的实测断面间距应与河宽相当。河道形态变化不大的顺直河段或人工河渠,实测断面间距可适当加大,并根据计算需要插值加密计算断面;河道形态沿程变化显著或城镇所在的河段应适当加密实测断面,跨河建筑物上下游应设置实测断面,河道汇流或分流处应设置相应的实测断面。

二维模型(图 8-4)计算网格边长一般小于 200m,地形起伏变化明显区域或大型构筑物周边的网格需适当加密,城市区域二维模型计算网格边长一般小于 100m,城市干道的网格边长不大于道路宽度,并沿道路走向布置。

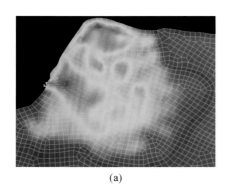
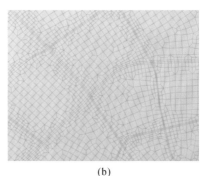

(a) (b)

图 8-4 网格剖分与洪水分析模型构建示意图

6. 模型耦合

一、二维耦合模型,地表水流与地下管网水流耦合模型,根据耦合边界的水流交换形态,合理确定耦合方式(图 8-5)和水流交换计算方法。

7. 模型率定验证

采用实测或调查洪水资料,进行模型参数率定和模型验证。用于模型参数率定和模型验证的实际洪水资料包括:相关测站或观测点的实测水位过程、流量过程、降水过程,计算范围内的洪痕、洪水淹没范围,特征点的淹没水深、洪水到达时间、洪水淹没历时,溃口形态和溃口发展过程,实际防洪排涝调度方式,

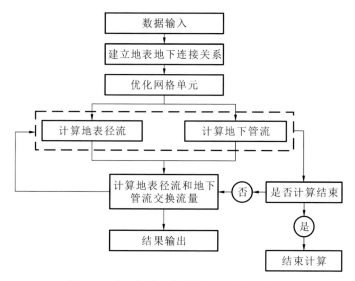

图 8-5　地面与地下排水管网耦合的示意图

出流(退水)位置、方式和形态等。

(五)洪水计算结果合理性分析

绘制河道断面水位-流量过程线、河道水面线、溃口流量过程线、溃口上下游水位过程线、泛滥区特征点水位过程线、泛滥区流场图、洪水到达时间等值线、桥涵过流及线状地物溢流流量过程线、淹没范围图等,以此为参照,通过流入和流出水量差是否等于计算范围内蓄水量、水位过程和流量过程是否出现震荡、流场分布是否出现异常、是否能合理反映线状地物阻水特征、内部河渠导水行洪等特征方面分析和判断洪水计算结果的合理性。

(六)洪水风险图绘制

基本洪水风险图包含基础地理信息、水利工程信息、洪水风险要素及其他相关信息。基础地理信息包括行政区界、居民地、主要河流、湖泊、主要交通道路、桥梁、医院、学校以及供水、供气、输变电等基础设施等。水利工程信息包括水文测站、水库、堤防、跨河工程、水闸、泵站等工程信息。洪水风险要素包括淹没范围、淹没水深、洪水流速、到达时间、淹没历时、洪水损失等。其他相关信息,包括方案说明、洪水淹没区内的人口和资产、土地利用等社会经济特征的空间分布信息,以及反映防洪措施特征或与洪水风险的产生、计算、管理相关的延伸信息。

洪水风险要素信息表现包括如下几点。①淹没范围图表现不同量级洪水淹没范围及其差别的地图。我国《洪水风险图编制导则》将 5、10、20、50、100 年及以上频率洪水的淹没范围,采用蓝色系的 5 个等级分别表示。②淹没水深图表示某一量级洪水淹没最大水深分布情况。淹没水深分级标准定:<0.5m、0.5~1.0m、1.0~2.0m、2.0~3.0m 和>3m。对于城市暴雨积水,淹没水深分级标准:<0.3m、0.3~0.5m、0.5~1.0m、1.0~2.0m 和>2.0m。③淹没历时图表示受某一量级洪水泛滥区域内各地点淹没的时长。分级标准定:<12h、12~24h、1~3d、3~7d 和>7d。将城市暴雨积水历时分级标准定:<1h、1~3h、3~6h、6~12h 和>12h。④洪水到达时间图洪水前锋到达淹没区各点所需的时长,分级标准定:<3h、3~6h、6~24h、24h~2d 和>2d。⑤洪水影响与洪水损失图表现资产或人口受洪水淹没影响程度的地图,或称洪水暴露性图。

(七)基本洪水风险图实例

虽然洪水风险分析的方法、基本洪水风险图的类型、洪水风险图表现的信息和表现的图形要素世界各国基本相同,但洪水风险图的具体表现形式(图式)目前尚无统一的国际标准,各国均根据需要和习惯绘制洪水风险图。

二、专题洪水风险图编制

(一)避洪转移图编制

1.避洪转移图含义

避洪转移图的是在洪水分析计算或历史洪水调查分析的基础上,综合统筹和分析受洪水影响区域内人口、道路、地形与安置条件等因素,明确标示危险区、风险居民点、安置区域分布、转移路线及转移安置次序等避险信息的专题洪水风险图。

2.避洪转移图编制流程

避洪转移图的编制流程包括洪水危险区划定、避洪单元及避洪人口确定、避洪安置方式确定、转移路线或方向确定、避洪转移图绘制等环节。

洪水危险区指洪水可能淹没或围困,需采取避洪转移措施的区域。避洪单元指处于洪水危险区内,进行避洪转移分析时选取的最小行政单元或居民聚集点(如乡镇、行政村、自然村、居民点等)。避洪安置方式分为就地安置和异地安置两类,根据洪水淹没情况,就地安置又可以分为过水区和围困区的就地安置。对于异地转移安置,在参考当地防汛应急预案基础上,根据转移人口数量,按照安全、就近和充分容纳转移人口的原则,兼顾行政隶属关系,确定转移单元和安置区的对应关系及转移路线或转移方向。路网数据完备且具备道路通量信息时,按照时间最短原则建立路径分析模型,分析确定效率最优的转移路线。路网数据主要包括道路、节点、流向等要素,如图8-6所示。

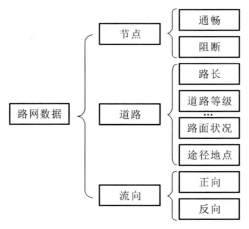

图8-6 路网数据要素

3. 避洪转移图实例

避洪转移图表现的信息和表现的图形要素世界各国基本相同,但其具体表现形式(图式)目前尚无统一的国际标准,各国均根据需要和习惯绘制洪水风险图,日本洪水风险图制作的目的主要为引导居民避洪转移,其避洪转移图制作相对更为完善。

(二)洪水区划图编制

1. 洪水区划用途

洪水区划是指出于特定的洪水风险管理目的,将拟推行相应的洪水风险管理措施的洪水可能淹没区根据危险或风险等级所做的区域划分。洪水区划图通过以下方式发挥洪水风险管理作用:①政府根据洪水区划结果,通过制定法规划定禁止开发区、限制开发区,规范土地的利用行为,避免不合理的土地开发,从而减少洪水灾害损失和影响;②辅助政府相关部门根据洪水区划,制定洪水风险管理规划或防洪规划,评价规划的预期减灾效果,评估已有洪水风险管理措施(防洪措施)的效益;③公示洪水区划图,使公众、投资者和开发者了解可能的洪水风险程度,引导其自发采取规避洪水风险的措施和行为;④辅助政府相关部门制定土地利用规划、城乡建设规划和产业发展规划,促进社会经济的健康发展;⑤支撑国家洪水保险制度的推行,或辅助保险企业开展洪水保险业务。

2. 洪水区划指标

洪水区划标准指洪水区划等级临界值所对应的区划指标值。例如,以洪水淹没频率作为区划指标时,美国将 100 年一遇洪水淹没区先划分为两个区域,行洪道(floodway)和可开发区(encrochment),前者相当于禁止开发区的范围,行洪道的划界方法:先计算确定 100 年一遇洪水淹没范围,然后将其两岸边界相向缩窄,直至缩窄后河道的水面线水位增高幅度达到某一预设的允许阈值,此时的河道范围即为行洪道,该水位增高阈值由当地政府决定,美国联邦应急管理署(FEMA)设定的最大容许值为 1ft。英国将淹没频率高于 1.3%(约 75 年一遇)的区域划为高危险区,淹没频率在1.3%~0.5%(75~200 年一遇)的区域划为中等危险区,淹没频率低于 0.5%(200 年一遇)的区域划为低危险区。以洪水的致灾强度(如水深或水深与流速的某种组合)和频率两个洪水特征作为区划指标时,将洪水强度值与洪水发生频率值的组合达到某一特定阈值作为划分不同洪水风险等级标准,例如,瑞士洪水危险等级划分标准如图 8-7 所示:对于所有频率的洪水,当水深大于 2m,则为高危险区,对于发生频率大于 30 年一遇的洪水,则位于斜线 $h=0.5+0.05p$ 以上的区域为高危险区;位于斜线 $h=-2/9+(2/270)p$ 以下的区域为低危险区,而上述几条线所夹的区域为中度危险区。

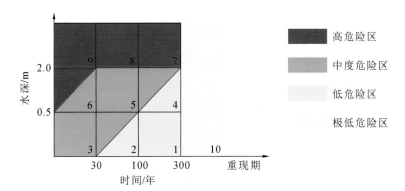

图 8-7 瑞士的洪水风险区划等级及其划分标准图示

第四节　洪水风险图应用案例

当前,我国的洪水风险图成果已初步应用于防洪决策、防洪规划、预案制订、应急抢险、转移迁安、蓄滞洪区补偿、洪水影响评价、公众警示教育和洪水保险等方面,取得了良好的减灾效果和社会效益。

一、洪水风险图支撑防洪决策

1. 纳入防汛指挥系统

北京、上海、浙江、江苏、安徽、河南等省市将洪水风险分析模型和风险图成果纳入省级防汛指挥系统,为防洪决策提供科学支撑。

2. 上海市洪水风险图实时分析系统

上海市利用洪水风险图编制成果,结合现有信息化条件和数据库服务平台,选择中心城区及浦东区的部分区域开展实时动态洪水风险图编制试点应用,开发了"上海市洪水风险图制作与管理系统"。上海市中心城区实时洪水风险图应用系统涉及蕴南片、嘉宝北片、淀北片、淀南片和浦东片五个水利分片,是上海市人口资产最为密集的区域,总面积 2066km²。

系统以上海市中心城区及浦东片防汛风险分析模型为核心模块,通过与外部的气象精细化暴雨定量预报数据库、自动雨量站实时监测数据库及实时水情数据库相关联,实现了对城市暴雨、河道洪水和风暴潮等淹没分布的实时预报计算、历史方案计算和设计方案计算,模拟和预测城市洪暴潮灾害的有关特征数据,如淹没的空间分布、水深分布、淹没面积和淹没历时等,实现了模型输入条件、输出结果的可视化,淹没分析结果的图形化及淹没过程动态化展示,并可根据模拟结果制作区域和道路的洪水风险图,对相关洪水风险信息进行查询和统计分析,为上海市防汛风险的实时动态分析和防汛指挥调度预警决策提供了重要工具。

二、洪水风险图支撑防洪规划

1. 支撑北京市副中心防洪规划

北京市利用洪水分析模型计算了温潮减河和运潮减河设计洪水过程,为通州城市副中心防洪规划、蓄滞洪区规划提供了支撑。计算结果显示：将 100 年一遇洪水模拟结果与《北三河系防洪规划》设计标准对比，北关拦河闸北关枢纽来洪总量超过设计标准 4076 万 m³。为将北三河防洪标准提升至 100 年一遇，建议上游修建蓄滞洪区，蓄滞超额洪量（图 8-8）。

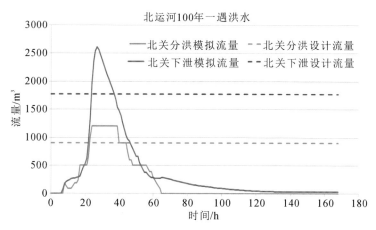

图 8-8　北京市副中心防洪规划的洪水计算示意图

2. 广西壮族自治区郁江段防洪工程效益分析

广西壮族自治区根据郁江段洪水风险图已搭建的洪水分析模型，模拟计算了新建防洪工程对洪水可能产生的影响，并对西江干流整治中贵港城区铁路桥至沙冲段堤防建设进行了防洪工程效益分析。

铁路桥至沙冲段堤防全长 12.3km，堤顶高程为 49.51～48.58m，将该堤防采用线状阻水建筑物的形式添加到模型中，计算确定了该段堤防的有效保护范围。经计算，该段堤防建成后，可有效减轻堤防内的洪水威胁，当贵港城区段遭遇 50 年一遇洪水时，堤防保护范围内基本不受到洪水影响，可减少淹没面积约 18km²，保护人口约 10 万人，工程效益显著。

三、洪水风险图支撑应急抢险

1. 湖南省新华垸蓄滞洪区应急抢险

新华垸位于湖南省岳阳市华容县境内，为国家重要蓄滞洪区——钱粮湖垸的一个内垸，垸内总面积 42.8km²，设计蓄洪水位 33.06m（85 黄海高程），相应蓄洪量 1.88 亿 m³。2016 年 7 月 10 日 10 时 57 分，新华垸红旗闸发生内溃，溃口时外河水位 33.39m，超保证水位 0.15m，溃口在半小时内迅速发展至 10m，洪水不断涌入新华垸内。新华垸溃决后,利用钱粮湖蓄滞洪区洪水分析模型,在2h内计算出溃决后6h、8h、12h、24h、36h、48h淹没范围和水深图,湖南防办根据该成果进行实时调度,分区域、分批次组织人员转移,实现了人员零伤亡。

2.武汉市城市防汛排涝

2016年6月30日—7月6日,武汉城区时段降水量达592.3mm,为有记录以来最大值。7月14日,预报未来几日又将发生300mm左右降水。为了预判城区渍涝风险,武汉市利用城市洪水风险图模型,紧急制定了基于当前(7月14日)湖泊水位条件下,再降100mm、200mm、300mm等工况条件下的淹没风险图,及时获取淹没范围、淹没水深、涉及区域范围和人口等有关风险信息,为武汉市洪山区、江夏区、高新区及武昌区防指提早组织开展群众转移安置工作提供风险预判及决策技术支持。

主汛期过后,针对武汉市排水设施暴露出一些薄弱环节和问题,充分利用洪水风险图编织项目成果及时开展总结分析,组织武汉市水务科学研究院等技术力量开展排水分析和灾后重建项目策划。汛后利用洪水风险分析模型进行分析计算,为排水骨干系统升级改造提供规划依据。

四、支撑洪水影响评价

郑济铁路沿途跨越白寺坡、长虹渠和柳围坡3个滞洪区和卫河等17条骨干河道。河南省利用2014年度白寺坡、长虹渠和柳围坡3个蓄滞洪区洪水风险图编制成果,开展郑济铁路跨滞洪区项目洪水影响评价,对于项目的批复提供了有力技术支撑。

在郑济铁路跨滞洪区防洪影响评价项目中,一是直接利用滞洪区现状工况下不同频率洪水位、流速、淹没水深等洪水风险图成果,开展各频率洪水对郑济铁路的可能影响分析;二是采用构建的二维模型,将拟建高铁桥梁以"桥墩"形式加入模型进行洪水演进计算,分析计算新建工程对洪水可能产生的影响及工程受洪水的影响。计算结果显示,白寺坡滞洪区内各方案高铁桥建设后,高铁桥沿线最大淹没水深发生在规划100年一遇方案中,其最高水位62.44m,最大淹没水深3.6m,高铁桥沿线最长淹没历时在18d以上;长虹渠滞洪区内高铁桥沿线最大淹没水深发生在现状20年一遇方案中,其最高水位64.59m,最大淹没水深5.6m,高铁桥沿线最长淹没历时13d;柳围坡滞洪区内高铁桥沿线最大淹没水深发生在规划 100 年一遇方案中,其最高水位 65.22m,最大淹没水深 3.6m,高铁桥沿线最长淹没历时在 7d 以上。高铁的修建,在蓄滞洪区分洪时,相互影响不大。

五、蓄滞洪区运用补偿核查

安徽省荒草二圩、荒草三圩蓄滞洪区位于滁河中游,两圩面积 11.4km²,有效蓄洪容积 5800 万 m³。2015 年 6 月下旬,受强降水过程影响,滁河干流水位迅猛上涨,全线超警戒水位。按照《滁河洪水调度方案》的有关规定,安徽省防指于 27 日 23 时下达转移命令,28 日 4 时全部人员和重要财产已转移至安全地带,蓄滞洪区具备了分洪运用条件。5 时 30 分,襄河口闸超保证水位 0.77m,滁河部分圩堤出现浸溢、滑坡险情,安徽省防指采取爆破方式破圩行洪。

蓄滞洪区运用后,长江委和安徽省以洪水风险图编制获得的资产数据和损失评估结果为依据,确定核查范围,并估算了损失,保障了补偿经费确定的及时性和可靠性。经核查,荒草二圩、三圩蓄滞洪区运用补偿资金为 4356 万元(运用补偿比例为核算损失的 50%~70%),核查损失与洪水风险图编制成果相接近,洪水风险图的洪灾损失成果可作为蓄滞洪区运用补偿核查成果的对照检验依据。

六、洪水风险警示教育

河南省、安徽省在崔家桥、老王坡、蒙洼等蓄滞洪区设立了洪水风险公示栏及展板,标明蓄滞洪区概况、风险分布、安全区、危险区和避险转移路线等。新疆维吾尔自治区在头屯河重点河段设立了展板,现场开展洪水风险警示教育,让洪水风险区范围内的单位、企业及群众对所在区域的洪水灾害和淹没范围有了深入了解,提高了公众的防洪减灾意识。

参 考 文 献

[1] 曹大岭,向立云,马建明.避洪转移图编制若干技术问题探讨[J].中国防汛抗旱.2015(10):20-24.

［2］程晓陶.美国洪水保险体制的沿革与启示［J］.经济科学,1998(5):79-84.

［3］程晓陶.我国推进洪水风险图编制工作基本思路的探讨［J］.中国水利,2005(17):11-13,37.

［4］李娜,向立云,程晓陶.国外洪水风险图制作比较及对我国洪水风险图制作的建议［J］.水利发展研究,2005,5(6):5.

［5］马建明.国外洪水风险图编制综述［J］.中国水利,2005(17):29-31.

［6］向立云.洪水风险图编制若干技术问题探讨［J］.中国防汛抗旱,2015,25(4):1-7,13.

［7］向立云.洪水风险图编制与应用概述［J］.中国水利.2017(5):9-13.

［8］张大伟,徐美,王艳艳,等.洪水风险图编制问答［M］.北京:中国水利水电出版社,2017.

［9］中华人民共和国水利部.洪水风险图编制导则:SL483-2010［S］.［2010-9-24］.https://wenku.baidu.com/view/9786ff5f312b3169a451a454.html.

［10］MARTINI F,LOAT R. Handbook on good practices for flood mapping in Europe［M］//MARTINI F,LOAT R. European exchange circle on flood mapping.(EXCIMAP).2007:60. http://ec.europa.eu/environment/water/flood_risk/flood_atlas.

第九章　后　　记

本书从成因、类型、区域分布等不同角度介绍了我国洪水的基本特征，分析了洪水与洪涝灾害的基本属性，以及洪水风险随经济社会发展的演变趋向。书中尝试对中华人民共和国成立 70 多年来防洪减灾体系发展与治水理念提升的历程进行阶段性的划分，结合一些重大事件分析了值得传承的经验与应该汲取的教训。进而从江河洪水、城市内涝、水库安全、中小河流治理、山洪防治与洪水风险图编制等方面对我国防洪减灾体系的发展做了更为详细的论述，涉及不同类型的防洪工程体系与非工程减灾体系，以及标准、规划、建设、技术与管理等各个环节，并以典型案例加以说明，以求为所梳理的发展脉络和特征提供相应的佐证。本章给出全书的主要结论，提出值得继续深入探讨的问题，展望生态文明理念下我国防洪安全保障体系的发展方向。

一、主要的结论

(一)洪水具有利害两重性

洪水是自然界中存在的水文现象，具有利害两重性，一定程度上可人为调控，也可人为生成；其危险性可人为减轻，也可人为加重。

(1)在不同气候区和下垫面条件下，自然界中的洪水存在山洪暴发、江河泛滥、暴雨内涝、风暴潮、融雪性洪水与凌汛等多种形式，也可能因地震、滑坡而形成堰塞湖溃决或泥石流堵江等灾害链。危害重大的溃坝洪水，往往与自然和人类双重因素有关。各类洪水不仅在区域分布上差异显著，而且在发生早晚、涨落快慢、峰值高低、流速急缓、淹没深浅、历时长短、范围大小、频次疏繁等方面表现出显著不同的统计特征。极端天气形势下的特大洪水具有稀遇性，但也不排除短期连续发生的可能，在数年、数十年尺度上会出现洪水或相对平稳，或一度频发,甚至水旱并重的现象。

(2)洪水具有资源、环境、灾害等多重属性。我国每年汛期的暴雨洪水或融雪洪水,既是许多地区淡水资源及地下水的主要补给形式,又是维持自然界生态系统平衡的重要环境要素;一旦水多为患,又会对人类生命财产与生态环境造成严重危害。洪水的资源、环境、灾害三种属性间具有复杂的利害转化关系,且往往是在场次洪水的演进过程中,表现出利害相关与转化的特征。而对于不同量级的洪水,利害相关与转化甚至会表现出质的差异。

(3)人类社会与生态系统对洪水有一定的适应能力,对于洪水的危险性有一定的承受能力;对于可能构成危害的大洪水,人类也具有一定的预测、预报、预警和调控的能力。常遇洪水超出人类适应、承受和调控能力的规模有限,危害相对较轻;特大洪水发生频次虽然较低,但其规模一旦超出防控能力,影响范围迅速扩展,危险性会急剧上升,不仅人类社会可能因之遭受重大伤亡和财产损失,而且生态系统也在劫难逃。

(4)人与洪水之间历来就是一种趋利避害、化害为利的关系。我国人口、资产高密度区域大多分布在受各类洪水威胁的范围内,人水争地矛盾历来突出,并无自然而然的"和谐"可言。标准适度、布局合理、维护良好、调度运用科学的防洪工程体系建设是人类抗御灾害性洪水、减轻洪灾损失、保护生存环境、更大限度地实现洪水资源化利用的基本依托;全面增强调控、适应与承受洪水的能力,提高社会的耐淹韧性,是人与洪水共处的必然需求。

(5)洪水灾害是自然与社会双重作用的结果。由于危害严重的特大洪水发生频次较低,加之日益完善的防洪体系的构建使得中小洪水的危害得以抑制,以至某些地方虽然处于客观存在洪水危险的境域中,却缺乏必要的洪水风险意识;在规划、建设、生产与生活中疏于重视以至忽视对洪水灾害的防范,甚至盲目过分地挤占行蓄洪水空间的行为时有发生,人为加重了洪水的危险性。一旦"洪水猛兽"袭来,难免遭受严重的报复性侵害与损伤。

(二)洪水风险永存

洪水风险是永存的,超标洪水一旦发生,可能导致损失激增,经济社会越发展,人类调控、适应与承受洪水风险的能力就越需加强,且尤须避免盲目、人为地加重洪水风险。

(1)洪水风险是洪水给人类社会及生态系统造成损害与不利影响的可能

性。通常人们将风险量化为灾害事件发生的概率与其灾难性后果的乘积,即灾害事件发生的可能性越大、造成的后果越严重,则风险越大。但洪水的风险特性不同。常遇洪水发生的概率大,但危险性有限;特大洪水为稀遇洪水,其一旦发生,可能造成巨大的人畜伤亡和财产损失,并对经济社会的平稳发展造成冲击性的恶劣影响。虽然二者的发生概率与后果乘积相当,但后者所构成的可能是难以承受的风险,因而对承灾体的威胁不仅有量的差异,而且具有质的不同。

(2)随着人类社会的发展与生存空间的扩张,加之泥沙淤积和湿地退化等自然过程,受洪水威胁区域的人口资产密度的不断提高,流域中雨洪调蓄的场所不断被挤占,人与洪水的矛盾日趋尖锐且难以逆转。同时,现代社会正常运转对交通、通信、供电、供水等生命线网络系统的依赖性日增,经济发展形成的产业链更为紧密、广泛,一旦发生超标洪水,受灾系统内部与系统间的连锁性反应会使灾害损失出现突变性增长,影响范围随生命线系统和产业链可远远传递到受淹范围之外,不断放大的间接损失甚至超过直接损失。

(3)不断健全的防洪体系是抑制洪水风险增大、减轻洪水风险的基本依托,包括:①为调控洪水以降低其危险性而兴建的防洪排涝工程体系,由水库、塘坝、堤防、蓄滞洪区、分洪道、水闸、排水管渠与泵站等各类设施所构成;②为规范人类涉及洪水利害关系的行为、减轻洪灾损失、合理分担与补偿风险、避免人为加重洪水风险等而建立的洪水管理体系,涉及与洪水风险管理和应急管理相关的法律、行政、经济、教育等各个层面;③为优化调度防洪排涝工程体系和高效组织协调防汛抗洪、抢险救灾与灾后重建等活动而发展的信息化、智能化技术体系,如洪水监测、预报、预警、风险评估与决策支持系统等。

(4)防洪排涝工程体系各组成部分规划建设的标准需分级设置,且整体上总有其限度。受自然认知、经济条件、技术水平与管理能力等多方面的制约,实际达到的能力更有其不足,超标洪水总会发生。随着社会经济发展和自然环境演变,人类面临洪水风险增大与安全保障要求提高的双重压力,希望不断扩大保护范围,提高防洪排涝标准。然而,试图单纯依靠工程手段根治洪水、确保安全,既不可能也不经济。局部地区过于提高防洪排涝工程标准则有以邻为壑之嫌,若无所补偿则可能加重区域之间、人与自然之间基于洪水的利害冲突。

(5)在我国的国情下,必然有一部分土地小水归人,大水归水。这就需要在洪水风险分析的基础上,探索构建生态环境友好型的防洪排涝工程体系,其基本特征是具备减势消能、滞洪削峰、溢而不溃、蓄排有序的功能,避免人与自然之间陷入"水涨堤高、堤高水涨""因洪致涝、因涝成洪"的恶性互动。生态环境友好型的防洪排涝工程体系,虽然不能确保防护对象不受淹,但能够有效降低洪峰流量与水位,限定受淹区域、淹没水深、流速与持续时间,是抑制洪水风险增长、实现人与洪水共存的基本手段。

(6)对于超出调控能力的洪水残余风险,需要考虑巨灾风险的不确定性,通过情景分析与评估,科学编制与实施具有洪水韧性的经济社会发展规划,推行巨灾保险。据此,可以增强人类社会对变化环境下洪水风险演变的预见、适应和承受能力,以及快速恢复重建能力,避免人为加重洪水风险,实现可持续的发展。为此,相关部门需要以流域为单元充分考虑防洪体系与涉水工程建设,以及环境演变对区域洪水特性的影响,绘制出有实际指导意义和法律约束作用的洪水风险图,供土地利用和各类发展规划的编制审批、制订保险计划等参考。

(三)防洪措施与防洪体系

任何流域或区域防洪措施的选择与防洪体系的形成,既是历史上治水实践探索与成败的积淀,也是国运兴衰和治理能力的综合体现。

(1)中华民族世世代代与水旱抗争,除害兴利,积累了丰富的经验,认知影响深远。大禹变"障洪水"为"疏九河",已知洪水疏堵之利害;"善为国者,必先除其五害。五害之属,水最为大"的先秦古训明示了治水关乎治国安邦之哲理;汉代贾让"治河三策"的提出与汉明帝"左堤强则右堤伤,左右皆强则下方伤"的认识,体现了治水中需处理好人与自然关系和区域之间关系的思考;从"宽河固堤""束水攻沙"到"蓄洪垦殖""引洪淤灌"等,各种治河治水方略,无不体现了因地制宜、因势利导、道法自然、谋求人水和谐的智慧。

(2)近代中国,黄河、长江发生了格局性的重大变化。1855年在黄河铜瓦乡决口改道,从六七百年间夺淮入东海转经利津入渤海,京杭大运河南北断航,为重塑黄淮海三大水系带来契机;长江荆江河段南岸在1860年、1870年特大洪水中相继冲开藕池口、松滋口,形成四口分流入洞庭的格局,加速了湖区的萎缩与围垦。其时,本应抓紧江河治理,适应格局变化,但19世纪中叶后的百余年间,正逢国运衰微、内忧外患,江河失修,以至水患频仍,大水年份洪灾伴生饥荒和瘟疫,因灾死亡人口动辄数万至数十万之巨。

(3)中华人民共和国成立之初,百废待兴,开国第一代领导人深谙兴修水利、防治水患对恢复生产、稳定社会之重要,迅速调集、整合力量,组建了黄河、长江水利委员会和治淮委员会,成立了中央防汛总指挥部,拉开了大规模江河治理和大兴水利的序幕。20世纪50年代本着"蓄泄兼筹""江湖两利"等原则启动编制的大江大河防洪规划,为我国分阶段有重点地循序推进防洪工程体系建设绘制了宏伟蓝图。在一穷二白、工业落后、人才紧缺的年代里,以亿万农民投工投劳为主力艰苦奋斗,开展了以防洪、除涝为中心的水利工程建设,初步控制了常遇水灾,并为长远发展奠定了基础。由于对自然规律认识不足,其间也有一些深刻的教训,例如三门峡工程,因泥沙问题而被迫改建,但由此也创新性地提出了水库"蓄清排浑"的运用方式,为多沙河流水库长期保持有效库容、更好地发挥综合效益找到一条行之有效的途径。

(4)改革开放初期,国家财政分灶吃饭,水利投资以地方为主,而地方财政更多地投向短平快的发展项目,水利建设一度举步维艰。"83·7"安康水灾之后,城市防洪引起重视,先后设定了31座重点防洪城市与54座重要防洪城市。尽管1991年华东大水之后已提出"要把水利作为国民经济的基础产业,放在重要战略地位",1995年又建议"把水利列在国民经济基础设施建设的首位",但是直到1998年大洪水发生,水利建设也未能得到根本改变。这一时期的进步是《水法》《河道管理条例》《防汛条例》与《防洪法》陆续颁布实施,标志着我国水利建设逐步走上了法治化的轨道。同时,为满足国民经济发展对保障防洪安全、能源安全与粮食安全的长远需求,各大江大河的一批重大控制性水利枢纽决策上马,其陆续建成对改变防洪基本格局产生了深远的影响。

(5)1998年大洪水后的反思,成为我国加速现代化防洪体系建设的重大契机。为推进灾后重建而制定的"32字方针",促使人们从社会、经济、生态、环境、人口、资源和国土安全等更为广阔的视野探讨防洪减灾的适宜途径。大水之后国家成倍加大了治水的投入,并在其后的20年中持续增长,全面推进大江大河干堤加固任务,黄河小浪底(2001)、嫩江尼尔基(2006)、淮河临淮岗(2006)、长江三峡(2009)等一批控制性枢纽工程陆续投入运行,大江大河防洪能力有了显著提升,同时水利信息化进程推动了防汛指挥系统的现代化建设。随大江大河防洪能力增强,中小河流洪水与山洪造成的伤亡所占比重上升,为此在中央财政推动下于2009年适时启动了以防洪为主的中小河流重点河段治理项目和以非工程措施为主的山洪灾害防治项目,加快了中小型水库的除险加固。2003年SARS之后4级应急响应体制得以建立,推动了各类防汛预案的编制与防汛责任制的落实。我国防洪体系的强化为支撑国民经济快速平稳跃上世界第二大经济体的台阶,发挥了重要的保障作用。

(四)我国防洪形势的变化

21世纪以来,在高速城镇化、工业化背景下,我国防洪形势发生了显著的变化,治水理念与时俱进,向谋求人与自然和谐的生态文明方向转变。

(1)21世纪之交,在总结中华人民共和国成立以来治水成就与经验的同时,也深刻认识到我国防洪体系尚存在的不足。如历史上逐步加高形成的堤防、靠"人海战术"建成的水库,遗留下较多病险隐患,防汛抢险负担沉重;过去人口稀少的行蓄洪区,多已成为基本农田,形成繁荣的村镇,而安全建设严重滞后,落实预期分洪方案的压力倍增;按各大流域的防洪规划,仍有许多骨干和配套工程有待建设;改革开放以来虽然形成了防洪相关的法规体系,但是对跨行政区域的江河水系,缺乏流域中跨区域、跨部门的组织管理体制与协调机制;对超标准的特大洪水,缺乏全面、联动的应对措施。基于对21世纪防洪形势的分析,考虑到气候变化、人类活动、城镇化与江河防洪能力等因素的影响,以及发生特大洪水的可能性,防洪减灾工作实际上是一种对洪水灾害的抵御和风险管理,指导思想上要从无序、无节制地与水争地转变为有序、可持续地与洪水协调共处。为此,在21世纪,从以建设防洪工程体系为主的战略发展到在健全防洪工程体系的基础上,建成全面的防洪减灾体系,成为普遍的共识。

(2)21世纪以来,随着经济社会进入高速发展阶段,我国防洪减灾体系面临更大的压力与挑战。改革开放加速了我国从传统农业社会向现代社会过渡的步伐,特别是1998年人口城镇化率突破30%之后,城镇化进程空前迅猛,在21世纪前20年中增长了近30%。由于城市发展极大依赖于土地财政,2014—2018年,城市建成区面积增长率高达城市人口增长率的1.5倍。新增城区急于向低洼易涝区扩张,挤占行洪通道,减少雨洪调蓄空间,建成区不透水面积增加,加之"先地上、后地下"的城建模式,使"城市看海"几成常态。一些建成区扩张到原有防洪圈之外,不得不扩大防洪保护范围,增大内涝强排,形成人与自然间的恶性互动。随着山区道路修建,采矿业、旅游业等的发展,山洪与地质灾害的威胁增大。同时,随着农村劳动力大量外出务工,一些相对贫困区域的堤防维护投入不足,中小河流与圩区的防洪能力反而有所降低,汛期排险、抢险力量不足。空前规模的城镇化、工业化进程,加剧了人与自然之间、区域与区域之间基于水的利害冲突,也促使治水理念不断调整。

(3)为了在科学发展观指导下转变治水思路,2003年初,水利部与国家防总明确提出我国"防洪要由控制洪水向洪水管理转变""抗旱要由单一抗旱向全面抗旱转变",为我国经济社会全面、协调、可持续发展提供保障。两个"转变",是我国新时期治水方略调整的重要标志与必然取向。其中,洪水管理是指人类理性协调人与洪水的关系,承担适度风险,规范洪水调控行为,合理利用洪水资源以满足经济社会可持续发展需求的一系列活动的总称。其内涵实质,一是在防洪工作中实施风险管理,即通过防洪工程建设以及体制、机制创新和法治建设,有效规避风险、承受风险和分担风险,提高防范与化解洪水风险的能力;二是在防洪工作中依法规范人类社会活动,使之适应洪水的发生发展规律,趋利避害,避免人为加重洪灾风险;三是在抗洪中转变一味严防死守、确保入海为安的要求,想方设法利用好洪水资源,力求以较小代价从洪水中获得更多的资源效益与环境效益。实践表明,"两个转变"容纳了经济、社会、自然、法制、体制、机制等更为广泛的众多因素,必将是一个长期坚持、循序渐进,而非说转就转、一蹴而就的过程。

(4)全面提升水利在水安全保障中的战略地位,扭转水利建设明显滞后的局面。经过"十五"至"十二五"期间的持续高速发展,人们在领略经济翻番的喜悦时,也感受到洪水风险增大、需水量与供水保证率要求提高、污水排放量激增的巨大压力。水是发展中不可替代的基础支撑,也是发展中严苛难逾的制约条件。作为发展中的大国,发展中存在的不平衡、不协调与不可持续的问题,往往更为集中地体现在水安全保障的实力上。为此2011年中央先后出台关于水利改革发展的一号文件,召开了最高规格的水利工作会议,明确指出加快水利改革发展,事关经济社会发展全局,不仅关系到防洪安全、供水安全、粮食安全,而且关系到经济安全、生态安全、国家安全,是转变经济发展方式和建设资源节约型、环境友好型社会的迫切需要,是保障和改善民生、促进社会和谐稳定的迫切需要,是应对全球气候变化、增强抵御自然灾害综合能力的迫切需要。在水利改革的顶层设计中,要求兴利除害结合、防灾减灾并重、开发保护统一、治标治本兼顾,协调推进流域与区域、城市与农村、东中西部水利发展,统筹解决洪涝灾害、干旱缺水、水污染、水土流失等问题,促进水利事业全面协调可持续发展。为了让水利改革发展成果更好地惠及民众,要求集中力量加快推进民生水利发展,切实把民生优先原则落实到水利改革发展的各领域和全过程。其中,围绕保障防洪安全,在加强大江大河治理的同时,为突出抓好中小河流重点河段治理、病险水库水闸除险加固、山洪灾害防治等防洪薄弱环节,显著加大了水利建设的投入。

(5)在生态文明理念指导下,调整治水思路,不断完善水安全保障体系,提升水安全保障能力。2010年以来,我国年洪灾相对损失进一步降至0.4%左右,因灾死亡人口从数千减少至数百量级,说明防洪体系建设有效发挥了支撑发展与保障安全的作用。然而,经济社会的快速发展必然会对自然资源与生态环境构成更大的压力,并使洪灾风险呈现出连锁性、突变性和传递性特征。近十年来,我国每年暴雨成灾的城市都高达一二百座,有4年洪灾直接经济损失高达2600亿~3700亿元,且洪灾总损失与受淹城市数呈指数型正比关系。古老的防洪问题与水资源短缺、水环境污染和水生态恶化问题交织在一起,变得更为复杂和严峻。习近平总书记指出,"我国水安全已全面亮起红灯,部分区域已出现水危机,河川之危是生存环境之危,民族存续之危",明确提出"节水优先、空间均衡、系统治理、两手发力"治水思路,并要求防灾减灾"从注重灾后救助向注重灾前预防转变,从应对单一灾种向综合减灾转变,从减少灾害损失向减轻灾害风险转变,全面提升全社会抵御自然灾害的综合防范能力"。水利部在推进"水利工程补短板,水利行业强监管"中,也明确指出,我国自然地理和气候特征决定了水旱灾害将长期存在,并伴有突发性、反常性、不确定性等特点。与之相比,水利工程体系仍存在一些突出问题和薄弱环节,必须着力解决大江大河防洪、病险水库、中小河流和山洪灾害等方面的风险防范问题,健全流域防洪减灾工程体系,推进建立流域洪水"空天地"一体化监测、预报、预警系统,细化完善江河洪水调度方案和超标洪水防御预案,进一步提升我国水旱灾害防御能力与现代化调度指挥能力。

二、值得深入探讨的若干问题

治水是一个古老的问题。中华民族在与洪水的抗争中求生存谋发展,除害兴利,化害为利,积累了丰富的经验。然而,随着经济社会的发展与自然环境的演变,洪水特性与风险特征正在发生显著变化,当代社会面对洪水的脆弱性日益凸显,洪灾损失的连锁性与突变性更趋严峻,而单纯依靠传统模式提升防洪能力面临新的压力与挑战。为了对经济社会发展不断迈上新台阶提供更为有利的支撑与保障,需要对洪灾风险的演变特征与趋向有更为清醒的认识,对当代社会防洪减灾的两难困境和创新需求有更为全面的思考,对在生态文明理念下统筹规划、构建现代化水安全保障体系有更为深入的探讨。

(一)21世纪以来我国洪灾风险的演变特征与变化

21世纪以来,在城镇化大潮迅猛冲击下,我国洪涝威胁对象、致灾机理、成灾模式与损失构成均发生了显著变化,只有认清洪灾风险的演变特征与趋向,才有助于推进从减少灾害损失向减轻灾害风险转变。

(1)洪涝灾害威胁对象的变化。在传统社会中水灾承灾体主要为受淹区内的城乡人口与财产,威胁对象以农林牧渔业和道路、水利等基础设施为主。现代社会中除上述对象之外,供电、供水、供气、供油、交通、通信等生命线网络系统,以及机动车辆等更多显现出水灾的脆弱性;中小企业与种、养殖业集约化经营者往往成为重灾户,城市地下空间成为重灾场所;现代社会正常运转对生命线系统的依赖及产业链的形成,使水灾影响范围与受灾对象远超出受淹区域。一旦遭遇超标准洪水,防洪工程设施本身首当其冲,亦成为水毁的对象。

(2)洪涝灾害致灾机理的变化。致灾机理指灾害系统构成及互动关系。在传统社会中,洪水的致灾因子以自然外力为主,人、畜伤亡和财产损失主要与受淹水深、流速和持续时间成正比。而现代社会中,孕灾环境被人为改良或恶化,致灾外力被人为放大或削弱,都会引起洪水特征与量级的变化;承灾体的暴露性与脆弱性成为灾情加重或减轻的要因,即使承灾体本身未受淹,也可能因洪灾造成生命线系统瘫痪、生产链或资金链断裂而受损;环境污染、水质恶化加重洪涝危害,以及洪水对环境保护与生态修复的影响,亦成为防洪考虑的要素。

(3)洪涝成灾模式的变化。成灾模式是灾害所呈现出的基本、典型样式。传统社会中,洪涝成灾模式主要表现为人畜伤亡、资产损失、水毁基础设施,及并发的瘟疫与饥荒,灾后往往需若干年才能恢复到灾前水平。现代社会中,常遇洪水的成灾概率降低,然而洪涝规模一旦超出防灾能力,影响范围迅速扩大,水灾损失急剧上升;借贷经营者灾后资产不是归零,而是归负,可能成为难以翻身的巨额债民;应急响应的法制、体制、机制与预案编制对成灾过程及后果有重大影响;灾害的不利影响与恢复重建速度、损失分担方式等密切关联。

(4)洪涝灾害损失构成的变化。传统社会中,洪涝灾害损失主要为洪水泛滥造成的直接经济损失,涉及人员伤亡、农林牧渔减产、房屋与财产损毁、工商业产品损失及基础设施损坏等,间接经济损失所占比重相对较小。现代社会中,因生命线系统瘫痪而失去生存条件与无法维持社会经济活动正常运转、因产业链中断导致非受灾区生产停滞等造成的间接损失,占总损失的比重越来越大;无形的信息产品因水灾丧失,损害甚至远大于储存信息的实体硬件;城镇受淹后各种垃圾数量激增,处置不及时会对人体健康和生态环境造成恶劣影响。

(5)洪灾风险的变化。传统社会中,洪涝规模越大,可能造成的损失越大;洪水高风险区及受淹后果凭经验可作大致的判断;救灾不力可能引发社会动荡。现代社会中,随着洪水调控能力的增强,大规模洪水泛滥的概率降低,洪水淹没范围显著缩小,但是局部受灾区域的灾情可能加重,集约化种植、养殖大户与中小企业难以承受的洪灾风险加大,且越是贫困地区,防灾能力越弱,灾害与贫穷可能形成恶性循环。同时,当代社会中风险的时空分布与可能后果的不确定性大为增加;面对超标准洪水,防洪体系调度往往需要"两害相权取其轻",防洪决策风险增大,决策失误可能影响社会安定。为此,承灾体的暴露性与脆弱性成为抑制洪涝风险增长需考虑的重要方面,促使防洪减灾要从减少灾害损失向减轻灾害风险转变。

(二)现阶段我国防洪安全保障问题

经济社会发展新形势下,防洪安全保障要求不断提高,而洪涝风险也在趋于激化,一味沿袭传统治水模式或简单效法发达国家超越发展阶段的做法,难免引发人与自然之间、区域与区域之间,以及治水目标之间的利害冲突,甚至陷入恶性互动,试举例分析如下。

(1)面对超出防洪工程体系设防标准的大洪水,总有一些区域因水淹而受损,而洪水泛滥的过程,往往也是雨洪滞蓄、洪峰坦化与地下水得以回补的过程。从防洪方略来讲,遭遇特大洪水,为保护重点地区,会主动弃守人口资产密度相对较低的区域。然而,经过 40 年的高速发展,许多城市的建成区扩展到了原有防洪圈之外,农村的发展也使人们认为如今"处处都淹不得了"。为此,人们期望不断扩大防洪保护范围,提高防洪排涝标准。不过,工程防洪的能力总有一定限度,随着防洪保护范围的扩大与排涝能力的增强,同频降水条件下,河湖水位必然抬高,使仍按原标准设防的区域洪涝风险增大。一些山区河道按传统模式渠道化后,虽有利于局部防洪,但洪水冲刷的破坏力更强,反而加重了对下游的威胁。

(2)近年来几成常态的"城市看海",暴露出快速城镇化进程中"先地上、后地下""肆意挤占河湖湿地"模式的后患,而在建成区再改造排水管网的难度很大。为此,"建设自然积存、自然渗透、自然净化的海绵城市"一经提出,就得到了积极的响应。然而,试点城市建设之初,一度地不分东南西北,全都致力于在小区尺度上进行雨水的源头控制,要靠"蓄、滞、渗、净、用、排"来实现"小雨不积水,大雨不内涝,水体不黑臭,热岛有缓解",并期望以短期高投入的模式一举实现资源、环境、景观、安全、生态等全套高指标。其结果,每平方千米投资高达数亿,而效果却远小于预期,以致地方政府难以有积极性靠自身财力加以推广。与之同时,大量新建城区还持续造出更多不透水地面,城市扩张中挤占河滩、湿地的现象仍在发生。因地制宜、循序渐进、道法自然、统筹兼顾、适合中国国情的综合治理模式仍在探寻之中。

(3)在大江大河防洪能力显著提高的背景下,中小河流洪水与山洪造成的人员伤亡比重显著上升。按水系一管理和分级管理相结合的原则,中小河流防洪工程建设,以地方财政负担为主,而依靠农民投工投劳的传统建养模式,随着农村劳力大量外流而难以为继。针对中小河流防洪能力低下与投入不足的矛盾,2009年以来,中央财政开始投资于中小河流治理和山洪地质灾害防治。10年来,重点中小河流重要河段的防洪能力得以提升,山洪灾害监测预警在应急避险中也发挥了一定作用。但是对于跨行政区的中小河流,防洪治理亦需上下游、左右岸协调;同时作为"山水林田湖草"生命共同体的基本单元,中小河域的治理亦须统筹考虑防洪、排涝、供水、治污与生态环境保护的需求,单一目标的现行模式在河流综合治理中难以形成良性互动的合力。

(4)蓄滞洪区与洲滩民垸是我国防洪体系的重要组成部分,但也是数千万民众生存的家园。这些区域历史上就是蓄滞大洪水的低洼易涝区,因此在特大洪水中成为"牺牲局部、保护重点"的对象。随着国家的发展,公平性的问题提到议事日程之上,2000年依据《防洪法》制定了《蓄滞洪区运用补偿暂行办法》。实践证明,补偿政策的推行对于提高蓄滞洪区灾后恢复能力与维持社会安定,发挥了积极的作用,但同时也面临着核产核损与核定补偿对象难的问题。蓄滞洪区愿意发展高效益的种养殖业,正常年份收益高,一旦分洪运用补偿也多。相比之下,我国沿江沿湖大量存在的洲滩民垸,在遭遇特大洪水时按要求也需主动进洪,客观上起到了分滞洪水的作用,无补偿政策的垸内农户特别是集约化经营者,面临进洪后无以承受的巨大风险。如何构建政府引导、个人参与的政策型洪灾保险体制,亟待探索推行。

(5)2003年SARS事件之后,我国加快了应急管理的体制、机制与法治建设,自上而下建立了"蓝、黄、橙、红"四级预警与应急响应的管理体制,各灾种均编制了相应的应急预案。预计或实际发生的灾害规模越大,损失越重,启动的应急预案等级越高,意味着政府救灾的投入越大。是否发布了预警与启动了相应等级的应急预案,成为重大灾难发生区域对地方官员问责的重要依据,但是由此也引发了一些事与愿违的现象:预警发布单位为免责而宁肯将高等级预警范围大发早发;有的地方大灾之后,不是第一时间迅速展开救援与减灾活动,而是要求保护好"灾害现场",等上级政府的工作组下来之后看到灾情的严重性,再宣布启动较高等级的应急响应。如何基于风险评估构建双向制约、把握适度的应急响应机制,仍是值得深入探讨的问题。

(6)我国降水年内分布不均、年际变幅很大,已建的9万余座水库在防洪、供水与改善环境方面发挥着重要作用。水库在设计时为预留防洪库容都设定了汛期限制水位。随着经济的发展,越来越多的水库转为以保障城乡供水为主要功能,同时在保证河道生态基流上也对水库调度提出了越来越严格的要求。为了提高供水保证率,近年来水库调整汛限水位的要求很高,根据坝体除险加固后安全鉴定达标结果和水库上游水文气象监测预报系统的建设情况,许多水库已具备了从分期汛限水位向动态汛限水位控制调整的条件。但是由于涉及担责的风险,汛限水位调整申报、评估、审批的制度至今未建立起来。结果,汛限水位的严格控制,虽有利于防洪安全,但对保障供水安全、经济安全与生态环境安全却带来了极大的困扰。

三、未来防洪安全保障体系健全与发展的方向

经过空前规模的城镇化建设,我国经济社会进入了转型发展的新时期,洪涝防治与水资源、水环境、水景观及水生态等问题交织在一起,变得更为复杂而艰巨。洪水风险特性的演变,使局部区域和特定群体更为难以承受,会加大区

域发展的不均衡性。尽管多年来防洪体系建设不断强化,在支撑与保障国民经济的高速发展中发挥了重大作用,但是 21 世纪以来,我国洪灾经济损失与受灾人口数,仍高居世界各国首位。作为发展中国家,大规模的治水活动受经济、技术、观念与管理体制等因素的制约更为苛刻。为此,需要不断深入地探讨未来防洪体系健全与发展的方向,积极探索生态文明理念下现代化防洪安全保障体系构建的基本策略和应推行的基本模式,明确现代化防洪安全保障体系构建中体制机制创新和科技创新的迫切需求。

(一)现代化防洪安全保障体系构建的基本策略

随着我国全面建成小康社会预期目标的实现,安全保障已成为社会平稳、持续发展的基本需求。针对当代社会中洪水风险所呈现出的连锁性、突变性和传递性态势,为了实现从减少灾害损失向减轻灾害风险的转变,迫切需要基于洪水风险的分析与评价,组合选用减轻洪灾风险的调控性策略、适应性策略和强韧性策略。

1. 减轻洪灾风险的调控性策略

调控性策略致力于降低洪水风险中致灾因子的危险性。在自然灾害中,洪水不同于地震、台风的一个重要特点是具有一定的可调控性。经过世代努力,特别是近 20 多年来持续增长的防洪工程建设投入,我国各大江河及主要支流已基本具备防御 20 世纪实际发生特大洪水的能力。然而,在快速城镇化与全球气候增暖的变化环境下,局部超标洪水频发,且不利影响倍增;随着社会经济发展,防洪安全保障要求必然不断提高,而一味沿袭传统工程模式扩大防洪保护范围、提高防洪标准,已受到土地资源稀缺、生物多样性保护、区域间基于水的利害冲突加剧等方面的更多制约。

我国的自然禀赋与经济社会基本特征,决定了在新时代减轻洪灾风险的调控性策略中,现代化的水利工程体系既是支撑可持续发展与保障水安全的基础产业,也是实现人与自然和谐共处的基本依托。为此,现代化防洪工程体系的规划建设要遵循"标准适度、布局合理、维护良好与调度运用科学"的方针,在整体上注重提高减势消能、滞洪削峰的能力,避免"堤高水涨、水涨堤高"的恶性循环。上游区域,在提高自身防洪排涝标准的同时,应以不增大既有标准下过境或外排的洪峰流量为制约,以免加重下游的防洪负担,导致洪水风险向经济更发达区域转移。以中小河流与沿江沿湖圩区为例,堤防不宜全线加高,而是局部降低,沿堤设溢流堰,水位超过堰顶即自然入流,避免人为开闸分洪决策难、风险大的矛盾。堰顶溢流不仅更有效于滞洪削峰,而且进水过程缓增,破坏力小,便于组织群众安全转移;河道保持基本行洪能力,减轻了抢险堵口复堤的巨大压力;进圩水量有限,在河道水位退至保证水位以下后即可酌情排水,缩短受淹时间,更有利于及早恢复生产、重建家园。

为了推行这种人水和谐的治水方式,必须通过体制机制创新,建立更为完备的保障措施。①以科技手段合理确定堰口位置、堰顶高程与宽度。②以工程手段加以护面消能并配置退水设施与面上措施,确保堤防漫而不溃,尽力减少受淹范围与时间,并防护好圩内的重要设施。③以经济手段补偿引导,只有愿意采取这种主动进洪方式、分担洪水风险的圩区,国家才给予重建资金的优先扶持,并以建立政策性蓄洪保险的方式增强恢复重建能力。④以行政手段推动落实,并制定配套的政策措施,促进部门间的协调联动,变"单向推动"为"双向调控",即"多得"要与承担更多义务相挂钩,以利于实现良性互动与把握适度。

2. 减轻洪灾风险的适应性策略

洪水适应性针对的是洪水风险中承灾体的暴露性,主要指洪水风险区中人口、资产的类型、数量与分布。随着经济社会的发展,风险区中人口资产密度提高,而洪水防御能力总有其限度,超标洪水的残余风险难免呈增长态势。在那些不得不"小水归人、大水归水"的区域中,不同量级超标洪水淹没水深、流速及历时的危险性分布有相当差异,适应性策略旨在构建人与洪水共存的生产生活模式,使承灾体的时空分布对洪水有更强的适应能力,既提高土地利用效益,又尽可能减轻洪灾损失及其不利影响。主要措施包括洪水风险区划、土地利用管理、洪水风险分担与补偿等。

洪水风险区划是基于对洪水危险性构成要素(水深、流速、淹没历时与重现期等)空间分布的综合分析与评判,识别洪水危险特性并进行危险等级的区划。我国的基本国情决定了在国土空间规划中完全规避洪水风险区、将受洪水威胁的土地都还给洪水是不现实的,只能基于洪水风险区划,在土地利用和建筑物管理中采取更具洪水适应性的发展模式。要完善洪水风险区中涉水建设项目的洪水影响评价与审批制度,规范洪水风险区内人们的土地利用开发行为,保证在适度承担洪水风险的同时,既能有效地利用土地资源,又能避免人为盲目加重或转移洪水风险。在变化环境下,洪水风险区划不能仅以历史洪灾记录为依据,而需要利用现代化的监测、模拟与情景分析等手段,对洪水危险性构成要素的变化进行识别,以增强洪水风险区划图的实用价值。

洪水风险分担与补偿是以契约化的经济手段来增强经济社会发展对洪水的适应性。洪水泛滥积涝的过程,实际上也是洪水滞蓄、洪峰坦化的过程。为了避免新开发区因提高防洪排涝标准导致洪水风险向经济发达地区转移,对于超出河道行洪能力的雨洪流量就得通过发展分滞蓄水设施、预报警报和避难转移系统、建筑物耐淹化等措施来提高自适应的能力。同理,即使是防洪标准高的重要地区,也不具有无偿获得"确保安全"的权利,而应该以"提供补偿资金"的方式来履行分担风险的义务。政府从防洪保安标准高的重要城市中,提取部分财政收益增值作为补偿基金,帮助洪水风险相对较高的区域寻求更适应于人水和谐的经济发展模式,并通过安全设施建设等手段,提高自我防护能力。洪水风险分担与补偿,旨在构建一个公平而和谐的社会,让人民共享水利建设成果,是未来洪水风险管理的努力方向。

3. 减轻洪灾风险的强韧性策略

洪水强韧性针对的是现代社会中承灾体面临洪水所显露出的日趋敏感的脆弱性,表现为承灾体在应急响应、规避危险、承受打击与恢复重建等能力上的差异。强韧性策略旨在提升承灾体风险防范、应急处置、化解损失至可承受限度之内的能力,以及按水安全保障的更高要求进行恢复重建,使承灾体达到更具耐淹韧性的水平。

在洪水风险中,不同类别承灾体的脆弱性,有不同的成因和关联性表现,并提出多样性的安全保障需求。①水利工程本身在大洪水中是首当其冲的承灾体,灾中一旦损毁,不仅发挥不了水安全保障的预期功能,还可能加重洪水的危险性,水毁工程快速修复所需巨额资金也会加重灾后重建的负担。如何革除水利工程重建轻管的积弊,确保水利工程的度汛安全,为超标准洪水发生后水毁工程的快速修复提供资金与技术保障,是强韧性策略中需要攻关的难题。②现代社会中供电、供水、供气、供油、通信、网络等生命线网络系统,机动车辆等在暴雨洪涝中更易显现出脆弱性。为了避免社会的正常运转因洪涝停电、停水及交通、通信中断等而陷入瘫痪,如何构建更具洪涝韧性的各类基础设施与生命线系统,在受淹情况下仍能保持正常运营、一旦受损能够尽快修复,就成为降低洪灾连锁反应风险的关键。③现代工业体系中,企业运营的关联性更为广泛而紧密,如何避免因洪灾而导致产业链断裂,使并未暴露在受灾区域之中的企业蒙受风险传递的巨大损失,不仅涉及产业构架体系的韧性打造,而且对建立和完善巨灾保险制度提出了切实的需求。④受洪水威胁且经济条件越差的农业区域,外出务工的青壮劳力越多,土地流转率可能越高,堤防维护、抢险力量不足,在洪灾中成为更为脆弱的区域。其中,作为地方经济支柱的种植和养殖大户,以借贷方式维持集约化经营所需的资金周转,一旦因洪灾导致基础设施损毁、资金链中断而沦为债民,对当地经济打击更大。如何寻求更具强韧性的经营策略与保障模式,化解无以承受的风险,已成为保障防洪安全、农业安全和经济安全的重大课题。⑤在大洪水中,某些脆弱性清楚的单位和群体,例如养老院、医院、幼儿园、小学等,缺少自救能力;再如某些外来打工者的临时住房,可能处于高风险区中且抗灾力差等,在防汛应急响应体系中,应给予重点的关注和专门的安排。

目前,防灾减灾领域谈及渐多的"韧性城市"建设,对韧性赋予了广义的概念,即以区域整体为对象,综合考虑了脆弱性与适应性,以及区域防灾体系对致灾外力的承受能力,以从整体上推进综合性的风险防范与减灾策略。由于广义的韧性中,一般不考虑区域内同类承灾体中脆弱性的差异,因此,对于实际处于洪水风险区中的承灾体,分别考虑适应性策略与强韧性策略,在基层更具有精细化的指导意义。

(二)新时代防洪安全保障体系构建应推行的基本模式

在传统防洪体系的构建中,人们追求依靠日益强大的工程技术手段不断扩大防洪保护范围、提高防洪标准。随着城镇化与工业化的迅猛推进,区域之间、人与自然之间基于水的矛盾日趋尖锐,防洪问题与资源、环境、生态、景观等问题交织在一起,变得更为复杂而艰巨,防洪安全保障体系的构建既要遵循自然规律,又要遵循经济社会的发展规律,否则难免事倍功半,甚至事与愿违。新时代防洪安全保障体系的构建要满足时代发展的需求,必须在生态文明理念的指导下,遵循人与自然和谐的治水原则,积极探索可持续发展的综合治水模式。

1. 全面规划,综合治理

防洪安全保障体系具有公益性、基础性、全局性、战略性的特征,规划的失误是最大的失误。在新型社会主义市场经济体制下,只有综合运用法律、行政、经济、工程与科技手段,做好推进洪水风险管理三大策略的全面规划,妥善处理上下游、干支流、左右岸、城乡间基于洪水的利害关系,坚持有计划、分步骤、有序推进现代防洪体系建设,才可能赢得全局均衡的长治久安。

2. 统筹兼顾,突出重点

现代社会中,江河水系综合治理往往涉及防洪、供水、饮水、粮食、国土、经济、社会与生态环境等多方面的水安全保障需求;同时,综合治水又面临着人才、技术、资金短缺的严重制约。强求短期全面实现各项治水高指标,难免因脱离实际而欲速不达。为此必须认真分析现阶段影响区域水安全的主要矛盾及治水多目标间的关联性,做好规划目标的优化分解与实施顺序的合理安排,使有限的公共资源能够集中于突破阶段性重点上,并为长远发展提供安全保障。

3. 道法自然,天人合一

工程调控是减轻洪水危险性的基本手段。然而,忽视自然的演变规律,无节制地与水争地,并希望单纯依靠工程手段确保安全,难免遭受大洪水的报复。只有遵循自然规律,让部分土地"小水归人,大水归水",还不同量级超标洪水以必要滞蓄与行洪空间,适度承受一定的洪水风险,以人与自然的良性互动,构建出更具减势消能、滞洪削峰功能、生态环境友好的防洪体系,才有望实现人水和谐。

4. 分级管理,因地制宜

不同规模的洪水影响不同大小的区域;不同区域洪水特性与社会经济条件不同,治水需求与能力不一;同一地区,处于经济发展的不同阶段,洪水风险特性与治水的目标、要求,也会有显著的变化。一味沿袭传统治水模式,或简单照搬他人的成功经验,采取"运动式、一刀切"的推进模式,难免付出沉重的代价。只有针对不同规模洪水明确各级政府事权,又与时俱进、因势利导,才可能事倍功半,少走弯路。

5. 风险防范,公众参与

面对现代社会中洪水风险演变所显现出的连锁性、突变性与传递性特征,防洪减灾迫切需要向减轻洪水风险转变,以有效抑制洪水风险因自然或人为驱动而增大的态势。同时,被增大了洪水风险的利害相关者,往往会是注重提升洪水韧性和纠正人类盲目加重洪水风险行为最积极的力量,因此只有发挥基层组织在防灾备灾与应急响应中的自主作用,鼓励社会公众参与,才能有效达到减轻洪水风险的目的。

6. 除害兴利,化害为利

作为发展中国家,通过水安全保障体系的强化与完善,不仅希望抑制水旱灾害损失的增长态势,而且希望有效发挥洪水的资源效益与环境效益,为经济社会的快速、协调发展创造必不可少的支撑条件。过于确保防洪安全,也有可能损害到供水安全、饮水安全、经济安全和生态环境安全。只有勇于适度承受风险,才可能恰当、有效地发挥出洪水资源化的效益。

(三)现代化防洪安全保障体系构建的体制机制创新需求

面对变化环境下更具不确定性的洪水风险,传统防洪减灾体系与新时代全面提升水安全保障需求不相适宜的矛盾日益凸显。为了抑制当代社会中洪灾损失的增长态势,并有效发挥洪水的资源效益和环境效益,迫切需要在生态文明理念指导下,深入探讨如何通过体制机制创新提升水安全保障水平。

1. 构建有利于向减轻洪水风险转变的管理体制与运行机制

在长期与洪水的抗争中,我国形成了"水行政主管部门在国务院的领导下,负责全国防洪的组织、协调、监督、指导等日常工作"的体制,在《防洪法》中,明确了流域管理机构、各级人民政府、各相关部门在防洪工作中的职责,并强调"任何单位和个人都有保护防洪工程设施和依法参加防汛抗洪的义务",为防洪工程体系的规划建设、维护管理与调度运用,以及防汛抗洪、抢险救灾活动的高效组织提供了法律保障。洪灾发生之后,灾民救助与安置由民政部门负责。进入经济社会发展的新时代,为了从减轻洪灾损失向减轻洪灾风险转变,不仅要针对洪水的危险性,基于非工程手段来推动更有利于整体与长远利益的防洪工程体系建设,而且需要针对承灾体的暴露性与脆弱性,将风险防范的关口前移。为此,迫切需要修订完善相应的法规,并积极推动管理体制与运行机制的改革创新。①完善洪水风险与应急管理的法规体系。洪水风险管理与应急管理,涉及多方利害关系的调整,尤其需要依法行政。然而,受时代的局限,我国20世纪90年代编制的《防洪法》中尚未提到"风险"二字。各级防总办公室转到应急管理部门之后,也急需理顺相关部门分工协作的职责关系。为此,亟待建立健全与洪水风险管理、应急管理相关的法律法规体系。②强化全面防控、减轻洪水风险的管理体制与机制。洪水风险管理与防汛应急管理是现代化防洪安全保障体系中相辅相成的两条主线。在机构改革的新格局下,需要完善跨部门、跨区域的协调联动机制,使以洪水为对象的调控性策略和以承灾体为对象的适应性策略、强韧性策略有机结合起来。③健全适度承受风险、趋利避害的洪水管理体制与运作机制。例如,水库是防洪工程体系中调控洪水的重要手段,但同时也是城乡供水的水源地,为提高供水保证率,各地对调整汛限水位的呼声很高,但汛限水位抬高,有可能加大应急泄洪甚至溃坝的风险。20世纪90年代在水库安全隐患较多、洪水监测预报预警系统较差的条件下,《防洪法》为兼顾供水保障需求,明确规定"在汛期,水库不得擅自在汛期限制水位以上蓄水,其汛期限制水位以上防洪库容的运用,必须服从防汛指挥机构的调度指挥和监督",其中"不得擅自"为通过审批允许调整汛限水位留了活口。面对大自然的不确定性,汛限水位从分期调整转为动态调控是更合理的模式,但要求水库必须完成除险加固并通过安全评价,且具备洪水实时监测预报预警的能力。为了切实做到风险可控,迫切需要为汛限水位动态调整建立科学而严格的申报、评估、论证、审批与督查体制,既有效规避洪水风险,又为支撑经济社会发展再上新台阶赢得宝贵的水资源。④构建巨灾风险分担体制。保险是现代社会中分担风险的有效途径。我国《防洪法》明文规定"国家鼓励、扶持开展洪水保险",但至今仍未出台相应的实施细则。当今社会中,超标洪水一旦发生,损失激增,经济运营方式的转变可能使部分灾民沦为陷入绝境的巨额灾民,重灾年份应急处置、灾后重建资金投入缺口大,政府财政风险负担沉重难堪,然而引入保险机制化解风险与现行财政管理体制存在一定冲突,亟待改革、建立适合中国国情的洪水巨灾保险制度。

2. 构建有利于流域统筹规划、综合治水的管理体制与运行机制

长期的防洪实践中,我国建立了"按照流域或者区域实行统一规划、分级实施和流域管理与行政区域管理相结合"的防洪工作制度,水利部在国家确定的重要江河、湖泊设立了七大流域管理机构,在所管辖的范围内行使法律、行政法规规定和国务院水行政主管部门授权的防洪协调和监督管理职责。并规定"县级以上地方人民政府水行政主管部门在本级人民政府的领导下,负责本行政区域内防洪的组织、协调、监督、指导等日常工作。县级以上地方人民政府建设行政主管部门和其他有关部门在本级人民政府的领导下,按照各自的职责,负责有关的防洪工作。"目前大江大河干流与主要支流的防洪工程体系已形成规模,基本具备了抗御20世纪特大洪水的能力。然而,量多面广的山区河流、中小河流及城市内河段的洪涝防治压力日增。虽然国家相继启动了以非工程措施为主的全国山洪灾害防治项目和以提升重点河段防洪能力为主要目标的全国中小河流治理项目,经过"十二五"与"十三五"的持续投入,取得了相应的成效,但

要深入推进中小河流的治理,只有所辖地方政府发挥自主作用,通过体制机制创新,变"要我治"为"我要治",才可能做到整体规划,分步实施;统筹兼顾,突出重点;因地制宜,区别施策;协同配合,落实责任;多方集资,形成合力。①建立以流域为单元的中小河流治理模式与推进机制。中小河流往往也会跨若干县、市甚至省级行政区边界,要统筹上下游、干支流、城乡间的治水矛盾,须以体现"山水林田湖草"生命共同体的流域为单元,建立跨行政区域、跨部门合作的综合治水规划体制与协调运作的推进机制,突破分部门管辖蓝线、绿线空间的界限,为超标洪水安全行洪、滞蓄提供必要的空间。②在国土空间规划上基于不同流域河流形态特征因地制宜选择适宜的治理方针。例如,对于羽状河流,上游区采取缓释的措施,而在下游区则要采取急排的措施;再如扇状河流,在规划阶段,就需要明确论证哪条支流急排、哪条支流缓释,以避免洪峰遭遇,加重危害。为此,在国土空间规划阶段,就需要将水系防洪规划与经济社会发展规划有机结合,针对不同区域洪水风险特性的差异,合理做出发展与保护的空间布局。③建立与发展水平相适宜的山洪风险防范体系和运行机制。山洪突发性强,分布面广,不确定性大,县级防汛指挥部门发布山洪预警转移令,为规避自身漏报问责风险,预警范围往往偏大,导致劳民伤财的后果;而靠"高精尖"技术构建的山洪监测预警系统,建设与维护成本高、使用率低、淘汰率大,超出一些山区供养和使用的技术经济实力。一些地方修建山洪治理工程,简单地将山区溪流渠道化,降低了减势消能的天然功能,虽然有利于局部区域,但整体上加重了山洪的危害性。为此需要坚持走"群防群治、群转结合"的自主防范道路,通过山洪风险区划、分级管控,发展山洪临近前兆动态识别、预警技术;建设具有减势消能、滞洪削峰功能,体现水沙动态平衡与生态环境友好的新型山洪防治工程体系。

3. 构建有利于协同联动、基于风险分级响应的现代化防汛应急管理体制与运行机制

①健全基于风险分级预警的防汛应急响应决策机制。在变化环境下应对不确定性日增的洪水风险,洪水预报、预警发布的等级高低和时间早晚,应急响应范围和力度的大小,以及防洪工程体系调度中面对超标洪水蓄与泄、守与弃的抉择,既关系到实际的减灾效益,也牵涉到为之付出的成本代价。为此必须建立起依法行政、尊重科学的风险决策机制,使决策者即使在信息不完备、不准

确的危机情况下,也勇于把握转瞬即逝的战机,果断做出两害相权取其轻的风险抉择。进而,将决策后评估制度化,客观分析典型洪灾过程应急处置各环节的决策措施及实施效果。反演决策情景的根本目的,不是问责,而是总结与分享经验教训,以利于提高应急决策科学化的水平。②建立跨部门、跨区域信息资源共享与服务机制。现代防汛应急管理体系的高效运转不仅依赖于雨情、水情、工情、险情、灾情信息的快速获取与处理,而且在基于风险分析编制应急预案中需要涉及与各类承灾体暴露性、脆弱性相关的社会经济资料。然而现实中,部门间、区域间、行业间基础信息资源不共享,已成为应急决策科学化水平难以提高、部门间应急响应协调联动难以推进的重大障碍。在信息化技术飞速发展的时代,实现信息共享的关键在于制定基于地理信息系统与物联网的统一的信息处理规范与信息交流管控规则。哪些信息可以公开提供,哪些信息需要有偿获取,应该有明文的规定。凡有偿提供服务的信息,应得到知识产权的保护,以保证信息提供者积极地办好基础信息的数据库。③基于风险等级评价,建立双向调控、良性互动的运作机制。防汛应急管理在灾前、灾中、灾后的全过程中,都涉及各级政府、相关部门、社会公众以及相关区域之间的协调联动。我国应急管理体系和能力的现代化建设要求从减少灾害损失向减轻灾害风险转变,为此在政策制定上一定要变单项推动为双向调控。如果不重视灾前的风险防范投入,灾情重的区域抗洪政绩突出,能得到更多的灾害援助与重建经费支持,则不利于鼓励地方政府与基层组织关口前移。为此,需要建立区域的风险等级评价制度,按科学方法建立不同规模洪水水情与灾情的对应关系,灾情过重的区域风险等级上升,亮出投资环境差的黄牌;灾情偏轻的区域,风险等级下调,将有更多的发展机遇。对于经济条件差、无力实现防洪工程达标建设的区域,则可以通过接受主动进洪的安排而获得建设安全保障基础设施的鼓励投资,享有政策性的洪水保险,以此形成良性互动机制,促进地方政府向减灾灾害风险转变。

(四)现代防洪安全保障体系的科技创新需求

作为发展中的大国,在从全面建成小康社会向建设社会主义现代化强国迈进的征途中,防洪体系的构建不仅要修复因发展而打破的区域之间、人与自然之间基于洪水风险的固有平衡,而且要为满足日益提高的防洪安全保障需求、支撑可持续发展而构建新的平衡,因此,既不能一味沿袭传统的治水模式,也不能简单照搬发达国家的技术和经验,而必须因地制宜,走自主科技创新之路。

1. 关于现代化江河防洪体系构建的科技创新需求

我国各大江河流域防洪工程体系按防御 20 世纪实际发生的特大洪水进行规划建设,已经形成了基本的构架。然而在大规模人类活动与全球气候增暖的背景下,难以凭经验预测的"黑天鹅"型流域性超标特大洪水一旦发生,对国民经济平稳发展产生冲击性影响的可能性依然存在。在流域生态环境保护与高质量发展战略的推进中,如何预见变化环境下洪水风险特征的演变趋向,统筹规划构建既提升全局防洪安全保障水平、又体现生态环境友好与洪水资源化属性的大江大河防洪体系,对科技创新提出了新的要求。①大型防洪工程体系的规划、建设影响深远,需要大力加强变化环境下洪水特性及其风险特征演变动因响应机理的基础性研究,研发具有物理机制、能够体现气候变化与人类活动交互影响的洪水风险预见与评价模型,以利于对未来数十年尺度防洪形势的演变趋向开展重大不确定性要素的多情景分析,进行多种除害兴利、化害为利方案的优化比选。②当代大江大河防洪体系超标洪水情况下的防汛指挥,涉及一系列串、并联水库群的优化调度及与蓄滞洪区的联合运用,并伴随大量洲滩民垸和圩区转为主动进洪,这对中长期降水天气预报,以及气象与水文水动力学模型双向耦合、集成防洪工程体系运用于一体的洪水实时监测、预报与优化调度系统的研发,在预见期和预报精度上,均提出了更高的要求,并需要研发为分级预警和应急响应服务的决策支持技术体系。③在超标洪水发生的情况下,防洪工程体系既是防灾能力的体现,也是首当其冲的承灾体。其各组成部分自身的安全可靠性成为减轻洪水风险的关键环节。堤防、水库、水闸等防洪设施安全隐患探测、除险加固、险情排查与安全评估,大坝险情应急处置与抢险技术、装备的研发,需持续开展下去,并引入市场+保险的互动机制,既鼓励企业的积极参与,也利于建立起良性的竞争机制。

2. 关于现代化城市洪涝防治的科技创新需求

我国在城镇化空前迅猛的进程中,由于"先地上、后地下"的扩张模式,"城市看海"几成常态、水体黑臭沦为顽疾。"海绵城市"试点阶段,希望通过源头滞、蓄、渗、净等措施将雨水转化为可利用的资源,实现"小雨不积水、大雨不内涝、水体不黑臭、热岛有缓解"的目标,但推进中偏向于小区范围里按"年径流总量控制率"的指标,要求将雨水就地"消纳利用不外排",并制定了包括水生态、水资源、水环境、水安全等一整套高指标,以致出现了建设成本过高,试点后难以推广的问题。为此迫切需要从基本国情出发,探讨有效解决城市洪涝风险增长的适宜模式。①城市外洪内涝间具有很强的关联性。尤其在城区面积急剧扩张以至出现城市群的情况下,外江变成内河,雨水通过管网集中排向河道,易于导致洪峰水位抬高,峰现时间提早,形成因涝成洪、因洪致涝的恶性循环。为此,如何在流域、城市、社区三个层次上,综合运用蓝、绿、灰治水手段,形成滞洪削峰、排放有序的城市洪涝防治体系,需要突破部门与学科界限,在规划理论、设计方法与施工技术等方面有全面深化的研究与推进。②我国许多建成区建筑物高度密集,防洪排涝基础设施建设欠账多、改造难,大暴雨中短时受淹难以避免。按照建设洪水韧性城的理念,需研究积水中生命线系统运营保障和故障快速检测、修复的技术,以及能够降低成本、全面铺开、指标逐步提升的海绵城市建设模式与推进机制。③在高度城市化区域,作为自然—人工—社会高度耦合的复杂巨系统,河湖水系综合治理客观上必然需要洪涝防治与供水保障、水环境改善、水生态修复、水景观构建等的多目标统筹、多区域协调和多部门联动,为此必须依靠科技与管理的进步,全面增强治水目标优化分解、实施顺序优化安排与实施方案优化论证的能力。

3. 关于水库防洪安全保障与优化调度运行的科技创新需求

水库是现代化水利工程体系中至关重要的组成部分,是除害兴利、化害为利的关键性基础设施。据《中国统计年鉴 2020》公布的数据,我国已建有水库98112 座。其中,大型水库 744 座,中型水库 3978 座,小型水库 93390 座。借助水利科技与工程建造技术的进步,我国不仅各大江河上已相继建成了大型的防洪控制性枢纽工程,而且在许多流域中都形成了具有防洪、发电、灌溉、供水、航运、养殖、旅游等诸多功能的水库群,但水库在各目标调度之间往往存在一定的冲突。在极端不利天气条件下,一旦水库为保坝转入应急泄洪状态或溃坝失事,又会对下游防洪构成巨大的压力,甚至造成毁灭性的灾难。为此,在变化环境下如何确保水库大坝安全,如何通过优化调度将风险控制在可承受限度之内,并最大限度地发挥水库群在流域生态保护和高质量发展中的综合效益,对科技创新提出了更高的要求。①经过"63·8"海河大水与"75·8"淮河大水中水库群溃的惨痛教训后,水库安全建设与除险加固工作已受到高度重视与持续推进。但大坝安全隐患的成因十分复杂,发现不及时或处置措施不当,都可能造成难以挽回的恶劣后果。为此必须运用好现代科技成果,不断提升水库大坝安全监测、隐患排查、除险加固、险情处置与警报发送的能力。②为保障水库安全运行,每座水库在规划设计阶段已按当时掌握的水文序列资料设定了汛期防洪限制水位,但在干支流上水库群与堤防体系形成的情况下,江河洪水径流特征会发生显著的变化。为了充分发挥好水库群滞洪削峰、调峰错峰的作用,尽力避免梯级水库在不利天气形势下相继转入应急泄洪状态,必然需要健全覆盖全流域的水文气象监测、预报、预警系统,在风险可控的前提下建立汛限水位动态调整的运行模式,完善水库群联合优化调度的理论与模型,兼顾好水库综合利用中各利益相关方的需求。③与第一次全国水利普查数据相比,我国 2020 年公布的大、中和小型水库分别减少 12 座、增加 40 座和 82 座。数字的变化或许有多种原因,但事实上,水库既会因发展需求继续建设新增,也可能因库容淤积减少、功能萎缩丧失、病险严重难除等降等或报废。目前国家已建立了水库降等运用与报废制度,但水库降等、报废之后如何处置才更有利于减轻其不利影响、重构生态环境系统的平衡,仍存在许多科技与管理的问题值得深入研究。

4.关于推进中小河流与山区河流生态环境友好治理体系的科技创新需求

随着我国大江大河防洪能力的提升,中小河流与山区河流防洪能力薄弱,水灾损失和人员伤亡约占到全国的 80% 和 70%。为加强中小河流洪水与山洪的防范,中央财政加大了扶持力度,以流域面积在 200～3000km² 有防洪任务的8600 多条中小河流为对象,力争至 2020 年基本完成重点中小河流重要河段的治理任务,使治理河段基本达到国家确定的防洪标准;对山洪则以非工程措施为主,初步构建了全国 2058 个县级山洪灾害监测预警平台。但总体来看,中小河流防洪体系达标率仍普遍偏低;山洪监测预警设施因维护资金与技术力量不足也废损严重。为此,迫切需要在生态文明理念指引下,坚持按水系一管理和分级管理相结合的原则,依靠科技与管理的进步,将中小河流重点河段治理延伸为全流域的统筹治理与多目标的综合治理;对山洪灾害则要坚持群防群治、群专结合之路,构建与山区经济发展水平和山洪风险特征相适应的山洪灾害防治体系。①一般而言,中小河流的洪水特性对地理气候环境演变更为敏感,受人类活动与涉水工程的影响也更为显著,区域间围绕治水活动的利害冲突也更易激化。中小河流治理从重点河段向流域延伸,既要从整体上提高防洪安全保障水平,又不能因局部防洪排涝工程的建设而抬高设防标准的洪峰流量与水位,以免导致因洪水风险转移而加剧区域之间的矛盾。为此,要深入研究中小河流洪水特性演变的动因响应机理,建立具有物理机制的流域洪涝仿真与风险分析模型,为中小河流流域防洪规划的科学编制与分期实施提供基础理论与方法。②中小河流分布广泛,形态各异,流域内经济发展与城镇化水平不一,中小河流治理要扩展至流域多目标的综合治理,受到经济、技术实力和认知、管理水平的制约更为严苛。为此,不仅要建立区域间、部门间良性互动的协调运作机制,而且要积极探讨建立与经济发展水平相一致、具有可持续性的综合治水适宜模式。如何形成跨学科的分析与论证手段,促使利益相关各方共同探寻因地制宜、人水和谐的解决方案,将成为自然科学与社会科学相结合的重点研究方向之一。③山洪突发性强,分布面广,漏报误报率高,而"高精尖"山洪监测预报预警系统建设投资大、维护成本高、使用率低。针对山区居民中老弱病残多、避险安置难的问题,亟须研究山区环境演变与人类活动影响下山洪高风险区变动与危险临近前兆的动态识别、预警技术,提出山洪风险区划快速推进的技术方案,明确不同等级风险区土地利用与耐淹建筑标准的许可要求,为强化"群防群治、群专结合"的体制提供所需的技术支撑服务;要研究具有减势消能、滞洪削峰功能,体现水沙动态平衡与生态环境友好的新型山洪防治工程体系,为构建现代化的山洪防范体系打好基础。

5. 关于增强洪水风险辨识能力、推进向减轻洪水风险转变的科技创新需求

在全球气候增暖与经济社会发展的背景下,洪水风险变得更为复杂,不确定性大为增加,"灰犀牛""黑天鹅"型的巨大灾难一旦发生,会呈现出连锁性、突变性和传递性等新的特点。一方面,随着防洪能力的增强,受保护区域被淹的概率降低,易于出现忽视洪水风险的倾向,一旦遭遇超标洪水,损失可能更为惨重;特别是一些局部区域和特定群体,由于土地利用方式或生产经营方式的改变,可能面对无以承受的巨大风险。另一方面,随着防洪保护范围的不断扩大和标准的不断提高,流域中雨洪调蓄功能大幅减弱,区域之间、人与自然之间基于洪水风险的冲突更为敏感,可协调的余地大为减小,并可能因之陷入恶性互动。要满足新时代防洪安全保障能力不断提升的要求,就必须积极推进向减轻洪水风险的转变。为此,必须依靠科技进步提升变化环境下洪水风险的辨识能力,有针对性地提出减轻洪水风险的有效措施。①变化环境下洪水成为非平稳的随机过程,加之人类活动的干预,更会表现出突变的特征。现代社会中洪水

风险的辨识,在针对致灾因子危险性方面,不能单纯依赖于既往洪水观测序列数据的统计分析与设计暴雨、设计洪水的既有成果,而需要增强对各种突变点的关联性及洪水特性演变趋势的辨识能力,并对不同等级危险临近的各种前兆信息有系统性的把握。洪水风险图的编制要切实展示洪水风险动态辨识的成果,满足国土空间规划、洪水影响评价、洪水保险费率制定、防汛应急预案编制与防汛指挥决策等方面对不同时空尺度洪水风险辨识的需求,无论在风险分析方法、危险前兆信息空天地一体化智能获取与智慧研判的技术体系,还是在风险图快速生成与发布的方式上,都对科技进步提出了更高的要求。②现代社会中洪水危害对象的改变使得洪水致灾机理、成灾模式与损失构成均发生了重大变化,从而改变了洪水的风险特征。洪水风险的辨识,在针对承灾体的暴露性与脆弱性方面,不能仅依赖于统计年鉴上的整体性指标,需要切实掌握相关分类承灾体在洪水风险区域中的数量和时空分布,及其洪水脆弱性的表现特征,为此必然涉及大量经济社会、基础设施与资源环境信息的采集与分析。然而,以常规调查方式不可能建立起完备、详细、具有实时更新能力的承灾体数据库,也难以反映各类承灾体暴露性与脆弱性的动态变化特诊。只有各行各业(各类承灾体)按灾害管理的规定和统一的编码要求建好、管好自身的数据库,运用好大数据、云计算、物联网、区块链与人工智能等新技术,并形成有利于促进信息共享的利益驱动机制与知识产权保护机制,才可能满足洪水风险管理与应急管理对各类承灾体信息完整性与实时更新的需求。③现代社会中,气候、地理环境演变和经济社会发展均有可能加重洪水风险,并使其具有更大的不确定性。从减少洪灾损失向减轻洪水风险转变,是防洪体系与治水能力现代化建设的必然需求。新兴未来洪水预见理念的兴起,不是单纯预测未来极端洪水事件发生的情景,而是分析驱动洪水风险演变的动因响应关系,探讨如何对现行治水方略适时做出必要的调整,以有效抑制洪水风险的增长态势,为引导经济社会进入可持续发展的轨道而提供更高水平的防洪安全保障。为此,需要通过技术体系的创新构建,具备在变化环境下再现历史大洪水事件的能力;在现状条件下具备对不同量级洪水进行风险评估,并对治水方案进行合理比选的能力;在考虑未来不确定因素影响下具备进行洪水风险演变趋势的情景分析能力,为实施减轻洪水风险的对策措施提供所需的技术支撑。

总之,水安全是国家安全的重要组成部分,水安全保障体系的建设是长期、艰巨、复杂的基础性、战略性重大任务。在生态文明理念指导下，必须全面推进水治理体系与能力建设的现代化进程，健全完善洪涝灾害风险管理和应急管理体制机制，强化责任落实体系、组织领导体系、方案预案体系、救援队伍体系、物资保障体系、灾害保险体系，依靠科技与管理的创新，全面加强水旱灾害监测预报预警、科学调度、风险防控和应急管理能力建设，通过高分辨率航空、航天遥感技术和地面水文监测技术的有机结合，推进建立流域洪水"空天地"一体化监测系统，提高流域洪水监测体系的覆盖度、密度和精度；以流域为单元统筹解决好水灾害、水资源、水生态、水环境等共生问题，在减轻水灾风险的同时，尽可能发挥洪水的资源效益与环境效益，承担起增强适应气候变化、支撑高质量发展、保护生态环境与保障水安全的重任。